Berichtigungen
zu G. Falk, Theoretische Physik, Band I

Seite

9	Zeile 5 v. u.	(2.2) statt (2.1)
17	Formel 3 v. u.	$2\dot{r}\dot{\varphi} + r\ddot{\varphi} = 0$
19	Zeile 13 v. o.	(5.2) statt (5.1)
30	Formel 2 v. o.	$b/a = \sqrt{2Af^2/\gamma^2}$
38	Formel 5 v. o.	$\mathrm{grad}_s \Phi = -\dfrac{1}{2} \sum\limits_{k \neq j} \sum \gamma_k \gamma_j \, \mathrm{grad}_s \dfrac{1}{|\boldsymbol{r}_j - \boldsymbol{r}_k|} = \cdots$
44	Formel (10.13)	$\gamma_1 = 4\pi^2 \dfrac{a_2(a_1+a_2)^2}{T^2}, \qquad \gamma_2 = 4\pi^2 \dfrac{a_1(a_1+a_2)^2}{T^2}$
51	Formel (11.10a) drittes Glied	$-\dfrac{1}{r^3} \int\limits_{\mathfrak{Z}} \mu(\boldsymbol{r}') \, r'^2 \, P_2(\cos\Theta) \, d\tau'$
51	Fußnote	$\dfrac{(-1)^n \, 2 \, (n! \, 2^n)^2}{2n+1}$
62	Zeile 13 u. 16 v. o.	(13.2) statt (12.2)
69	Formel (15.4)	$U = \dfrac{1}{\Gamma} \Phi = -\dfrac{\Gamma}{2} \sum\limits_{j \neq k} \sum \dfrac{m_j m_k}{|\boldsymbol{r}_j - \boldsymbol{r}_k|}$
99	Formel (18.10)	$\dfrac{\varepsilon_1 - \varepsilon_{10}}{\varepsilon_2 - \varepsilon_{20}} \approx \dfrac{\varepsilon_{20}}{\varepsilon_{10}} + \dfrac{W}{2\varepsilon_{10}}$
99	Formel (18.12)	$\dfrac{W - \hbar\omega}{W} = \dfrac{E_0 - \varepsilon_{10}}{2 E_0} = \dfrac{W}{2 E_0}$
102	Formel 1 v. u.	$\boldsymbol{v}_0 \times \sum\limits_{k} m_k(\boldsymbol{r}_k - \boldsymbol{R}) = \boldsymbol{v}_0 \times \left\{ \sum\limits_{k} m_k \boldsymbol{r}_k - \sum\limits_{k} m_k \boldsymbol{r}_k \right\} = 0$
105	Formel	$W = \varepsilon_{0n} - \varepsilon_{0p} - \varepsilon_{0e} = 2{,}51 \cdot 10^5 \,\mathrm{eV}$
105	Zeile 9 v. u.	$2{,}5 \cdot 10^5 \,\mathrm{eV}$
123	Zeile 14	$\varepsilon^* = \dfrac{1}{2m} p^{*2} + \varepsilon_0^*$

Heidelberger Taschenbücher Band 7

Theoretische Physik

auf der Grundlage einer allgemeinen Dynamik

Band I
Elementare Punktmechanik

G. Falk

Mit 29 Abbildungen

Springer-Verlag Berlin Heidelberg New York 1966

ISBN-13: 978-3-540-03556-5   e-ISBN-13: 978-3-642-94958-6
DOI: 10.1007/978-3-642-94958-6

Alle Rechte, insbesondere das der Übersetzung in fremde Sprachen, vorbehalten. Ohne ausdrückliche Genehmigung des Verlages ist es auch nicht gestattet, dieses Buch oder Teile daraus auf photomechanischem Wege (Photokopie, Mikrokopie) zu vervielfältigen. © by Springer-Verlag Berlin · Heidelberg 1966. Library of Congress Catalog Card Number 65-26056

Titel-Nr. 7289

Vorwort

Dieses Buch ist ein Lehrbuch. Äußerer Anlaß seines Entstehens war, wie üblich, eine Vorlesung, in diesem Fall eine Einführungsvorlesung in die theoretische Physik. Der Plan zu vorliegender Darstellung der Physik ist jedoch älter und hat seine Wurzeln nicht zuletzt in dem Wunsch, das Resultat langjähriger eigener Bemühungen um ein Verständnis der Grundlagen der Physik in einer Form zu präsentieren, die einerseits elementar genug ist, um auch demjenigen, der nicht über komplizierte mathematische Hilfsmittel verfügt, d. h. also dem Anfänger, zugänglich zu sein, die andererseits aber nicht von Vereinfachungen Gebrauch macht, die auf Kosten der begrifflichen Strenge gehen. Den Leser erwartet daher keine Lektüre, die ihm eigenes, oft mühevolles Mit- und Nachdenken erspart. Dazu kommt für den Ungeübten die Mühe, mit dem Handwerkszeug der theoretischen Physik umgehen zu lernen. Diesem Zweck dienen Aufgaben und Ergänzungen, die jeweils einem Kapitel zugeordnet sind. Sie sind (mit einigen mathematischen Anhängen) in einem gesonderten Band Ia zusammengefaßt, der somit als Übungsbuch zu vorliegendem „Textteil" zu betrachten ist. An mathematischen Kenntnissen wird Vertrautheit mit der Differential- und Integralrechnung vorausgesetzt, also etwa das Pensum Mathematik, das mit dem zweiten Semester absolviert ist. Die weiteren in der Physik gebrauchten Rechenmethoden lernt der Anfänger zweckmäßigerweise an Hand von Aufgaben. Auch diesem Ziel trägt der Band Ia Rechnung.

Ich habe mich bemüht, dem Leser, sozusagen als Entgelt für seine Mühe, eine klare Einsicht in die, wie ich sie nenne, *dynamische* Beschreibungsweise zu bieten. Diese ist einerseits so universell, daß anscheinend alle bisher erfolgreichen theoretischen Behandlungen physikalischer Tatbestände (einschließlich Quantenmechanik und Relativitätstheorie) sich ihr unterordnen, gleichzeitig ist sie aber so einfach und übersichtlich, daß sie sich bei einiger Übung leicht handhaben läßt. Eine Einschränkung muß ich allerdings machen. Was den eben erwähnten Allgemeinheitsanspruch der dynamischen Auffassung der Physik angeht, ist der vorliegende Band als Vorbereitung einer noch folgenden „Allgemeinen Dynamik" anzusehen. Die Methode der dynamischen Beschreibung physikalischer Vorgänge ist in ihren wesentlichen Zügen jedoch schon im Kapitel „Dynamik" des vorliegenden Buches klar erkennbar.

Hier ist das Vorwort eigentlich zu Ende. Es folgen einige Bemerkungen, die mehr an Kollegen und Kritiker als an den unbefangenen Anfänger gerichtet sind.

Seit der Begründung der theoretischen Physik durch Newtons „Philosophia naturalis principia mathematica" (1687) erfährt die elementare Punktmechanik in den Lehrbüchern der Physik praktisch dieselbe unveränderte Darstellung — bis auf den heutigen Tag. Das spricht zwar für Newton, gibt aber doch zu denken. Sind die Fortschritte der Physik wirklich nur faktischer Natur, methodisch aber so gering, daß wir Newtons Aufbau der klassischen Mechanik nicht verbessern können? In anderen exakten Wissenschaften, ja in anderen Gebieten der Physik sind die methodischen Fortschritte offensichtlich größer. Und was noch merkwürdiger ist: Im vorigen Jahrhundert empfanden viele Physiker Newtons Aufbau der Mechanik als logisch unbefriedigend, und es fehlte nicht an Versuchen, die Mängel des Newtonschen Weges zu vermeiden. Noch Heinrich Hertz hatte ja einen Teil seines Lebenswerkes dieser Aufgabe gewidmet, und Ernst Mach hatte in einer außerordentlich scharfsinnigen Analyse die Newtonsche Mechanik logisch zu klären versucht und eine Reihe von Inkonsistenzen aufgezeigt. Diese Bemühungen sind heute eingeschlafen, ohne je zu einem Ziel geführt zu haben. Fragt man nach dem Grund, so liegt die Antwort auf der Hand: Weil die Physiker heute der Meinung sind, daß es nicht lohnt, sich um jene alte, überholte — denn dies ist die ehrliche Bedeutung des Wortes „klassisch" im Sprachgebrauch der Physik — Mechanik zu bemühen, die im Grunde doch „falsch" ist. Die beiden großen Revolutionen, Relativitätstheorie und Quantenmechanik, haben ein neues Fundament geschaffen, das unvergleichlich sicherer und zuverlässiger ist als das der klassischen Physik. Die phänomenalen Erfolge dieser Theorien haben das zur Gewißheit gemacht. Aber muß das bedeuten, daß sich die neuen Fundamente auch tatsächlich in allen wesentlichen Punkten von denen der klassischen Physik unterscheiden? Die Tatsache schon, daß Relativitätstheorie wie Quantenmechanik auf dem Boden der klassischen Physik entstanden sind, macht es zweifelhaft, ob die neuen Fundamente wirklich alle neu sind. Natürlich kommt es darauf an, was man als fundamental in einer Theorie ansieht, und wenn man die Gewichte geeignet verteilt, so kann man klassische und moderne Theorien sicher beliebig „verschieden" erscheinen lassen. Das Problem ist aber doch offenbar, gerade umgekehrt möglichst viele Gemeinsamkeiten hervorzuheben. Daß dies möglich sein muß, weiß eigentlich jeder Physiker, denn es gibt eine ganze Anzahl von Aussagen, die in der klassischen und der modernen Physik gleich lauten. (Daher sollte man auch, wenn man von den beiden Theorien, die die moderne Physik begründet haben, als von „Revolutionen" spricht, dies nicht allzu wörtlich nehmen — zumal beide Revolutionen sich weitgehend in Deutschland abspielten.)

Daneben besitzt das Problem des Verhältnisses von klassischer und moderner Physik einen zweiten Aspekt, nämlich im Hinblick auf die Art und Weise wie die Physik gelehrt werden soll. Man ist sich einig darüber, daß jedes Lehren der Physik mit der klassischen Physik und damit

mit der Newtonschen Mechanik beginnen muß; denn Quantenmechanik und Relativitätstheorie sind begrifflich wie mathematisch viel zu schwierig, um in der Anfängervorlesung geboten werden zu können. Das Dilemma liegt damit aber auf der Hand. Um die „richtige" Theorie lehren zu können, muß man mit der „falschen" beginnen. Man ist an den Klapperstorch erinnert, mit dem Unterschied allerdings, daß man Menschen dieser Situation aussetzt, denen man gleichzeitig den selbständigen Gebrauch ihrer Urteilskraft zumutet. Der „erwachsene" Physiker mag das als Schwarz-Weiß-Malerei empfinden und die Nuancen (der Erfahrung) vermissen, aber der Anfänger, vor allem der anspruchsvollere Anfänger, sieht weniger die Nuancen als das Schwarz-Weiß des Widerspruchs.

Jedes moderne Lehrbuch der theoretischen Physik hat es mit diesem Problem zu tun. Ich schlage hier eine Lösung vor, die aufs engste mit der oben erwähnten logischen Seite des Problems zusammenhängt. Die Idee, die dieser Lösung zugrunde liegt, ist kurz (und etwas ungenau) die, beide Revolutionen als Kriterien zu benutzen, mit denen die Begriffe und Größen der klassischen Physik in fundamentale und nicht- oder weniger fundamentale geschieden werden. Fundamental sollen dabei alle diejenigen heißen, die die Revolutionen unangefochten oder kaum angefochten überstanden haben, also die „Opportunisten" unter den Begriffen. Axiomatische Untersuchungen zeigten, daß es immer eine Sorte Größen war, die sich in dem erklärten Sinn als opportunistisch erwies; sie besitzen die gemeinsame Eigenschaft, physikalische Prozesse durch ihren *Austausch* zu beschreiben. Ich nenne sie *dynamische* Begriffe und Größen. Im Gegensatz dazu gehören die Begriffe der Kinematik zu denen, die durch die Revolutionen gefällt wurden. Wichtig ist nun, daß es tatsächlich gelingt, mit den dynamischen Begriffen ein in sich konsistentes und in einem noch näher zu definierenden Sinn „vollständiges" Beschreibungsverfahren physikalischer Prozesse aufzubauen. Daß dies überhaupt möglich ist und wie es im einzelnen geschieht, werde ich in voller Allgemeinheit erst in einem nachfolgenden Band auseinandersetzen. Das Kapitel „Dynamik" des vorliegenden Buches demonstriert jedoch das Verfahren an einem elementaren Einzelfall und gibt genügend Einblick, um eine Verallgemeinerung plausibel erscheinen zu lassen. Auffallend ist schließlich, daß jede der beiden Theorien, Relativitätstheorie und Quantenmechanik, im erklärten Sinn als Kriterien benutzt, praktisch dieselbe Auftrennung der physikalischen Größen und Begriffe in fundamentale und nicht-fundamentale liefert, obwohl sie direkt nichts miteinander zu tun haben und ihre Auswirkungen auf die abgeänderten Begriffe auch ganz verschieden sind. Dies scheint mir Anlaß zu der Hoffnung zu geben, daß die Dynamik, wie sie hier verstanden wird, eine Basis der Physik bietet, die zuverlässig und generell genug ist, um auch für die zukünftige Entwicklung als Wegweiser und einigermaßen sicherer Anhalt zu dienen.

Wenn es also — und das sogar mit einer sonst in der Physik nicht üblichen Strenge — möglich ist, die Physik so aufzubauen, daß man ihre dynamischen und kinematischen Züge weitgehend voneinander trennt, was liegt dann näher als der Versuch, dem Lernenden die Physik in dieser Weise zu präsentieren und von vornherein das zu betonen, was auch später uneingeschränkt Bestand hat?

Wenn das Buch trotzdem mit einem kurzen Kapitel „Kinematik" beginnt, so deshalb, um die mathematische Beschreibung von Punktbewegungen kennenzulernen und zu üben. Vor das eigentliche Anliegen des Buches, die „Dynamik", habe ich dann noch das Kapitel „Newtonsche Gravitationstheorie" gestellt. Dies scheint mir deshalb gerechtfertigt, weil diese Theorie einmal historisch die erste Theorie physikalischer Vorgänge und daher von einzigartiger Bedeutung war, vor allem aber, weil sie eine Theorie einer wohldefinierten Klasse von Vorgängen (nämlich der Gravitationsbewegungen) ist, deren Formulierung keines dynamischen Begriffes bedarf. Eine derartige Theorie stellt, da die von ihr beschriebenen Vorgänge sich natürlich *auch* dynamisch beschreiben lassen müssen, stets ein Verbindungsglied dar zwischen Dynamik und Kinematik und damit zwischen Dynamik und Raum-Zeit-Struktur. Die Newtonsche Gravitationstheorie erzwingt so die Newtonsche Dynamik (§ 15) und teilt daher mit der Erkenntnis, daß letztere nur eine Approximation ist, deren Schicksal. Was aber ist nach dieser Einsicht näherliegend, als umgekehrt unter Festlegung der Dynamik (nämlich der Einsteinschen) und unter Benutzung einiger fundamentaler Eigenschaften der Gravitationsbewegungen nach der Raum-Zeit-Struktur der physikalischen Welt zu fragen? Diese Problemstellung, die letztlich zur Einsteinschen Gravitationstheorie führt, liegt den orientierenden Betrachtungen des § 21 zugrunde.

Ich schließe mit meinem Dank an viele Freunde und unermüdliche Diskussionspartner, die bewußt und unbewußt zur Klärung der hier vorgebrachten Ansichten und Anschauungen sowie zu ihrer Formulierung beigetragen haben.

Karlsruhe, im April 1965 G. FALK

Inhaltsverzeichnis

A. Kinematik 1

§ 1. Ort, Geschwindigkeit, Beschleunigung eines Körpers 1
§ 2. Einteilung der Bahnen in Scharen mittels Differentialgleichungen, Bewegungstypen 7
§ 3. Beispiele von Bewegungstypen 10
 a) Die geradlinig-gleichförmige Bewegung 10
 b) Die gleichmäßig beschleunigte Bewegung 11
 c) Die lineare harmonische Schwingung (linearer harmonischer Oszillator) 12
 d) Der 2-dimensionale harmonische Oszillator 14
§ 4. Zentralbeschleunigung 15
§ 5. Integrale der Bewegung 18

B. Grundzüge der Newtonschen Gravitationstheorie 23

§ 6. Der Bewegungstyp „Kepler-Bewegung" 24
§ 7. Die Integration der Bewegungsgleichungen des Kepler-Problems . 26
 a) Die Ellipse 28
 b) Die Hyperbel 29
 c) Die Parabel 30
§ 8. Newtons Gesetz der allgemeinen Gravitation 31
§ 9. Integrale der Bewegung der Gravitations-Gleichungen 36
§ 10. Das Zweikörper-Problem 41
§ 11. Das von ausgedehnten Körpern erzeugte Gravitationsfeld ... 47
§ 12. Die Bewegung ausgedehnter Körper in einem Gravitationsfeld (orientierende Betrachtungen zum Phänomen der Gezeiten) . . 55
§ 13. Die Bestimmung der Gravitationsfeld-erzeugenden Ladung eines Körpers 60

C. Elementare Dynamik 63

§ 14. Austauschbare Größen, Erhaltungssätze, der Hauptsatz 64
§ 15. Die Newtonsche Dynamik 68
§ 16. Dynamische Grundlagen der Mechanik 77
§ 17. Grundzüge der Einsteinschen Mechanik 82
§ 18. Beispiele zur Einsteinschen Mechanik 91
 a) Der total inelastische Stoß 95

b) Teilchenzerfall und Umwandlungsprozesse 97
c) Bindungsenergie (Massendefekt) 100
§ 19. Der Drehimpuls 101
§ 20. Relativ zueinander bewegte Bezugssysteme 115
§ 21. Bemerkungen zum Problem der Gravitation 133
§ 22. Bemerkungen zur Dynamik räumlich ausgedehnter Systeme . . . 140

Sachverzeichnis 147

A. Kinematik

§ 1 Ort, Geschwindigkeit, Beschleunigung eines Körpers

Die Mechanik handelt von materiellen Körpern und ihren Bewegungen. Das Phänomen Bewegung wird dabei beschrieben unter Verwendung der Begriffe Raum und Zeit, genauer, der Begriffe des räumlichen und zeitlichen Bezugssystems. Man denkt sich die Bewegung als eine stetige Aufeinanderfolge momentaner Lagen des Körpers und beschreibt diese durch Angabe der Lage-Koordinaten in bezug auf ein als gegeben betrachtetes Koordinatensystem. Alle geometrischen Maßgrößen, wie die Länge von Strecken, Beträge von Winkeln etc., werden als definiert vorausgesetzt. Ebenso nehmen wir an, daß es einen eindeutigen Sinn hat, von den Lage- oder Orts-Koordinaten eines Körpers zu sprechen. Hierzu ein paar erklärende Bemerkungen. Da Körper im allgemeinen räumlich ausgedehnt sind, ist die Annahme der eindeutigen Lokalisierung nicht ganz selbstverständlich. In der Tat läßt sich die geforderte Eindeutigkeit der Lage auf verschiedene Weise erreichen. Die einfachste besteht darin, daß man nur hinreichend kleine Körper betrachtet; gemeint ist — da das Wort „klein" keine Eigenschaft eines Körpers, sondern eine Relation des Körpers zu anderen Objekten ausdrückt — daß man entweder nur Körper in die Untersuchung einbezieht, deren Lineardimensionen klein sind gegen die betrachteten Änderungen von Abständen bzw. gegen die Genauigkeit, mit der die Abstandsbestimmungen vorgenommen werden oder werden können, oder — was dasselbe ist — daß man nur Abstände betrachtet, die sehr groß sind gegen die Lineardimensionen aller zugelassenen Körper. Kurzum, man nennt einen Körper klein oder „punktartig", wenn seine Lineardimensionen klein sind gegen die Genauigkeit, mit der Längenmessungen vorgenommen werden. Eine andere Möglichkeit, Ortskoordinaten von Körpern eindeutig zu definieren, bestünde z. B. darin, nur Körper bestimmter geometrischer Gestalt, z. B. nur kugelförmiger Körper zuzulassen und jeweils den Mittelpunkt eines solchen Körpers als seine Ortskoordinate zu erklären. Bei diesem Verfahren spielte die geometrische Größe der Körper keine Rolle. Wir behalten als Regel im Gedächtnis, daß die Fixierung der Ortskoordinaten physikalischer Körper eine Definition im Sinne der Angabe eines Verfahrens erfordert, das jedem Körper in jedem Augenblick eindeutig einen Raumpunkt zuordnet. Die Bildung des Schwerpunktes eines ausgedehnten Körpers ist als ein besonders allgemeines Verfahren der geforderten Art anzusehen.

Die Bewegung eines (punktartigen) Körpers wird beschrieben als stetige Aufeinanderfolge geometrischer Lagen, in einem Koordinatensystem x, y, z also durch Gleichungen der Form

$$x = x(t), \quad y = y(t), \quad z = z(t). \tag{1.1}$$

Diese Gleichungen definieren eine stetige (und i. a. differenzierbare[1]) Raumkurve. Die einzelnen Punkte dieser Kurve, denen jeweils ein t-Wert zugeordnet ist, repräsentieren die *momentanen Lagen* des Körpers. Die *Raumkurve einschließlich ihrer Belegung mit dem Zeit-Parameter t* nennen wir auch die *Bahn* des Körpers. Zwei gleiche Raumkurven mit verschiedenen t-Belegungen sind also verschiedene Bahnen. Der Parameter t liefert eine Zuordnung der Punkte einer Bahn zu den Punkten einer beliebigen anderen Bahn dadurch, daß jedem Punkt mit einem bestimmten t-Wert auf der einen Bahn genau ein Punkt mit dem gleichen t-Wert auf der zweiten Bahn entspricht. Die so korrespondierenden Punkte verschiedener Bahnen nennen wir *gleichzeitige Lagen*.

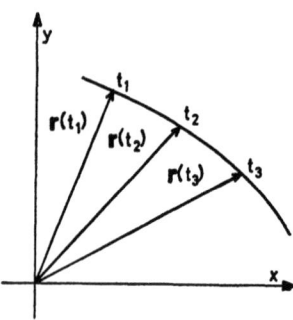

Fig. A1. Bahn eines Körpers

Die Tatsache, daß es zur Festlegung der Bahn eines bewegten Körpers nicht genügt, die Raumkurve anzugeben, die er durchläuft, sondern durch die Belegung dieser Kurve mit t-Werten auch die Art und Weise, wie er sie durchläuft, legt eine Darstellung der Bahn (1.1) nahe, in der t ebenso behandelt wird wie eine Koordinate. Die Bahn erscheint dann als Kurve in einem 4-dimensionalen x-y-z-t-Raum. In Fig. A2 ist die z-Koordinate der zeichnerischen Darstellung wegen unterdrückt. Man nennt den 4-dimensionalen x-y-z-t-Raum auch die *Raum-Zeit-Welt* und die Kurven, welche die Bahnen bewegter Körper repräsentieren, die *Weltlinien* der Körper. Bahn und Weltlinie sind also synonyme Begriffe. Die durch eine Bahn (= Weltlinie) bestimmte Raumkurve im 3-dimensionalen x-y-z-Raum erhält man durch Parallel-Projektion (in t-Richtung) der Weltlinie auf eine beliebige „Fläche" $t = $ const., in der Fig. A2 also auf die x-y-Ebene. Die Weltlinien zweier Körper, welche dieselbe Raumkurve durchlaufen, haben also die Eigenschaft, die gleiche Projektion in die Hyperflächen $t = $ const. zu besitzen. In Fig. A2 ist ein solcher Fall gezeichnet. Räumliche Konfigurationen der „gleichzeitigen Lage", wie wir sie oben definiert haben, werden offensichtlich durch die Schnitte $t = $ const. repräsentiert.

Die Geschwindigkeit des Körpers an einem Punkt seiner Bahn ist in der Raum-Zeit-Welt durch die Neigung der Tangente an den betreffenden Punkt der Weltlinie gegen die t-Achse gegeben. Da die Geschwindigkeit jedes Körpers endlich ist, haben die Weltlinien die Eigenschaft, jede 3-dimensionale Hyper-

---

[1] Die Differenzierbarkeit wird, um die Formulierungen nicht zu schwerfällig werden zu lassen, im folgenden nicht immer ausdrücklich gefordert, sondern, wo nötig, stillschweigend vorausgesetzt.

ebene $t =$ const. in genau einem Punkt zu schneiden. Für die Tangentenvektoren an die Weltlinie, wie für die Vektoren der Raum-Zeit-Welt, die „Weltvektoren", überhaupt, ist i. a. keine Länge erklärt; denn die Raum-Zeit-Welt besitzt keine Metrik in dem Sinn, daß für irgend zwei herausgegriffene Punkte (etwa Anfangs- und Endpunkt eines Weltvektors) stets ein Abstand erklärt wäre. Das ist zwar bei besonderen Punktepaaren der Fall, z. B. wenn

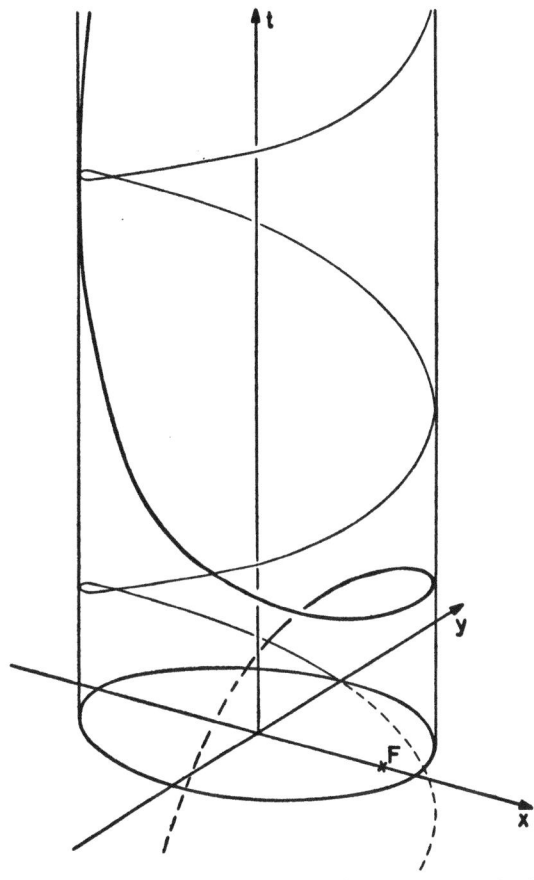

Fig. A 2. Weltlinien in der Raum-Zeit-Welt. Als Beispiele sind die Weltlinie eines ebenen Oszillators mit dem Punkt $x = y = 0$ als Beschleunigungszentrum (Aufgabe A 12, Bd. I a) und die einer Kepler-Bewegung mit dem Brennpunkt F als Beschleunigungszentrum (§§ 6, 7) dargestellt. Beide Weltlinien besitzen dieselbe Projektion in die Ebenen $t =$ const., beide Körper durchlaufen also im x-y-z-Raum dieselbe Bahnkurve, nur zeitlich in verschiedener Weise

die Punkte in einer Hyperebene $t =$ const. liegen, denn diese Ebenen sind identisch mit dem gewohnten 3-dimensionalen, euklidischen x-y-z-Raum, in dem der Abstand zweier Punkte r_1, r_2 und damit die Länge des Vektors $r_1 - r_2$ durch die reelle Zahl $d = + \sqrt{(x_1 - x_2)^2 + (y_1 - y_2)^2 + (z_1 - z_2)^2}$ erklärt ist. Ebenso ist ein Abstand erklärt, wenn die Punkte so liegen, daß ihre Verbindungslinie parallel zur t-Achse ist; dann ist ihr Abstand einfach durch $|t_1 - t_2|$ gegeben. Liegt aber keiner dieser beiden Fälle vor, so ist kein Abstand definiert. Entsprechend hat auch ein Weltvektor in allgemeiner Lage keine Länge. Die hier betrachtete Raum-Zeit-Welt ist, wie man sagt, ein „affiner Raum ohne Maßbestimmung (Metrik)" oder genauer, ein affiner Raum, der nur in den Schnitten $t = $ const. eine euklidische Maßbestimmung besitzt.

Die Annahme einer „absoluten Zeit" in der Newtonschen Mechanik ist gleichbedeutend mit der Annahme, daß die durch den Parameter t ausgedrückte Abbildung aller Bahnkurven aufeinander nicht nur gegen eine räumliche Verschiebung des Koordinatensystems (= Bezugssystems = „Beobachters"), d. h. gegenüber einer veränderten Lage des Koordinaten-Nullpunktes, invariant ist, sondern auch gegen den Bewegungszustand des Beobachters- oder, wie man auch sagt, daß die Relation der gleichzeitigen Lage der Punkte zweier Bahnen eine bewegungsinvariante (= „absolute") Bedeutung hat. Seit EINSTEINs Untersuchungen (1905) ist die Annahme einer absoluten Zeit in dem so erklärten Sinn als unhaltbar nachgewiesen. Die gleichzeitige Lage ist kein invarianter Begriff, sondern vom Bewegungszustand des Beobachters abhängig: Zwei relativ zueinander bewegte Beobachter nehmen die Zuordnung der Kurvenpunkte gleicher t-Werte verschieden vor, d. h. sie erklären verschiedene Punkt-Konfigurationen als gleichzeitig. Nur *relativ zueinander ruhende* Beobachter haben denselben Gleichzeitigkeitsbegriff und damit „dieselbe Zeit", d. h. dieselbe Belegung der Bahnkurven mit den Werten des Parameters t oder, im Bild der Fig. A2, dieselben Schnitte $t = $ const.

Wir betrachten vorerst nur relativ zueinander ruhende Bezugsysteme (Beobachter). Die in der Relativitätstheorie behandelte Frage, wie sich die Gleichzeitigkeits-Zuordnung der Punkte verschiedener Bahnkurven für gegeneinander bewegte Beobachter unterscheidet, lassen wir zunächst ganz beiseite. Mit dieser Beschränkung begeben wir uns keineswegs der Möglichkeit, einige wichtige Begriffsbildungen der relativistischen Mechanik von Anfang an und in sehr einfacher Weise in den Aufbau der Mechanik aufzunehmen. Neben der Newtonschen behandeln wir daher auch die Grundzüge der Einsteinschen Mechanik.

Statt der Punkt-Darstellung (1.1) der Lage eines Körpers benutzt man oftmals vorteilhafter die Darstellung durch den Lage- oder *Ortsvektor*

$$\mathbf{r}(t) = \{x(t), y(t), z(t)\}, \tag{1.1a}$$

dessen Anfangspunkt der Koordinatenursprung und dessen Endpunkt der jeweilige Lagepunkt des Körpers ist. Diese Beschreibungsweise hat — wie die Einführung der Vektorschreibweise überhaupt — den Zweck, in der Formulierung unabhängig zu werden vom speziellen Koordinatensystem. Es bleibt lediglich der Koordinaten-Nullpunkt als ausgezeichneter Punkt übrig, da alle Ortsvektoren von ihm ausgehen. Die Lage- oder Ortsvektoren bilden also eine Gesamtheit von Vektoren mit demselben Anfangspunkt, einen „Vektor-Igel" oder, in mathematischer Ausdrucksweise, den *Raum* der Ortsvektoren (Anhang II, Bd. Ia).

Im Gegensatz dazu ist ein *Verschiebungs-Vektor*, d. h. die Differenz zweier Ortsvektoren, in der Lage seines Anfangspunktes keinen Beschränkungen unterworfen (Fig. A3)[1]. Die Bezeichnung dieser Vektor-Klasse rührt offensichtlich daher, daß die *Verschiebung* eines Körpers von einer Lage r_1 in die Lage r_2 durch den Vektor $(r_2 - r_1)$, d. h. durch die Differenz der Lagevektoren repräsentiert wird.

Die Bahnkurve eines Körpers kann als aus lauter infinitesimalen Verschiebungen zusammengesetzt aufgefaßt werden; denn es ist

$$r(t+dt) = r(t) + \frac{dr}{dt} dt. \quad (1.2)$$

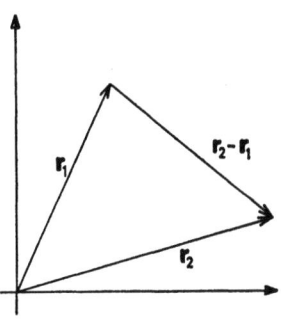

Fig. A 3. Verschiebungsvektor einer endlichen Verschiebung

Somit spielt $(dr/dt)dt$ die Rolle der infinitesimalen Verschiebung. Der Vektor

$$v = \frac{dr}{dt}$$

heißt die *Geschwindigkeit* des Körpers (in dem betreffenden Bahnpunkt). v hat die Richtung der Grenzlage der Sekante und damit die Richtung der Tangente an die Raumkurve im Punkt t.

Der Vektor

$$b = \frac{dv}{dt} = \frac{d^2r}{dt^2}$$

heißt die *Beschleunigung* des Körpers im Bahnpunkt t. Wie

$$v(t+dt) = v(t) + \frac{dv}{dt} dt = v(t) + b(t) dt \quad (1.3)$$

zeigt, gibt $b\,dt$ die Änderung des Geschwindigkeitsvektor im Zeitelement $[t, t+dt]$ an.

Haben v und b in einem Kurvenpunkt t nicht dieselbe Richtung[2],

---

[1] Die Gesamtheit der Verschiebungs-Vektoren bildet (ohne zusätzliche Abmachung) keinen Vektorraum, da nicht jeder Verschiebungs-Vektor mit jedem anderen addiert werden kann, sondern nur solche, bei denen der Anfangspunkt des einen Vektors mit dem Endpunkt des anderen koinzidiert. Erklärt man jedoch alle parallelen Vektoren als äquivalent, so wird der Bereich der Verschiebungs-Vektoren zu einem Vektorraum.

[2] Wie Gl. (1.3) zeigt, ist dies genau dann der Fall, wenn $v(t)$ und $v(t + dt)$ nicht dieselbe Richtung haben. Die Schmiegebene kann daher auch als durch $v(t)$ und $v(t + dt)$ aufgespannt angesehen werden.

so definieren sie eine Ebene, die *Schmiegebene* der Kurve in dem Punkt t. Der Einheitsvektor senkrecht zu $\boldsymbol{v}$ in dieser Ebene heißt der Hauptnormalenvektor $\boldsymbol{n}$ der Kurve im Punkt t. Für manche Zwecke empfiehlt es sich, $\boldsymbol{b}$ additiv zu zerlegen in eine Komponente b_t in Richtung des Tangenten-Einheitsvektor $\frac{1}{v}\boldsymbol{v}$ (v ist der Absolutbetrag des Vektors $\boldsymbol{v}$) und eine Komponente b_n in Richtung von $\boldsymbol{n}$. Schreibt man nämlich

$$\boldsymbol{b} = \frac{d\boldsymbol{v}}{dt} = \frac{d}{dt}\left(v\,\frac{\boldsymbol{v}}{v}\right) = \frac{\boldsymbol{v}}{v}\frac{dv}{dt} + v\,\frac{d}{dt}\left(\frac{\boldsymbol{v}}{v}\right), \quad (1.4)$$

so erscheint $\boldsymbol{b}$ als Summe eines Vektors

$$\frac{\boldsymbol{v}}{v}\frac{dv}{dt} = b_{\text{tang}}\left(\frac{\boldsymbol{v}}{v}\right) \quad (1.4\text{a})$$

in Richtung der Geschwindigkeit $\boldsymbol{v}$ und eines Vektors

$$v\,\frac{d}{dt}\left(\frac{\boldsymbol{v}}{v}\right) = b_{\text{normal}}\,\boldsymbol{n} \quad (1.4\text{b})$$

in Richtung der Hauptnormalen $\boldsymbol{n}$. Die letzte Behauptung, daß der Vektor $\frac{d}{dt}\left(\frac{\boldsymbol{v}}{v}\right)$ die Richtung von $\boldsymbol{n}$ hat, sieht man folgendermaßen ein. Da $\boldsymbol{v}/v$ Einheitsvektor ist, muß der Vektor seiner zeitlichen Änderung $\frac{d}{dt}\left(\frac{\boldsymbol{v}}{v}\right)$ stets senkrecht auf ihm stehen; wegen $(\boldsymbol{v}/v)^2 = 1$ ist nämlich

$$\left(\frac{\boldsymbol{v}}{v}\right)\frac{d}{dt}\left(\frac{\boldsymbol{v}}{v}\right) = \frac{1}{2}\,\frac{d}{dt}\left(\frac{\boldsymbol{v}}{v}\right)^2 = 0\,.$$

Da der Vektor $\frac{d}{dt}\left(\frac{\boldsymbol{v}}{v}\right)$ nach (1.4) andererseits eine Linearkombination der Vektoren $\boldsymbol{b}$ und $\boldsymbol{v}$ ist, also in der Schmiegebene liegt, muß er, vom Vorzeichen abgesehen, dieselbe Richtung wie $\boldsymbol{n}$ haben.

Die Beträge der Vektoren (1.4a) und (1.4b) heißen die Tangential- und die Normal-Komponente der Beschleunigung im Punkt t der Bahn. Aus (1.4a) liest man unmittelbar ab

$$b_{\text{tang}} = \frac{d|\boldsymbol{v}|}{dt}\,; \quad (1.5)$$

die Tangential-Komponente der Beschleunigung drückt also die Änderung des *Betrages* der Geschwindigkeit aus. Die Normal-Komponente gibt, wie (1.4b) zeigt, entsprechend die Änderung der *Richtung* der Geschwindigkeit wieder, genauer: sie repräsentiert die Änderung des Einheitsvektors $(\boldsymbol{v}/v)$ in Geschwindigkeitsrichtung, der sich als Vektor der Länge Eins überhaupt nur in der Richtung, nicht aber in seinem Betrag ändern kann. Das Verschwinden der Normalbeschleunigung ist also gleichbedeutend damit, daß die Richtung der Tangente im Punkt t, d. h. die Richtung der Geschwindigkeit beim Fortschreiten zum Nachbarpunkt keine Änderung erfährt oder, anders ausgedrückt, daß die Bahnkurve an dieser Stelle keine Krümmung besitzt. Bezeichnet R den Krümmungsradius der Bahn in der Schmiegebene, so besteht, wie Fig. A 4 zeigt, der Zusammenhang

$$d\left(\frac{v}{v}\right) = d\varphi\, n = \frac{v}{R}\, dt\, n.$$

Nach (1.4b) ist also

$$b_n = \frac{v^2}{R}. \qquad (1.6)$$

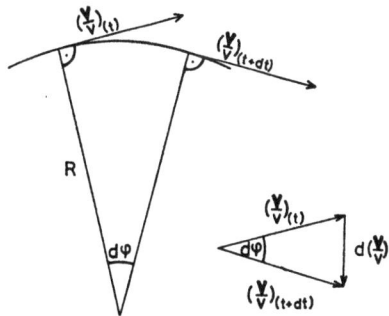

Fig. A 4. Zum Zusammenhang zwischen Bahnkrümmung und Änderung der Tangentenrichtung

Eine von Null verschiedene Bahnkrümmung ist also gleichbedeutend damit, daß an dieser Stelle eine von Null verschiedene Normalbeschleunigung herrscht; den quantitativen Zusammenhang gibt (1.6) wieder.

Eine Bahn ist, wie wir schon sagten, insofern mehr als eine Raumkurve, als überdies noch ein ausgezeichneter Parameter t auf der Kurve erklärt sein muß. Dies äußert sich darin, daß zur Beschreibung der Bahn neben den Begriffen der Differentialgeometrie, wie Tangenten-Einheitsvektor, Normalen-Vektor, Schmiegebene etc. noch ein weiterer Vektor v verwendet wird, der an jedem Punkt einer Kurve erklärt sein muß, um aus einer Kurve eine Bahn zu machen; dabei handelt es sich als zusätzliche Information nur um den Betrag von v, da die Richtung von v mit der des Tangenten-Einheitsvektors übereinstimmt.

Wir betonen ausdrücklich, daß alle bisherigen Begriffe, wie die Begriffe der Kinematik überhaupt, lediglich den Zweck haben, eine rationelle Beschreibung des Bewegungsvorganges zu ermöglichen, ohne danach zu fragen wie und unter welchen Bedingungen eine Bewegung oder eine bestimmte Bahn möglich ist. Dynamische Begriffe wie Energie, Impuls etc. kommen in diesem Zusammenhang und bei dieser Fragestellung noch nicht vor.

§ 2 Einteilung der Bahnen in Scharen mittels Differentialgleichungen, Bewegungstypen

Da wir jede Verschiebung und ebenso jede Aufeinanderfolge von Verschiebungen im Raum als möglich ansehen, werden alle möglichen Bahnen der Körper durch die Gesamtheit aller (stetigen) Raumkurven und ihrer Belegung mit dem Parameter t repräsentiert. Um in diese unübersehbare Mannigfaltigkeit Ordnung zu bringen, teilen wir die Bahnen in Klassen oder Scharen „zusammengehöriger" ein. Die zu einer Schar zusammengefaßten Bahnen nennen wir dann einen *Bewegungstyp*. Die einzelnen Bewegungstypen werden mit Hilfe von Differentialgleichungen definiert.

Um die Grundidee dieser Einteilung auseinanderzusetzen, gehen wir aus von dem Fall einer eindimensionalen Bewegung $x = x(t)$. Die möglichen Bahnen sind dann alle möglichen Weisen, auf die eine gerade Linie durchlaufen werden kann. Wir stellen uns nun vor, es sei von einer solchen Bahn der „Anfangspunkt" $x(t_0)$ sowie die Geschwindigkeit v *als Funktion von x und t* gegeben. Dann ist

$$\frac{dx}{dt} = v(x, t) \qquad (2.1)$$

eine wohlbestimmte Differentialgleichung, und unsere Bahn erscheint als diejenige Lösung $x(t)$ der Differentialgleichung, die für $t = t_0$ den vorgegebenen Wert $x(t_0)$ annimmt. Gleichzeitig ordnet die Differentialgleichung (2.1) die betrachtete Bahn als Mitglied in eine Schar ein, nämlich in die Schar der Lösungskurven von (2.1). Wir wollen diesen Sachverhalt noch etwas ausführlicher darstellen. Benutzen wir zur Darstellung eine x-t-Ebene, so ist jeder Bahn, d. h. jeder Art der Durchlaufung der geraden Linie, eine Kurve (= Weltlinie) zugeordnet. Eine Differentialgleichung wie (2.1) beschreibt dann diese Kurven wie folgt. Bei vorgegebener rechter Seite ordnet die Gleichung (2.1) jedem Punkt der x-t-Ebene eine Richtung mit der „Steigung" $dx/dt = v(x,t)$ zu. Dies ist in Fig. A5 durch die Neigung kleiner Geradenstücke angedeutet. Man nennt Fig. A5 auch das Richtungsfeld der Differentialgleichung. Die Aufgabe, die Differentialgleichung zu integrieren, besteht dann darin, Kurven $x(t)$ aufzufinden, die in das Richtungsfeld derart hineinpassen, daß ihre

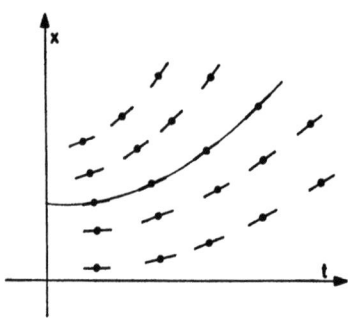

Fig. A5. Richtungsfeld einer Differentialgleichung erster Ordnung

Tangentenrichtung in jedem Punkt (x, t) durch (2.1) gegeben ist (wie durch die eingezeichnete Kurve angedeutet). Eine Differentialgleichung erster Ordnung definiert auf die angegebene Weise also eine ganze (einparametrige) Schar von Kurven in der x-t-Ebene, und jedes einzelne Mitglied dieser Schar erhält man dadurch, daß man (neben der Differentialgleichung) noch einen bestimmten Punkt in der x-t-Ebene, d. h. den Wert von x zu einem bestimmten t-Wert t_0 angibt. Als

Resumé unserer Betrachtungen merken wir also an: Die Vorgabe der Geschwindigkeit v als Funktion der Koordinaten und der Zeit definiert eine Schar-Einteilung der Bahnen derart, daß jeder Funktion $v(x, t)$ genau eine Schar entspricht. Die Vorgabe eines Wertes $x_0 = x(t_0)$ wählt dann aus dieser Schar wieder eine Kurve (Weltlinie) aus.

Nun ist die bislang definierte Schar-Einteilung für die Probleme der Mechanik erfahrungsgemäß sehr unrationell. Man braucht in dem Verfahren aber nur einen Schritt weiterzugehen, d. h. statt der Geschwindigkeit die Beschleunigung als Funktion der Koordinaten und der Zeit vorzugeben, um zu einer praktisch sehr brauchbaren Einteilung zu kommen. Wir denken uns also $b = b(x, t)$ vorgegeben; dann bestimmt die Differentialgleichung (zweiter Ordnung)

$$\frac{d^2x}{dt^2} = b(x, t) \qquad (2.2)$$

eine wohldefinierte Schar von Bahnen, die wir den zur Funktion $b(x, t)$ gehörigen *Bewegungstyp* nennen wollen. Eine zu Fig. A5 analoge Darstellung der Gleichung (2.2) ist nicht mehr so einfach, da Gl. (2.2) jedem Punkt (x, t) nicht eine Richtung, sondern eine Krümmung zuordnet. Die Differentialgleichung (2.2) integrieren heißt wieder, Funktionen $x(t)$ zu finden, die in jedem Punkt (x, t) die vorgeschriebene Krümmung haben. Das einzelne Mitglied der durch (2.2) definierten Lösungs-Schar wird dann durch Vorgabe der Werte von $x_0 = x(t_0)$ und $(dx/dt)_0$ festgelegt. Dies sieht man z. B. wie folgt ein. Es ist

$$x(t) = x_0 + \left(\frac{dx}{dt}\right)_0 (t - t_0) + \frac{1}{2!}\left(\frac{d^2x}{dt^2}\right)_0 (t - t_0)^2 + \cdots.$$

Mit Gleichung (2.2) sind aber auch alle höheren Ableitungen von $x(t)$ als Funktionen von x, t und dx/dt bestimmt; so ist z. B.

$$\frac{d^3x}{dt^3} = \frac{db(x, t)}{dt} = \frac{\partial b(x, t)}{\partial x}\frac{dx}{dt} + \frac{\partial b(x, t)}{\partial t}, \quad \cdots$$

Da $b(x, t)$ als gegeben vorausgesetzt ist, sind mit Vorgabe von x_0 und $(dx/dt)_0$ somit alle Koeffizienten der obigen Taylorentwicklung festgelegt; $x(t)$ ist daher eindeutig als Funktion von t bestimmt. Man sagt auch, die Differentialgleichung (2.1) besitzt eine 2-parametrige Schar von Lösungen, da zwei Angaben notwendig sind, nämlich x_0 und $(dx/dt)_0$, um eine Lösung eindeutig festzulegen[1]. Die Übertragung dieser mit der Beschleunigung verknüpften Schar-Einteilung auf die dreidimensionalen Bewegungen bietet keine Schwierigkeit. Anstelle

---

[1] Natürlich gibt es auch andere Angaben-Paare, die das leisten, wie z. B. die Angabe der Werte von $x(t)$ zu zwei verschiedenen Zeiten t_1 und t_2.

von (2.2) tritt die Vektor-Differentialgleichung

$$\frac{d^2 r}{dt^2} = b(r, t), \qquad (2.3)$$

wobei $b(r, t)$ als gegebene Funktion von r und t zu betrachten ist. Gl. (2.3) ist die vektorielle Zusammenfassung von drei Differentialgleichungen für die einzelnen Komponenten der in (2.3) auftretenden Vektoren; so lautet (2.3) in cartesischen Koordinaten

$$\frac{d^2 x}{dt^2} = b_x(x, y, z, t), \quad \frac{d^2 y}{dt^2} = b_y(x, y, z, t), \quad \frac{d^2 z}{dt^2} = b_z(x, y, z, t). \quad (2.3a)$$

Jede Beschleunigungs-Funktion $b(r, t)$ bestimmt durch (2.3) eine Schar von Bahnen, d. h. einen *Bewegungstyp*, und jede einzelne dieser Bahnen wird durch Vorgabe der *Anfangsbedingungen* $r(t_0)$ *und* $(dr/dt)_0 = v(t_0)$, der Anfangslage und der Anfangsgeschwindigkeit, fixiert.

Bei konsequenter Befolgung der Grundidee unserer Einteilung der Bahnen in Scharen ist die Beschleunigung nicht nur als Funktion von r und t vorgegeben zu denken, sondern als Funktion von $dr/dt = v$, r und t. Anstelle von (2.3) erhält man so die Differentialgleichung

$$\frac{d^2 r}{dt^2} = b\left(\frac{dr}{dt}, r, t\right), \qquad (2.4)$$

die (2.3) offensichtlich als Spezialfall enthält. Für viele praktische Belange kommt man indessen mit dem Spezialfall (2.3) aus. Geläufigere physikalische Beispiele, deren Behandlung die allgemeinere Gleichung (2.4) erfordern, sind: Die Bewegung eines geladenen Teilchens im Magnetfeld, die Bewegung in bezug auf ein rotierendes Koordinatensystem sowie Bewegungen unter dem Einfluß geschwindigkeitsabhängiger Reibung.

Wir weisen noch einmal darauf hin, daß in der Kinematik die Beschleunigung nicht als „Ursache" der Bewegung erscheint, sondern lediglich als rationelles Hilfsmittel fungiert, um die Gesamtheit aller Bahnen in Scharen zusammengehöriger einzuteilen. Das Primäre ist die Bahn, die Beschleunigung ist nur eine aus ihr abgeleitete Größe. Wir vermeiden daher in der Kinematik auch Formulierungen wie „eine Bewegung, die unter dem Einfluß einer Beschleunigung erfolgt", weil in diese intuitiv allzu leicht mehr hineingelegt wird, als die Kinematik aussagt.

§ 3 Beispiele von Bewegungstypen

a) Die geradlinig-gleichförmige Bewegung. Der einfachste Bewegungstyp ist definiert durch $b = 0$. Die Differentialgleichungen

$$\frac{d^2 r}{dt^2} = 0, \quad \text{oder} \quad \frac{d^2 x}{dt^2} = \frac{d^2 y}{dt^2} = \frac{d^2 z}{dt^2} = 0,$$

haben die Lösungen
$$x(t) = v_{x0} t + x_0, \quad y(t) = v_{y0} t + y_0, \quad z(t) = v_{z0} t + z_0,$$
oder vektoriell geschrieben
$$\boldsymbol{r}(t) = t\, \boldsymbol{v}_0 + \boldsymbol{r}_0, \tag{3.1}$$
wobei $\boldsymbol{v}_0 = (v_{x0}, v_{y0}, v_{z0})$ und $\boldsymbol{r}_0 = (x_0, y_0, z_0)$ beliebige konstante Vektoren sind. (3.1) beschreibt geradlinig gleichförmige Bewegungen, wobei $\boldsymbol{v}_0$ die Geschwindigkeit (Richtung und Betrag) und $\boldsymbol{r}_0$ die Anfangslage angeben.

b) Die gleichmäßig beschleunigte Bewegung. Der Bewegungstyp ist definiert durch $\boldsymbol{b}$ = const. Die Beschleunigung ist nach Richtung und Betrag unabhängig von der jeweiligen Ortskoordinate und auch unabhängig von der Zeit. Die Gleichungen
$$\frac{d^2 \boldsymbol{r}}{dt^2} = \boldsymbol{b}, \quad \text{oder} \quad \frac{d^2 x}{dt^2} = b_x = \text{const.}, \cdots$$
können, da jede nur eine Koordinate enthält, jeweils für sich integriert werden und liefern als Lösungen
$$x(t) = \frac{t^2}{2} b_x + v_{x0} t + x_0, \quad y(t) = \frac{t^2}{2} b_y + v_{y0} t + y_0, \cdots$$
oder in Vektorform
$$\boldsymbol{r}(t) = \frac{t^2}{2} \boldsymbol{b} + t\, \boldsymbol{v}_0 + \boldsymbol{r}_0. \tag{3.2}$$

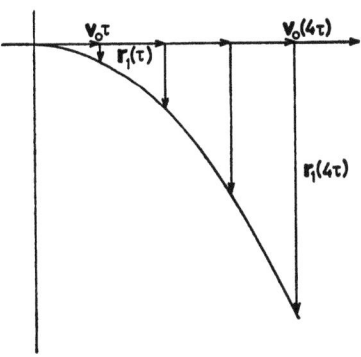

Ein Vergleich mit (3.1) zeigt, daß jede Bahn dieses Bewegungstyps aufgefaßt werden kann als die (vektorielle) Überlagerung einer speziellen Bahn — nämlich $\boldsymbol{r}_1(t) = (t^2/2)\, \boldsymbol{b}$ — und einer geradlinig gleichförmigen Bewegung des Typs (3.1). Dieser Tatbestand bildet ein Beispiel für den mathematischen Satz, daß man die volle Lösungsmannigfaltigkeit einer linearen inhomogenen Differentialgleichung dadurch erhält, daß man zu allen Lösungen der zugeordneten homogenen Gleichung eine einzige spezielle Lösung der inhomogenen hinzuaddiert[1]. Fig. A 6 demonstriert diesen Sachverhalt,

Fig. A 6. Wurfbewegung, vektoriell zusammengesetzt aus senkrechtem freiem Fall und horizontaler gleichförmig geradliniger Bewegung

---

[1] Eine lineare Differentialgleichung n-ter Ordnung
$$a_n(x) \frac{d^n y}{dx^n} + \cdots + a_1(x) \frac{dy}{dx} + a_0(x)\, y + b(x) = 0, \tag{A}$$

d. h. die Zusammensetzung von $r_1(t)$ mit einer geradlinig gleichförmigen Bewegung, wenn, wie beim freien Fall, die konstante Beschleunigung b vertikal nach unten gerichtet ist.

c) **Die lineare harmonische Schwingung** (linearer harmonischer Oszillator). Der Weg, Funktionen $b(r, t)$ vorzugeben und die zugehörige Schar von Bahnen zu bestimmen, führt im allgemeinen nur zufällig auf Bewegungstypen, die auch physikalisch von Belang sind. Man geht daher häufig umgekehrt vor. Man betrachtet eine bestimmte, aus der Beobachtung nahegelegte (2-parametrige) Klasse von Bahnen und fragt nach dem Beschleunigungsgesetz, das diese Bahnen als zugehörige Schar besitzt. Eine für viele physikalische Anwendungen wichtige Klasse von Bewegungen ist die der linearen harmonischen Schwingungen

$$x(t) = C \cos(\omega t + \delta), \quad y(t) = z(t) = 0. \tag{3.3a}$$

Als Beispiele physikalischer Bewegungen, bei denen dieses Gesetz beobachtet wird, nennen wir die Projektion einer Kreisbewegung auf eine Gerade in der Bewegungsebene, sowie die Bewegung eines mit Hilfe einer Feder elastisch gebundenen Körpers. In (3.3a) heißen C die *Amplitude*, $(\omega t + \delta)$ die *Phase*, δ die Phasenkonstante und ω die Kreisfrequenz ($\omega = 2\pi \times$ Frequenz) der Schwingung. ω wird als fest gegeben betrachtet, während die Werte von C und δ durch die Anfangsbedingungen festgelegt werden; wegen

$$v_x = \frac{dx}{dt} = -\omega C \sin(\omega t + \delta)$$

bestimmen C und δ in der Tat die Anfangslage $x(t = 0)$ und die Anfangsgeschwindigkeit $v_x(t = 0)$, und umgekehrt bestimmen auch Anfangslage und Anfangsgeschwindigkeit die Werte von C und δ.

Zweimalige Differentiation von (3.3a) liefert als Differentialgleichung dieser Bewegung (wir kürzen die Differentiation nach t

---

worin $a_k(x)$ gegebene Funktionen von x sind, heißt homogen, wenn $b = 0$; andernfalls heißt sie inhomogen. Sind $y_1(x)$ und $y_2(x)$ zwei Lösungen der inhomogenen Gleichung (A), so ist die Differenz $y_1 - y_2 = y_h$ eine Lösung der zugeordneten homogenen Gleichung, die aus (A) hervorgeht, wenn man $b = 0$ setzt. Somit ist jede Lösung der Form $y = y_1 + y_h$, worin y_1 eine (spezielle) Lösung von (A) ist und y_h *irgendeine* Lösung der (A) zugeordneten homogenen Gleichung, ebenfalls eine Lösung von (A). Da es andererseits n linear unabhängige Lösungen y_h der homogenen Gleichung gibt, erhält man so n linear unabhängige Lösungen von (A). Da (A) aber nur n linear unabhängige Lösungen hat, läßt sich somit jede Lösung von (A) in der Form $y_1 + y_h$ darstellen. Diesen Tatbestand spricht man auch in der Form aus: Die „allgemeine Lösung" von (A) ist gleich der Summe aus einer speziellen Lösung von (A) und der „allgemeinen Lösung" der (A) zugeordneten homogenen Gleichung. Eine allgemeine Lösung enthält also n freie Konstanten.

im folgenden häufig durch einen Punkt ab)

$$\frac{d^2x}{dt^2} = \ddot{x} = -\omega^2 x. \tag{3.3}$$

Alle Lösungen dieser Gleichung lassen sich mit geeignet gewählten Konstanten C und δ tatsächlich in der Form (3.3a) darstellen, denn wir haben gesehen, daß sich durch Wahl dieser beiden Konstanten gerade die zur Gleichung (3.3) gehörigen Anfangsbedingungen befriedigen lassen. Diese Behauptung läßt sich aber auch noch auf andere Weise einsehen, wobei die Lösungsmannigfaltigkeit überdies in einer anderen funktionalen Gestalt erscheint. Wir gehen dazu von der Bemerkung aus, daß Gleichung (3.3) es erlaubt, alle Zeitableitungen von $x(t)$ entweder auf x selbst oder auf $\dot{x}$ zu reduzieren, denn es ist

$$\ddot{x} = -\omega^2 x, \quad \overset{IV}{x} = -\omega^2 \ddot{x} = \omega^4 x, \quad \overset{VI}{x} = -\omega^2 \overset{IV}{x} = -\omega^6 x, \ldots$$
$$\dddot{x} = -\omega^2 \dot{x}, \quad \overset{V}{x} = -\omega^2 \dddot{x} = \omega^4 \dot{x}, \quad \overset{VII}{x} = -\omega^2 \overset{V}{x} = -\omega^6 \dot{x}, \ldots$$

Setzen wir nun $x(t=0) = A$ und $\dot{x}(t=0) = B\omega$, so nimmt die Taylorentwicklung von $x(t)$

$$x(t) = x(t=0) + \frac{t}{1!}\dot{x}(t=0) + \frac{t^2}{2!}\ddot{x}(t=0) + \frac{t^3}{3!}\dddot{x}(t=0) + \cdots$$

die Form an

$$x(t) = A\left\{1 + \frac{1}{2!}(\omega t)^2 + \frac{1}{4!}(\omega t)^4 + \cdots\right\} +$$
$$+ B\left\{\omega t - \frac{1}{3!}(\omega t)^3 + \frac{1}{5!}(\omega t)^5 - \cdots\right\}$$

oder

$$x(t) = A\cos\omega t + B\sin\omega t. \tag{3.3b}$$

Sämtliche Lösungen der Gleichung (3.3) können also in der Form (3.3b) ausgedrückt werden mit geeignet gewählten Konstanten A und B. Man zeigt, daß sich jede Funktion der Form (3.3b) auch in der Form (3.3a) schreiben läßt und umgekehrt, und daß zwischen den Konstanten A, B einerseits und den Konstanten C, δ andererseits der Zusammenhang besteht

$$C = +\sqrt{A^2 + B^2}, \quad \operatorname{tg}\delta = -B/A.$$

Als Ergänzung zu (3.3) behandeln wir noch die Gleichung

$$\ddot{x} + \omega^2 x = g, \quad g = \text{const.} \tag{3.4}$$

Die Beschleunigung dieses Bewegungstyps erscheint als Überlagerung der Beschleunigung der harmonischen Schwingung mit einer konstanten ortsunabhängigen Beschleunigung g. Gl. (3.4) ist eine inhomogene Gleichung, deren zugeordnete homogene die Oszillator-Gleichung (3.3) ist. Mit Hilfe der bereits bekannten Lösungen von

(3.3) erhält man also alle Lösungen von (3.4), wenn es gelingt, eine einzige spezielle Lösung von (3.4) zu finden. Eine solche bietet sich nun unmittelbar in $x = $ const. an; dann ist $\ddot{x} = 0$, und (3.4) ist erfüllt, wenn $x = g/\omega^2$ ist. Somit läßt sich jede Lösung von (3.4) in der Form schreiben

$$x(t) = C \cos(\omega t + \delta) + \frac{g}{\omega^2}. \qquad (3.4\,\text{a})$$

Wir wollen dieses Ergebnis noch auf einem anderen Weg verifizieren. Setzt man nämlich

$$g = \omega^2 g', \quad y = x - g',$$

so geht (3.4) über in

$$\ddot{y} + \omega^2 y = 0,$$

d. h. in die Oszillator-Gleichung (3.3). Deren Lösungen haben aber die Form

$$y = C \cos(\omega t + \delta),$$

mit C und δ als freien Konstanten. Setzt man hierin $y = x - g'$ ein, so hat man wieder (3.4a). Die durch (3.4) beschriebene Bewegung ist eine harmonische Schwingung, deren Nullpunkt gegenüber der freien Schwingung ($g = 0$) um den Betrag g/ω^2 auf der x-Achse verschoben ist. Eine Realisierung dieser Bewegung stellt das Federpendel im Gravitationsfeld der Erde dar.

d) Der 2-dimensionale harmonische Oszillator. Wir betrachten die Differentialgleichung

$$\ddot{\boldsymbol{r}} + \omega^2 \boldsymbol{r} = 0, \qquad (3.5)$$

wobei $\boldsymbol{r}$ einen Vektor in der Ebene $z = 0$ bedeute[1]. In cartesischen Koordinaten lauten die Lösungen

$$x(t) = A \cos(\omega t + \delta_1), \quad y(t) = B \cos(\omega t + \delta_2), \quad z(t) = 0. \quad (3.5\,\text{a})$$

Die Lösungen, wie auch Gl. (3.5) selbst, zeigen, daß jede durch (3.5) beschriebene Bewegung aufgefaßt werden kann als zustande gekommen durch Überlagerung zweier linearer harmonischer Oszillatoren, von denen der eine in x- und der andere in y-Richtung schwingt. Da $|x| \leq |A|$ und $|y| \leq |B|$, verläuft die Bewegung ganz in einem Rechteck der Seitenlängen $2|A|$ und $2|B|$. Mit den Abkürzungen

$$\xi = \frac{x}{A}, \quad \eta = \frac{y}{B}, \quad \delta_2 - \delta_1 = \psi \quad \text{(Phasendifferenz)}$$

---

[1] Der 3-dimensionale Oszillator bringt, wie in § 5 gezeigt wird, gegenüber dem 2-dimensionalen kinematisch nichts Neues.

folgt aus den Gln. (3.5a)

$$\xi = \cos(\omega t + \delta_1),$$
$$\eta = \cos(\omega t + \delta_1) \cdot \cos(\delta_2 - \delta_1) - \sin(\omega t + \delta_1) \cdot \sin(\delta_2 - \delta_1)$$

oder anders geschrieben:

$$\xi \cos \psi - \eta = \sqrt{1 - \xi^2} \sin \psi;$$

durch Quadrieren erhält man daraus als Gleichung der Bahnkurve

$$\xi^2 - 2 \xi \eta \cos \psi + \eta^2 = \sin^2 \psi. \tag{3.6}$$

Für spezielle Werte der Phasendifferenz ψ nimmt diese Gleichung eine besonders einfache Form an:

a) $\psi = 0$ $\quad \xi^2 - 2\xi\eta + \eta^2 = (\xi - \eta)^2 = 0 \to \xi = \eta$,
b) $\psi = \pi$ $\quad \xi^2 + 2\xi\eta + \eta^2 = (\xi + \eta)^2 = 0 \to \xi = -\eta$,
c) $\psi = \pi/2$ $\quad \xi^2 + \eta^2 = 1;$

in graphischer Darstellung sind dies die in den Fig. A7a und A7b wiedergegebenen Bahnkurven. Die Frage nach den allgemeinen durch (3.6) definierten Kurven wird in Aufgabe A 12 (Bd. Ia) behandelt.

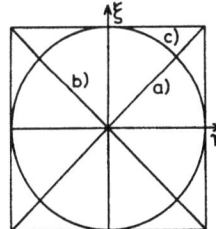 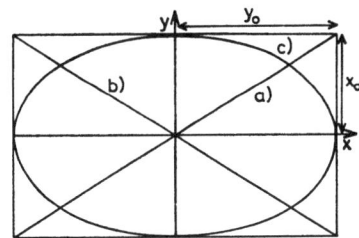

Fig. A 7. a. Die Fälle a), b), c) in ξ-η-Darstellung

Fig. A 7. b. Die Fälle a), b), c) in x-y-Darstellung

§ 4 Zentralbeschleunigung

Eine Bewegung, bei der der Beschleunigungsvektor $\boldsymbol{b}(\boldsymbol{r}, t)$ stets auf einen festen Raumpunkt, das *Beschleunigungszentrum*, hingerichtet oder von ihm weggerichtet ist, heißt eine Bewegung mit *Zentralbeschleunigung*. Es gilt der folgende

Satz 4.1: Eine Zentralbeschleunigung liegt dann und nur dann vor, wenn die Bewegung in einer Ebene erfolgt und wenn in bezug auf das Beschleunigungszentrum der *Flächensatz* gilt, d. h. wenn der Vektor vom Beschleunigungszentrum zum sich bewegenden Punkt in gleichen Zeiten ebene Flächenstücke gleichen Inhaltes überstreicht.

Wir wählen das Beschleunigungszentrum als Koordinaten-Ursprung. Dann ist, je nachdem ob b gleiche oder entgegengesetzte Richtung wie r hat,

$$b(r,t) = \pm\, b(r,t)\frac{r}{r}. \tag{4.1}$$

Wir betrachten den Vektor $r \times v$, der auf r und v und damit — wegen (4.1) — auf der Schmiegebene der Bahn senkrecht steht. Differentiation dieses Vektors nach t liefert

$$\frac{d}{dt}(r \times v) = \left(\frac{dr}{dt} \times v\right) + \left(r \times \frac{dv}{dt}\right) = (v \times v) + (r \times b) =$$
$$= (r \times b); \tag{4.2}$$

mit Gleichung (4.1) folgt also

$$\frac{d}{dt}(r \times v) = 0. \tag{4.3}$$

Umgekehrt folgt aus (4.3) nach (4.2) die Aussage (4.1). Somit ist die zeitliche Konstanz des Vektors $r \times v$ (und zwar in Betrag und Richtung!) notwendig und hinreichend dafür, daß die betrachtete Bewegung eine solche mit Zentralbeschleunigung ist. Da $r \times v$ aber senkrecht auf der Schmiegebene der Bahn steht, besagt die zeitliche Konstanz der Richtung dieses Vektors, daß die Schmiegebene ihre Lage während der Bewegung nicht ändert, d. h. daß die Bewegung in einer Ebene verläuft. Damit ist die erste Behauptung des Satzes 4.1 bewiesen.

Die zweite Behauptung des Satzes folgt sodann aus der Bemerkung, daß der Betrag des Vektors $r \times v$ gleich der doppelten Flächengeschwindigkeit ist, d. h. gleich dem doppelten Inhalt des (ebenen) Flächenstückes, das von dem Vektor r in der Zeiteinheit überstrichen wird. Aus Fig. A8 liest man ab, daß

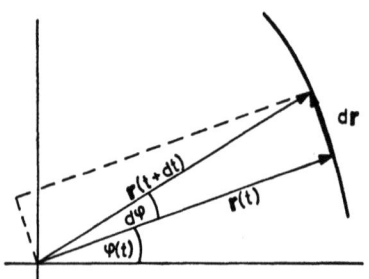

Fig. A 8.
Zur Darstellung der Flächengeschwindigkeit

$$|r \times v| = r^2 \frac{d\varphi}{dt}, \tag{4.4}$$

wobei φ den Azimutalwinkel bezeichnet. Die in (4.3) enthaltene zeitliche Konstanz des Betrages von $r \times v$ besagt also, daß

$$r^2 \frac{d\varphi}{dt} = r^2 \dot\varphi = f = 2 \times \text{Flächengeschwindigkeit} (= \text{const.}) \tag{4.5}$$

Wir wollen den Satz 4.1 noch in einer anderen Form beweisen, um mit ebenen Polarkoordinaten ein wenig vertraut zu werden. Dabei beschränken wir uns von vornherein auf ebene Bewegungen. Es seien e_1 und e_2 zwei Einheitsvektoren in der x- und y-Richtung eines cartesischen Koordinatensystems; dann ist

$$\boldsymbol{r} = r \left(\cos \varphi \, \boldsymbol{e}_1 + \sin \varphi \, \boldsymbol{e}_2 \right). \tag{4.6}$$

Durch Differentiation nach t finden wir

$$\boldsymbol{v} = \dot{\boldsymbol{r}} = \dot{r} (\cos \varphi \, \boldsymbol{e}_1 + \sin \varphi \, \boldsymbol{e}_2) + r \dot{\varphi} (- \sin \varphi \, \boldsymbol{e}_1 + \cos \varphi \, \boldsymbol{e}_2)$$

und ebenso

$$\boldsymbol{b} = \ddot{\boldsymbol{r}} = (\ddot{r} - r \dot{\varphi}^2)(\cos \varphi \, \boldsymbol{e}_1 + \sin \varphi \, \boldsymbol{e}_2) +$$
$$+ (2 \dot{r} \dot{\varphi} + r \ddot{\varphi})(- \sin \varphi \, \boldsymbol{e}_1 + \cos \varphi \, \boldsymbol{e}_2).$$

Man erkennt, daß jeder Vektor als Linearkombination der beiden Einheitsvektoren

$$\cos \varphi \, \boldsymbol{e}_1 + \sin \varphi \, \boldsymbol{e}_2 = \frac{\boldsymbol{r}}{r}, \quad - \sin \varphi \, \boldsymbol{e}_1 + \cos \varphi \, \boldsymbol{e}_2 = \boldsymbol{e}_\varphi$$

erscheint. In der Tat läßt sich jeder Vektor in der Ebene als Linearkombination dieser beiden Vektoren schreiben; denn die Bildung des skalaren Produktes

$$\left(\frac{\boldsymbol{r}}{r} \, \boldsymbol{e}_\varphi \right) = - \sin \varphi \cos \varphi + \sin \varphi \cos \varphi = 0$$

zeigt, daß die Vektoren zueinander orthogonal und damit sicher linear unabhängig sind. Wir fassen die obigen Gleichungen noch einmal zusammen

$$\boldsymbol{v} = \dot{\boldsymbol{r}} = \dot{r} \left(\frac{\boldsymbol{r}}{r} \right) + r \dot{\varphi} \, \boldsymbol{e}_\varphi$$
$$\boldsymbol{b} = \ddot{\boldsymbol{r}} = (\ddot{r} - r \dot{\varphi}^2) \left(\frac{\boldsymbol{r}}{r} \right) + (2 \dot{r} \dot{\varphi} + r \ddot{\varphi}) \, \boldsymbol{e}_\varphi; \tag{4.7}$$

die erste Komponente auf der rechten Seite heißt jeweils die *Radial*komponente, die zweite die *Azimutal*komponente des betreffenden Vektors.

Wenn Gleichung (4.1) gelten soll, folgt aus (4.7)

$$2 \dot{r} \dot{\varphi} + r \ddot{\varphi} = 0$$

oder nach Multiplikation mit r

$$\frac{d}{dt} (r^2 \dot{\varphi}) = 0, \quad \text{d. h.} \quad r^2 \dot{\varphi} = \text{const.,}$$

der Flächensatz. Gilt umgekehrt der Flächensatz, so folgt aus (4.7) unmittelbar (4.1), d. h. die Aussage, daß eine Zentralbeschleunigung vorliegt:

$$\boldsymbol{b} = (\ddot{r} - r \dot{\varphi}^2) \frac{\boldsymbol{r}}{r}. \tag{4.8}$$

Anmerkung. Man beachte, daß bei Zentralbeschleunigung der Flächensatz nur in bezug auf das *Beschleunigungszentrum* gilt, keineswegs aber in bezug auf einen beliebigen Punkt. Ist die Bahnkurve geschlossen, so braucht man den Koordinatenursprung nur ins Äußere zu legen, um die Behauptung unmittelbar anschaulich einzusehen.

§ 5 Integrale der Bewegung

Wir haben gesehen, daß für eine Bewegung mit Zentralbeschleunigung der Vektor $r \times v$, oder genauer, jede Komponente dieses Vektors zeitlich konstant ist. Die Komponenten von $r \times v$ sind, wie man sagt, Integrale der Bewegung. Allgemein treffen wir die

Definition: Ein *Integral der Bewegung* eines Bewegungstyps ist eine Funktion $F(r, v)$, die auf einer beliebigen Bahn des Bewegungstyps konstant ist und nur von der Bahn als Ganzem und damit allein von den Anfangsbedingungen abhängt.

Ein Integral der Bewegung ist, wie man sieht, jeweils einem Bewegungstyp zugeordnet und somit durch die Differentialgleichung des Bewegungstyps (2.3) oder (2.4) definiert. Dies macht plausibel, daß die Kenntnis eines Integrals der Bewegung einer gegebenen Differentialgleichung (2.4) oftmals die Lösung der Gleichung erleichtert.

Zur Orientierung fragen wir nach Integralen der Bewegung der bisher betrachteten Beispiele von Bewegungstypen. Für die geradlinig-gleichförmige Bewegung ist $\dot{r} = v$ trivialerweise ein Integral der Bewegung; es drückt die Konstanz der Geschwindigkeit längs jeder Bahn der durch (3.1) definierten Schar aus. Für die gleichmäßig beschleunigte Bewegung erhalten wir auf folgende Weise ein Integral der Bewegung: Multiplizieren wir die Bewegungsgleichung skalar mit v, so ergibt sich

$$v \frac{dv}{dt} = v\, b$$

oder

$$\frac{d}{dt}\left(\frac{v^2}{2}\right) = b\, \frac{dr}{dt}.$$

Da nun b zeitlich und räumlich konstant ist, liefert die Integration der letzten Gleichung

$$\frac{v^2}{2} - \frac{v_0^2}{2} = b \int_{r_0}^{r} dr' = b(r - r_0)$$

oder

$$\frac{v^2}{2} - b\, r = \frac{v_0^2}{2} - b\, r_0.$$

Nun ist die rechte Seite dieser Gleichung durch die Anfangsbedingungen festgelegt und damit eine wohlbestimmte Konstante. Somit ist

$$A(v, r) = \frac{v^2}{2} - b\, r \tag{5.1}$$

ein Integral der Bewegung.

Um im Fall des linearen harmonischen Oszillators ein Integral der Bewegung zu erhalten, multiplizieren wir (3.1) mit $\dot{x}$

$$0 = \dot{x}(\ddot{x} + \omega^2 x) = \frac{d}{dt}\left(\frac{1}{2}\dot{x}^2 + \frac{\omega^2}{2}x^2\right).$$

Somit ist die Funktion

$$A(x, \dot{x}) = \frac{1}{2}\dot{x}^2 + \frac{\omega^2}{2}x^2 \qquad (5.2)$$

ein Integral der Bewegung des Oszillators. Da A längs der Bahnen von (3.1) konstant ist, hat man

$$\dot{x} = \sqrt{2A - \omega^2 x^2} \quad \text{oder} \quad \int_{x_0}^{x(t)} \frac{dx'}{\sqrt{2A - \omega^2 x'^2}} = \int_0^t dt',$$

woraus man $\omega t + \delta = \arccos x \dfrac{\omega}{\sqrt{2A}}$ oder die bereits bekannte Lösung

$$x = \frac{\sqrt{2A}}{\omega} \cos(\omega t + \delta) \qquad (5.2\,\mathrm{a})$$

erhält. Die Amplitude der Schwingung ist hierbei ausgedrückt durch den Wert des Integrals der Bewegung (5.1) auf der jeweils betrachteten Bahn.

Die Gleichung des 3-dimensionalen Oszillators

$$\ddot{\boldsymbol{r}} + \omega^2 \boldsymbol{r} = 0$$

fällt unter die Klasse der Zentralbeschleunigungen. Somit liefern die Komponenten des Vektors $\boldsymbol{r} \times \boldsymbol{v}$ drei Integrale der Bewegung. Nach Satz 4.1 erfolgt die Bewegung in einer Ebene, so daß der 3-dimensionale Oszillator gegenüber dem in § 3.d) behandelten 2-dimensionalen als weitere Freiheit lediglich die Orientierung der Bewegungsebene im Raum hat. Multipliziert man die Bewegungsgleichung des 3-dimensionalen Oszillators skalar mit $\dot{\boldsymbol{r}}$, so erhält man in völlig analoger Weise wie beim linearen Oszillator das Integral der Bewegung

$$A(\boldsymbol{r}, \boldsymbol{v}) = \frac{1}{2}\boldsymbol{v}^2 + \frac{\omega^2}{2}\boldsymbol{r}^2 = \frac{1}{2}v^2 + \frac{\omega^2}{2}r^2. \qquad (5.3)$$

Multipliziert man die allgemeine Bewegungsgleichung (2.4) skalar mit $\dot{\boldsymbol{r}} = \boldsymbol{v}$, so erhält man

$$\boldsymbol{v}\frac{d\boldsymbol{v}}{dt} = \frac{d}{dt}\left(\frac{v^2}{2}\right) = \boldsymbol{b}\left(\frac{d\boldsymbol{r}}{dt}, \boldsymbol{r}, t\right)\frac{d\boldsymbol{r}}{dt}.$$

Integriert man diese Gleichung längs einer Bahn $\mathfrak{C}(\boldsymbol{r}(t))$, so erhält man

$$\frac{v^2(r)}{2} - \frac{v^2(r_0)}{2} = \int_{\mathfrak{C}} \boldsymbol{b}\left(\frac{d\boldsymbol{r}}{dt}, \boldsymbol{r}, t\right)\frac{d\boldsymbol{r}}{dt}\, dt; \qquad (5.4)$$

dabei bedeutet $v(r)$ den Geschwindigkeitsbetrag im Punkt $r = r(t)$ der Bahn, entsprechend $v(r_0) = v_0$ den Betrag der Anfangsgeschwindigkeit im Punkt $r_0 = r(t = 0)$. Das Integral rechter Hand in (5.4) wird nun von der t-Belegung der Kurve $\mathfrak{C}$ unabhängig und lediglich eine Funktion des Ortsvektors r auf der Raum-Kurve $\mathfrak{C}$, wenn b nur von r, nicht dagegen von v und t abhängt, wenn die Beschleunigung, die der Körper erfährt, also *nur* von seiner momentanen Lage abhängt. Wir nennen $b = b(r)$ dann ein (zeitunabhängiges) *Beschleunigungsfeld*[1]. In diesem Fall ist, also

$$\int_{\mathfrak{C}} b(r) \frac{dr}{dt} dt = \int_{\mathfrak{C}(r_0, r)} b(r) dr,$$

wobei das rechtsseitige Integral vom Punkt r_0 längs der Kurve $\mathfrak{C}$ zum Punkt r zu erstrecken ist.

Unter den Beschleunigungsfeldern $b(r)$ verdienen nun diejenigen ein besonderes Interesse, welche die Eigenschaft haben, das betrachtete Kurven-Integral vom Weg $\mathfrak{C}$ unabhängig zu machen. Dann hat das Kurven-Integral für alle Wege $\mathfrak{C}, \mathfrak{C}', \mathfrak{C}'', \ldots$, welche die Punkte r_0 und r miteinander verbinden, denselben Wert (Fig. A9).

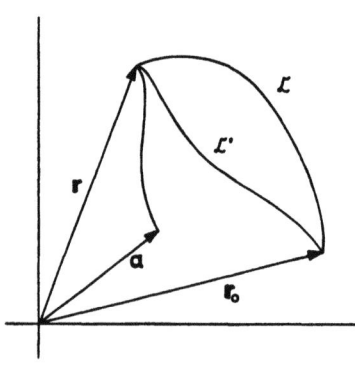

Fig. A 9. Zur Definition der Potentialfunktion

In diesem Fall läßt sich aus (5.4) ein wichtiges Integral der Bewegung gewinnen. Ist a ein beliebiger, aber fest gewählter Orstvektor, so definiert, wenn das Vektorfeld $b(r)$ die eben genannte Eigenschaft hat, wegunabhängige Kurven-Integrale zu besitzen, das Integral

$$\int_a^r b(r') dr' = -\Phi_a(r) \quad (5.5)$$

eine wohlbestimmte Funktion $\Phi_a(r)$. Denn da das Integral voraussetzungsgemäß vom Wege unabhängig ist, der a mit r verbindet, ordnet es jedem Punkt r eindeutig eine Zahl zu, erklärt also im ganzen Raum eine stetige, sogar differenzierbare Funktion $-\Phi_a(r)$. (Das negative Vorzeichen ist lediglich aus Gründen der Konvention gewählt.) Insbesondere ist $\Phi_a(a) = 0$. Man nennt $\Phi_a(r)$ eine zum Vektorfeld $b(r)$ gehörige *Potentialfunktion* oder kurz ein *Potential*. Wären wir bei obiger Konstruktion nicht vom Punkt a, sondern von einem anderen Punkt a' ausgegangen, so hätten wir die Poten-

---

[1] Allgemein spricht man von einem Vektorfeld $a(r)$, wenn jedem Punkt r des Raumes ein Vektor a zugeordnet ist.

tialfunktion

$$\Phi_{a'}(r) = -\int_{a'}^{r} b(r')\,dr' = -\int_{a'}^{a} b(r')\,dr' - \int_{a}^{r} b(r')\,dr'$$
$$= \Phi_{a'}(a) + \Phi_{a}(r)$$

erhalten, die sich von $\Phi_{a}(r)$ lediglich um die Konstante $\Phi_{a'}(a)$ unterscheidet. Wir haben somit den

Satz 5.1: Jedem Vektorfeld, dessen Kurven-Integrale vom Wege unabhängig sind, ist bis auf eine Konstante eindeutig eine Potentialfunktion zugeordnet, die nach (5.5) berechnet wird.

Besitzt ein Beschleunigungsfeld $b(r)$ also eine Potentialfunktion (5.5) — wir nennen sie auch ein Beschleunigungspotential — so läßt sich (5.4) in der Form schreiben

$$\frac{v^2(r)}{2} + \Phi(r) = \frac{v^2(r_0)}{2} + \Phi(r_0).$$

Da r_0 aber die Anfangslage und $v(r_0)$ die Anfangsgeschwindigkeit bezeichnen, ist die rechte Seite der Gleichung eine durch die Anfangsbedingungen festgelegte Konstante. Somit hat die links stehende Funktion auf der durch die Anfangsbedingungen bestimmten ganzen Bahn einen konstanten Wert. Die Funktion

$$A(r, v) = \frac{1}{2} v^2(r) + \Phi(r) \tag{5.6}$$

ist also ein Integral der Bewegung. Wir haben den

Satz 5.2: Für Bewegungen in einem Beschleunigungsfeld $b(r)$, das ein Potential $\Phi(r)$ besitzt, ist die Funktion (5.6) ein Integral der Bewegung.

Es ist nützlich, sich als Regel zu merken, daß eine Zentralbeschleunigung stets ein Beschleunigungspotential besitzt; es gilt nämlich der

Satz 5.3: Ein um den Punkt r^* zentralsymmetrisches Vektorfeld $b(r) = \pm b(|r-r^*|)\dfrac{r-r^*}{|r-r^*|}$ besitzt das ebenfalls um r^* zentralsymmetrische Potential

$$\Phi(r) = \mp \int_{|a-r^*|}^{|r-r^*|} b(|r'-r^*|)\,d|r'-r^*|.$$

Der Bezugspunkt a, genauer der Abstand $|a-r^*|$ des Bezugspunktes vom Zentrum r^*, wird dabei nach Gesichtspunkten der Zweckmäßigkeit oder der Konvention gewählt. Existiert das Integral für $a = \infty$, so normiert man gewöhnlich $\Phi(\infty) = 0$.

Zum Beweis des Satzes wählen wir $r^* = 0$ und betrachten einen beliebigen Weg $\mathfrak{C}$, der a mit r verbindet. Dann denken wir uns den

Weg $\mathfrak{C}$ durch ein Polygon $\mathfrak{P}$ approximiert, dessen einzelnen Züge entweder Radienstücke oder Bögen konzentrischer Kreise sind (Fig. A 10). Dann ist

$$\int_{\mathfrak{C}} b(r') \frac{r'}{r'} dr' = \lim_{\mathfrak{P} \to \mathfrak{C}} \int_{\mathfrak{P}} b(r') \frac{r'}{r'} dr' =$$
$$= \lim_{\mathfrak{P} \to \mathfrak{C}} \sum_{\substack{\text{Radial-} \\ \text{stücke} \\ \text{von } \mathfrak{P}}} \int b(r') dr' = \int_a^r b(r') dr';$$

und dieses Integral ist offensichtlich unabhängig vom Weg, der a mit r verbindet.

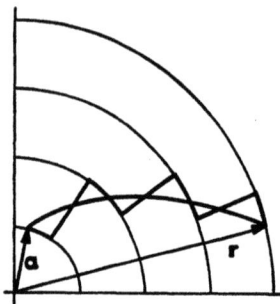

Fig. A 10. Zum Beweis des Satzes 5.3

Wendet man die Sätze 5.3 und 5.2 auf den 3-dimensionalen Oszillator ($b = -\omega^2 r$) an, so liefert (5.6) unmittelbar das Integral (5.3). Die Funktion $\omega^2 r^2/2$ ist also das Beschleunigungspotential des harmonischen Oszillators; es ist so normiert, daß es bei $r = 0$ verschwindet [$\Phi(0) = 0$, denn für $a = \infty$ existiert in diesem Fall das Integral in Satz 5.3 nicht]. Ein Vektorfeld, das an allen Raumpunkten gleich ist [$b(r) = b =$ const.], heißt *homogen*. Homogene Felder haben ein Potential, das eine lineare Funktion der Koordinaten ist. Dies haben wir bereits in Gl. (5.1) bewiesen.

Während ein Vektorfeld $b(r)$ sein Potential $\Phi(r)$ nur bis auf eine willkürliche Konstante festlegt, definiert umgekehrt $\Phi(r)$ nach (5.5) das zugehörige Vektorfeld $b(r)$ eindeutig. Man nennt letzteres auch das (negative) *Gradienten-Feld* von $\Phi(r)$ und schreibt $b = -\,\mathrm{grad}\,\Phi$ oder auch $b = -\,\nabla \Phi$. Wie (5.5) zeigt, berechnet sich das Gradienten-Feld aus $\Phi(r)$ folgendermaßen. Betrachtet man einen infinitesimalen Zuwachs $d\Phi$ von $\Phi(r)$ infolge einer Verschiebung von r nach $r + dr$, so liefert (5.5)

$$-d\Phi = b(r) dr. \tag{5.7}$$

In cartesischen Koordinaten nimmt diese Gleichung die Form an

$$-d\Phi = -\frac{\partial \Phi}{\partial x} dx - \frac{\partial \Phi}{\partial y} dy - \frac{\partial \Phi}{\partial z} dz = b_x dx + b_y dy + b_z dz.$$

Da die infinitesimalen Verschiebungen in x-, y- und z-Richtung linear unabhängig sind, folgt daraus für die Komponenten des negativen Gradienten-Feldes ($b = -\,\mathrm{grad}\,\Phi$) von $\Phi(r)$:

$$b_x = -\frac{\partial \Phi}{\partial x}, \quad b_y = -\frac{\partial \Phi}{\partial y}, \quad b_z = -\frac{\partial \Phi}{\partial z}. \tag{5.7a}$$

Bei Verwendung räumlicher Polarkoordinaten r, θ, φ, in denen die Komponenten der Verschiebung $d\mathbf{r}$ die Linien-Elemente dr, $r\, d\theta$, $r \sin\theta\, d\varphi$ sind, nimmt Gl. (5.7) die Form an

$$-\frac{\partial \Phi}{\partial r} dr - \frac{\partial \Phi}{\partial \theta} d\theta - \frac{\partial \Phi}{\partial \varphi} d\varphi = b_r\, dr + b_\theta\, r\, d\theta + b_\varphi\, r \sin\theta\, d\varphi.$$

Die r-, θ- und φ-Komponenten des negativen Gradientenfeldes sind also gegeben durch

$$b_r = -\frac{\partial \Phi}{\partial r}, \quad b_\theta = -\frac{1}{r}\frac{\partial \Phi}{\partial \theta}, \quad b_\varphi = -\frac{1}{r \sin\theta}\frac{\partial \Phi}{\partial \varphi}. \tag{5.7b}$$

In Zylinderkoordinaten r, φ, z erhält man auf dieselbe Weise

$$b_r = -\frac{\partial \Phi}{\partial r}, \quad b_\varphi = -\frac{1}{r}\frac{\partial \Phi}{\partial \varphi}, \quad b_z = -\frac{\partial \Phi}{\partial z}. \tag{5.7c}$$

In den Formeln (5.7a) ist natürlich $\Phi = \Phi(x, y, z)$, in (5.7b) $\Phi = \Phi(r, \theta, \varphi)$ und in (5.7c) $\Phi = \Phi(r, \varphi, z)$ einzusetzen.

Für Bewegungen in einem Beschleunigungsfeld, das ein Potential $\Phi(\mathbf{r})$ besitzt, lautet Gl. (2.3) also

$$\frac{d^2 \mathbf{r}}{dt^2} = -\operatorname{grad} \Phi(\mathbf{r}). \tag{5.8}$$

B. Grundzüge der Newtonschen Gravitationstheorie

Die Newtonsche Gravitationstheorie ist die Theorie eines bestimmten Bewegungstyps, der in den Planeten-Bewegungen seinen klarsten Ausdruck findet. Zur Formulierung der Theorie sind keine dynamischen Begriffe notwendig, wie Impuls oder Energie. Jeder Körper wird in ihr durch eine individuelle Konstante γ gekennzeichnet, die das von ihm erzeugte „Gravitationsfeld" charakterisiert; dieses allein bestimmt die Bewegung anderer Körper. Das Gravitationsfeld ist kein Kraft-, sondern ein *Beschleunigungsfeld*; denn nicht der Kraft, sondern der Beschleunigung kommt bei dem als Gravitation bezeichneten Phänomen eine von den bewegten Körpern unabhängige Bedeutung zu[1].

---

[1] Eben dieser Umstand veranlaßt uns, die Gravitationstheorie — entgegen der Tradition — von der Dynamik zu trennen. Wir hoffen, damit größere begriffliche Klarheit sowohl, als ein besseres Verständnis der durch EINSTEIN in die Physik getragenen Anschauungen zu erreichen. Alle Nachweisversuche der Äquivalenz von „träger" und „schwerer" Masse, wie z. B. die Experimente von EÖTVÖS, lassen sich als unmittelbare Prüfung eben der Behauptung ansehen, daß das Gravitationsfeld ein Beschleunigungs- und kein Kraftfeld ist.

§ 6 Der Bewegungstyp „Kepler-Bewegung"

Eine der großen Leistungen NEWTONS war die Erkenntnis, daß die Bahnen der verschiedenen Planeten ein und demselben Bewegungstyp angehören, d. h. durch eine einzige Beschleunigungsfunktion beschreibbar sind. Diese Feststellung, die den Anstoß gab zu NEWTONS Theorie der allgemeinen Gravitation, läßt sich als der wesentliche Inhalt der drei *Keplerschen Gesetze* ansehen:

1. Gesetz: Die Planetenbahnen sind Ellipsen mit der Sonne in einem Brennpunkt.

2. Gesetz: Die Bewegung jedes Planeten erfüllt den Flächensatz in bezug auf die Sonne als Beschleunigungszentrum.

3. Gesetz: Die Quadrate der Umlaufzeiten verschiedener Planeten verhalten sich wie die Kuben der großen Halbachsen ihrer Bahn-Ellipsen ($T_1^2 : T_2^2 = a_1^3 : a_2^3$).

Wir wollen zeigen, wie die Behauptung, daß die Bahnen aller Planeten *einem* Bewegungstyp angehören, aus diesen drei Gesetzen folgt.

Das erste Keplersche Gesetz besagt implizit — nämlich insofern als die Ellipse eine ebene Kurve ist — daß die Bewegung jedes Planeten in einer Ebene erfolgt. Mit dieser Aussage zusammen besagt dann das zweite Gesetz, daß eine Bewegung mit Zentralbeschleunigung vorliegt, wobei die Sonne mit dem Beschleunigungszentrum zusammenfällt. Mit Hilfe des ersten Gesetzes kann man dann den *Betrag* der auf die Sonne zu gerichteten Beschleunigung bestimmen. Wir gehen dazu aus von der Gleichung einer Ellipse in Polarkoordinaten mit einem Brennpunkt als Koordinatenursprung (Fig. B1)

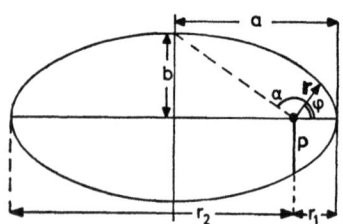

Fig. B1. Zur Polardarstellung der Ellipse

$$r = \frac{p}{1 + \varepsilon \cos \varphi}. \tag{6.1}$$

Die Exzentrizität $\varepsilon^2 = (a^2 - b^2)/a^2$ ist für eine Ellipse kleiner als Eins. Differentiation der Gleichung (6.1) nach t liefert

$$\dot r(1 + \varepsilon \cos \varphi) - r \varepsilon \sin \varphi \, \dot\varphi = \frac{\dot r}{r} p - r \varepsilon \sin \varphi \frac{f}{r^2} = 0;$$

dabei ist der Flächensatz (4.5) benutzt worden. Man erhält somit

$$\dot r = \frac{\varepsilon f}{p} \sin \varphi$$

und durch nochmalige Differentiation

$$\ddot{r} = \frac{\varepsilon f}{p} \cos \varphi \, \dot{\varphi} = f^2 \left(\frac{1}{r^3} - \frac{1}{p \, r^2} \right).$$

Mit $r \dot{\varphi}^2 = f^2/r^3$ ergibt sich also für die Radialkomponente der Beschleunigung

$$b_r = \ddot{r} - r \, \dot{\varphi}^2 = - \frac{f^2/p}{r^2},$$

und da eine Zentralbeschleunigung nur eine Radialkomponente hat, ist

$$\boldsymbol{b} = - \frac{f^2/p}{r^2} \left(\frac{\boldsymbol{r}}{r} \right). \tag{6.2}$$

Das dritte Keplersche Gesetz liefert nun die weitere Information, daß die Konstante f^2/p in (6.2) für alle Planeten (genauer: alle Planetenbahnen) dieselbe ist. Dies läßt sich dadurch einsehen, daß man aus den bisherigen Resultaten die Umlaufzeiten T und die großen Halbachsen a der Bahnen berechnet. Bezeichnet b die kleine Halbachse einer Bahn, so ist, da die Ellipse den Flächeninhalt $\pi a b$ hat, nach (4.5)

$$T f = 2 \pi a b.$$

Nun ist für $\varphi = \alpha$ (Fig. B1) $r = a$, und somit folgt aus (6.1) und $\varepsilon = \sqrt{a^2 - b^2}/a$

$$p \, a = a^2 (1 + \varepsilon \cos \alpha) = a^2 - \varepsilon \, a \, \sqrt{a^2 - b^2} = b^2.$$

Setzt man dies in obige Gleichung ein, so erhält man bei gleichzeitigem Quadrieren

$$\frac{T^2}{a^3} = 4 \pi^2 \frac{p}{f^2}.$$

Das dritte Keplersche Gesetz besagt somit, daß f^2/p eine von dem einzelnen Planeten unabhängige Konstante

$$\gamma = \frac{f^2}{p} = \frac{4 \pi^2 a^3}{T^2} \tag{6.3}$$

ist. Die Beschleunigungsfunktion

$$\boldsymbol{b}(r) = - \frac{\gamma}{r^2} \left(\frac{\boldsymbol{r}}{r} \right) \tag{6.4}$$

ist daher für alle Planetenbahnen um die Sonne dieselbe, so daß alle Bahnen einem einzigen Bewegungstyp angehören. Neben der r-Abhängigkeit der Beschleunigungsfunktion ist dabei besonders der Wert der Konstanten γ von Belang, der sich aus Gleichung (6.3) für den Bewegungstyp „Planetenbewegung um die Sonne" durch quantitative Beobachtung einer Planetenbahn bestimmen läßt. So ist z. B für die Erde

$a = 149 \cdot 10^6 \text{ km} = 1.49 \cdot 10^{13} \text{ cm}; \quad T = 365.26 \, d = 3.16 \cdot 10^7 \text{ sec};$

daraus folgt

$$\gamma s = 1.312 \cdot 10^{26} \frac{\text{cm}^3}{\text{sec}^2}. \tag{6.5}$$

Der Index „S" soll andeuten, daß dieser Wert der (Planeten-)Bewegung um die Sonne zugeordnet ist.

§ 7 Die Integration der Bewegungsgleichungen des Kepler-Problems*

Wir haben gesehen, daß die Kepler-Bewegung auf das Beschleunigungsfeld (6.4) und damit auf die Bewegungsgleichung

$$\frac{d^2 \mathbf{r}}{dt^2} = -\frac{\gamma}{r^2} \left(\frac{\mathbf{r}}{r} \right) \tag{7.1}$$

führt. Wir wollen nunmehr umgekehrt die Lösungskurven dieser Differentialgleichung bestimmen und sehen, ob sie neben der Kepler-Bewegung noch weitere Lösungen liefert.

Gleichung (7.1) beschreibt Bewegungen in einem zentralsymmetrischen Beschleunigungsfeld. Nach Satz 5.3 besitzt dieses Feld das Potential

$$\Phi(r) = \gamma \int_\infty^r \frac{dr'}{r'^2} = -\frac{\gamma}{r}; \tag{7.2}$$

$\Phi(r)$ ist so normiert, daß es im Unendlichen verschwindet. Nach Satz 5.2 ist die Funktion

$$A(\mathbf{r}, \mathbf{v}) = \frac{1}{2} v^2(r) - \frac{\gamma}{r} \tag{7.3}$$

ein Integral der Bewegung des Kepler-Problems. Der Wert dieses Integrales steht, wie wir sehen werden, in einer einfachen Beziehung zu den Parametern der Kepler-Ellipse.

Die Kenntnis des Integrales der Bewegung (7.3) sowie des Flächensatzes (4.5) erlaubt nun eine Vereinfachung des Integrationsproblems der Gleichung (7.1). Zunächst versichert der Satz 4.1, daß jede (7.1) genügende Bewegung in einer Ebene erfolgt. Nach

---

* Dieser Paragraph ist vom Charakter einer Übungsaufgabe zur Kinematik. Die in § 6 begonnenen physikalischen Überlegungen zur Newtonschen Gravitationstheorie werden in § 8 fortgeführt.

(4.7) und (4.5), wonach $r^2 \dot\varphi = f = $ const., ist somit
$$v^2 = \left(\frac{dr}{dt}\right)^2 + r^2 \left(\frac{d\varphi}{dt}\right)^2 = \left(\frac{dr}{dt}\right)^2 + \frac{f^2}{r^2}.$$
Verwenden wir hierin noch das Integral (7.3), so haben wir
$$\left(\frac{dr}{dt}\right)^2 = 2A + \frac{2\gamma}{r} - \frac{f^2}{r^2}. \tag{7.4}$$
Dies ist eine Differentialgleichung für $r = |\mathbf{r}|$ als Funktion von t. Ihre Lösung vermittelt tatsächlich eine Lösung des gesamten Gleichungssystems (7.1), und zwar auf folgende Weise. Mit $r = r(t)$ ist wegen $r^2 \dot\varphi = f = $ const. auch $\dot\varphi = \varphi(t)$ bekannt und somit erhält man $\varphi = \varphi(t)$ durch Ausrechnen eines Integrals. Da man überdies weiß, daß jede Lösung von (7.1) ganz in einer Ebene liegt, ist man im Prinzip fertig.

Wir interessieren uns jedoch zunächst nur für die geometrische Gestalt der Bahnkurven[1]. Daher ist es angebracht, nicht $r = r(t)$ zu bestimmen, sondern $r = r(\varphi)$. Wir substituieren deshalb in (7.4)
$$\frac{dr}{dt} = \frac{dr}{d\varphi}\frac{d\varphi}{dt} = \frac{f}{r^2}\frac{dr}{d\varphi}$$
und erhalten als Differentialgleichung für $r = r(\varphi)$
$$\frac{f}{r^2}\frac{dr}{d\varphi} = \sqrt{2A + \frac{2\gamma}{r} - \frac{f^2}{r^2}}. \tag{7.5}$$
In dieser Gleichung führen wir noch einmal eine Variablensubstitution aus, die durch folgende Überlegung nahegelegt wird. Nach § 6 kommt die Ellipse sicher unter den Lösungen von (7.5) vor, daher ist der r-φ-Zusammenhang (6.1) eine Lösung von (7.5). Schreiben wir diesen in der Form
$$\frac{1}{r} = \frac{1}{p} + \frac{\varepsilon}{p}\cos\varphi,$$
so sehen wir, daß zwischen $1/r$ und $\cos\varphi$ eine besonders einfache, nämlich lineare Beziehung besteht. Führen wir daher in (7.5) als neue Variable $\sigma = 1/r$ ein, so geht Gl. (7.5) über in
$$-\frac{d\sigma}{\sqrt{\frac{2A}{f^2} + \frac{2\gamma}{f^2}\sigma - \sigma^2}} = d\varphi.$$
Setzt man hierin noch

---

[1] Zur Übung bestimme man aus der in (7.6) angegebenen Lösung $r = r(\varphi)$ die zeitliche Durchlaufung der Bahnkurve $t = t(\varphi)$. Man benutze zweckmäßigerweise die Beziehung $dt/d\varphi = r^2/f$.

$$\sigma^* = \frac{1}{\sqrt{\frac{2A}{f^2} + \frac{\gamma^2}{f^4}}} \left(\sigma - \frac{\gamma}{f^2}\right),$$

so geht (7.5) in die vereinfachte Form über

$$-\frac{d\sigma^*}{\sqrt{1 - \sigma^{*2}}} = d\varphi.$$

Integration dieser Gleichung liefert als allgemeine Lösung

$$\arccos \sigma^* = \varphi - \varphi_0;$$

dabei ist die linksseitig auftretende Konstante in die rechtsseitige φ_0 mit einbezogen worden. Setzen wir wieder die ursprünglichen Variablen ein, so haben wir als allgemeine Lösung von (7.5)

$$r(\varphi) = \frac{f^2/\gamma}{1 + \varepsilon \cos(\varphi - \varphi_0)} \quad \text{mit} \quad \varepsilon = \sqrt{1 + \frac{2Af^2}{\gamma^2}}. \tag{7.6}$$

Alle Lösungskurven von (7.1) sind also Kegelschnitte. Da f und γ im Ausdruck für ε nur im Quadrat vorkommen, bestimmt allein das Vorzeichen des Integrals A die Art des Kegelschnittes; im einzelnen resultiert für $A < 0$ *eine Ellipse*, für $A > 0$ *ein Hyperbel* und für $A = 0$ *eine Parabel*. Weitere freie Parameter sind jeweils noch die Lage der Bahnebene im Raum sowie die Werte von f^2 und φ_0. Betrachten wir diejenigen Parameter als unwesentlich, welche die räumliche Orientierung der Bahnkurve festlegen, so bleiben als physikalisch wesentliche Parameter allein die Werte der beiden Integrale der Bewegung A und f^2 übrig. Die drei genannten Kegelschnitte wollen wir noch etwas genauer diskutieren.

a) **Die Ellipse** ($A < 0$). In diesem Fall gibt es einen Minimal- und einen Maximalwert von r, in Fig. B1 mit r_1 und r_2 bezeichnet. Die beiden Werte sind definiert durch $dr/dt = 0$. Nach (7.4) liefert dies zur Bestimmung von r_1 und r_2 die quadratische Gleichung

$$r^2 + \frac{\gamma}{A} r - \frac{f^2}{2A} = 0.$$

Hieraus entnimmt man $r_1 + r_2 = -\gamma/A$, und da andererseits $r_1 + r_2 = 2a$, hat man

$$A = -\frac{\gamma}{2a}, \tag{7.7}$$

Der Wert von A ist also umgekehrt proportional der großen Halbachse der Ellipse. Wir sprechen dies aus als

Satz 7.1: Für alle Ellipsen mit derselben großen Halbachse a hat das Integral der Bewegung (7.3) denselben (negativen) Wert

$$A = \frac{v^2}{2} - \frac{\gamma}{r} = -\frac{\gamma}{2a}.$$

b) Die Hyperbel ($A > 0$). Es gibt einen Winkel φ_1, für den r über alle Grenzen wächst; dies geschieht wenn

$$\cos \varphi_1 = -\frac{1}{\varepsilon}.$$

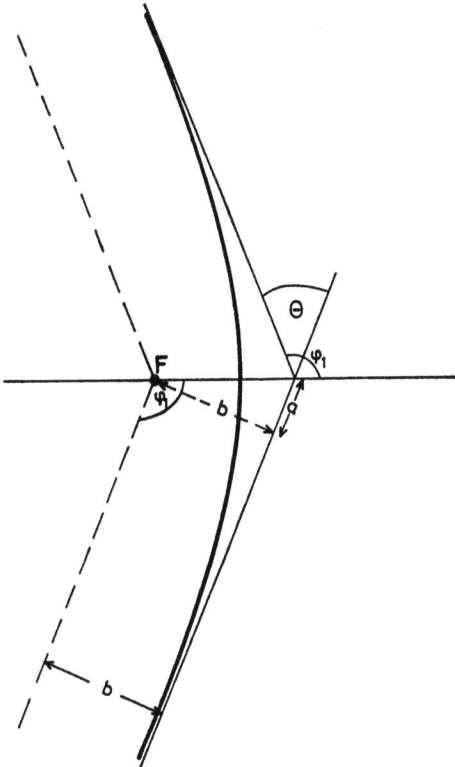

Fig. B2. Hyperbel-Lösung des Kepler-Problems
F = Beschleunigungszentrum

Für eine zusammenhängende Bahnkurve ist φ also beschränkt auf das Intervall $-\varphi_1 \leq \varphi \leq +\varphi_1$, so daß $\pm\varphi_1$ je eine Asymptotenrichtung definiert (Fig. B2). Mit $r \to \infty$ liefert das Integral (7.3)

$$v_\infty^2 = 2A. \tag{7.8}$$

Bezeichnet f wieder die doppelte Flächengeschwindigkeit, so liest man aus der Fig. B2 ab

$$f = b v_\infty = b \sqrt{2A}; \tag{7.9}$$

die Größe b, den (kürzesten) Abstand des Koordinatenursprungs von den Asymptoten, nennt man den *Stoßparameter* der Bahn. Die Gln. (7.8) und (7.9) zeigen, daß die Kenntnis von v_∞ und b der Kenntnis von A und f äquivalent ist, und v_∞ und b daher ebenfalls als kennzeichnende Parameter der Hyperbel-Bahn benutzt werden können. Insbesondere muß also auch der *Umlenkwinkel* Θ, das ist der Winkel zwischen den Asymptotenrichtungen (Fig. B2), durch v_∞ und b bestimmt sein. Aus $\Theta = 2\varphi_1 - \pi$ folgt

$$\cot\frac{\Theta}{2} = \cot\left(\varphi_1 - \frac{\pi}{2}\right) = -\tan\varphi_1 = -\frac{\sin\varphi_1}{\cos\varphi_1} = \sqrt{\varepsilon^2 - 1};$$

mit $\varepsilon^2 = 1 + \dfrac{b^2}{a^2}$ sowie $\varepsilon^2 = 1 + \dfrac{2Af^2}{\gamma^2}$ und Gl. (7.9) läßt sich obige Gleichungsreihe fortsetzen:

$$\sqrt{\varepsilon^2 - 1} = \frac{b}{a} = \sqrt{\frac{2Af^2}{\gamma^2}} = b\frac{v_\infty^2}{\gamma}.$$

Der behauptete Zusammenhang zwischen dem Umlenkwinkel und den „asymptotischen" Bahnparametern hat also die Form

$$\cot\left(\frac{\Theta}{2}\right) = b\frac{v_\infty^2}{\gamma} = \frac{f}{\gamma}\sqrt{2A}. \tag{7.10}$$

Ebenso liest man aus der letzten Gleichungsreihe die Relation

$$A = \frac{\gamma}{2a}$$

ab, die das Analogon der Beziehung (7.7) darstellt.

Die Fig. B2 sowohl als auch die Formeln dieses Abschnittes zeigen, daß der hier diskutierte Bahntypus einen „Stoßvorgang" darstellt, bei dem ein aus dem Unendlichen mit $v = v_\infty$ $(= \text{const.})$ kommender Körper (Komet) von dem im Koordinatenursprung gedachten „Stoßzentrum" (Sonne) umgelenkt wird und wieder ins Unendliche strebt. Der Umlenkwinkel Θ mißt die dabei auftretende Änderung der Asymptotenrichtung. Interessiert man sich nur für den asymptotischen Teil der Bewegung, d. h. nur für die Teile der Bahn, die einen hinreichend großen Abstand vom Stoßzentrum haben, also geradlinig gleichförmig durchlaufen werden, so besteht der ganze Stoßprozeß darin, daß ein Körper ohne Änderung des Betrages seiner Geschwindigkeit aus einer geradlinig gleichförmigen Bewegung in einer Richtung in eine solche einer anderen Richtung „transformiert" wird. Gl. (7.10) gibt den Zusammenhang der den Stoßprozeß bestimmenden Größen an.

c) **Die Parabel** ($A=0$). Dieser Bahntyp ist „unphysikalisch", denn er ist insofern singulär, als beliebig kleine positive oder negative Werte von A zu anderen Bahntypen (nämlich Hyperbel oder Ellipse) gehören. Da es physikalisch aber unmöglich ist, von dem Wert $A = 0$

in einem anderen Sinn zu sprechen als von „beliebig klein,, oder „unterhalb jeder Meßgenauigkeit", ist die zu dem *scharfen* Wert $A = 0$ gehörige Parabel für eine Klassifizierung der physikalischen Bahntypen ohne Belang; jede noch so kleine Störung würde die Parabel in eine Hyperbel oder eine Ellipse überführen. Überdies hat $A = 0$ verschwindendes v_∞ zur Folge, so daß die Parabel auch durch asymptotische Anfangsbedingungen nicht zu realisieren ist: In asymptotisch großen Entfernungen bewegt sich der Körper so langsam, daß auch ein Stoßprozeß (im oben erklärten Sinn) mit ihm nicht möglich ist.

§ 8 Newtons Gesetz der allgemeinen Gravitation

Es war NEWTONS geniale Idee, die bei der Bewegung der Planeten um die Sonne festgestellten Gesetzmäßigkeiten auf beliebige Himmelskörper, ja auf beliebige Körper überhaupt, zu verallgemeinern. Um diese Verallgemeinerung auszusprechen, formulieren wir das Ergebnis der Überlegungen des § 6 in folgender Weise: Die Sonne ist von einem zentralsymmetrischen Beschleunigungsfeld der Form (6.4) umgeben mit einer für sie charakteristischen Konstanten γ_S vom Betrag (6.5). Dieses Beschleunigungsfeld ordnet jedem Punkt des Raumes einen Vektor zu, der die Beschleunigung angibt, die ein *beliebiger* anderer Körper unabhängig von seinem Bewegungszustand in diesem Punkte erfährt. Dieses Beschleunigungsfeld, auch das *Gravitationsfeld* der Sonne genannt, bestimmt so die Bewegung jedes in ihm befindlichen Körpers. Die Verallgemeinerung dieses Tatbestandes besteht nun in der Annahme, daß die Sonne keine qualitativ ausgezeichnete Rolle spielt, sondern daß, was für die Sonne, für jeden anderen Körper auch gilt. Wir formulieren daher NEWTONS allgemeines

Gravitationsgesetz: Jeder punktartige Körper erzeugt um sich herum ein Gravitationsfeld, d. h. ein Beschleunigungsfeld der Form $-\gamma(\mathbf{r}/r^3)$ mit einer Konstanten γ, die für den Körper charakteristisch ist. Wir nennen γ die „Gravitationsfeld-erzeugende Ladung" oder kurz die „Gravitations-Ladung" des Körpers.

Die quantitative Fassung dieses Gesetzes ist damit ebenfalls vorgezeichnet, wenn man überdies annimmt, daß die Gravitationsfelder verschiedener Körper sich vektoriell überlagern. Die verschiedenen Körper seien mit den Indizes $1, \ldots, n$ bezeichnet, entsprechend seien $\mathbf{r}_1, \ldots, \mathbf{r}_n$ ihre Ortsvektoren (Fig. B3) und $\gamma_1, \ldots, \gamma_n$ ihre Gravitations-Ladungen. Dann ist die Beschleunigung des k-ten

Körpers, der sich ja im Gravitationsfeld aller übrigen befindet, gegeben durch

$$\frac{d^2 r_k}{dt^2} = - \sum_{j(\neq k)}^{n} \gamma_j \frac{r_k - r_j}{|r_k - r_j|^3}, \quad k = 1, \ldots, n; \quad (8.1)$$

die Summation ist über alle $j \neq k$ zu erstrecken. Die Bewegung der gravitierenden n Körper ist damit vollständig festgelegt: Die räumliche Lage der n Körper zu einem Zeitpunkt t bestimmt das gesamte Gravitationsfeld, d. h. das Beschleunigungsfeld, und damit die momentane Beschleunigung, die jeder einzelne Körper im selben Augenblick t erfährt; zusammen mit den momentanen Geschwindigkeiten ist damit die Bewegung jedes Körpers im nächsten Zeitelement dt bestimmt und damit die Lage aller Körper zur Zeit $t+dt$. Diese neuen Lagen wiederum bestimmen das Gravitationsfeld zur Zeit $t+dt$, d. h. die Beschleunigung, die jeder Körper in diesem Augenblick erfährt, etc.

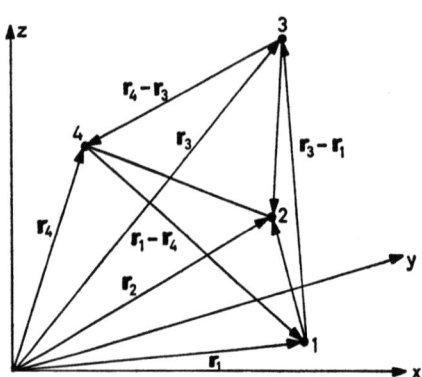

Fig. B 3. Orts- und Relativ-Koordinaten mehrerer Körper

Die Gültigkeit oder vielmehr die Brauchbarkeit dieses (hypothetischen) Gesetzes zur Beschreibung der unter dem Namen Gravitation zusammengefaßten Bewegungsvorgänge läßt sich nur durch den Erfolg rechtfertigen. Tatsächlich war die Anwendung des Gesetzes auf die verschiedensten Probleme der Himmelsmechanik — gipfelnd in der Voraussage der Existenz und Lokalisation bis dato unbekannter Planeten — so erfolgreich, daß es für lange Zeit das Vorbild jeder physikalischen Theorie blieb. Es war die erste Theorie der Physik, die einen großen Komplex von Naturerscheinungen quantitativ beschrieb. Man wird jedoch der Newtonschen Theorie in ihrer kulturhistorischen Rolle nicht gerecht, wenn man in ihr nur das sieht, was sie auch heute noch ist, nämlich ein machtvolles Beschreibungsmittel physikalischer Fakten. Sicher ebenso bedeutungsvoll war seinerzeit die definitive Erkenntnis, daß die kosmischen Körper qualitativ nicht anders sind als diejenigen, die wir auf der Erde kennen, und vor allem, daß sie von denselben physikalischen Gesetzen beherrscht werden, denen die Körper auf der Erde unterworfen sind. Mit dieser Theorie war die Erde endgültig zu einem gewöhnlichen, kleinen Stück des Kosmos und der Kosmos umgekehrt zur bloßen Vergrößerung und Erweiterung irdischer Verhältnisse geworden.

Zur ersten Orientierung betrachten wir einige Näherungslösungen des Gleichungssystems (8.1). Zunächst erinnern wir daran, daß die Planeten (in guter Näherung) Kepler-Bewegungen um die Sonne ausführen. Betrachten wir also $n-1$ Planeten, so werden ihre Bewegungen beschrieben durch die Gleichungen

$$\frac{d^2 r_k}{dt^2} = -\gamma_S \frac{r_k - r_S}{|r_k - r_S|^3}, \quad k = 1, \ldots, n-1.$$

Man sieht nun, daß diese Gleichungen näherungsweise aus (8.1) hervorgehen, wenn alle $\gamma_j \ll \gamma_n = \gamma_S$, und wenn die Abstände der Planeten voneinander $|r_k - r_j|$ für $k, j \neq n$ stets oberhalb einer festen Schranke bleiben. Dann kann man in gröbster Näherung alle Glieder in (8.1), außer dem mit $\gamma_n = \gamma_S$ behafteten, Null setzen und erhält

$$\frac{d^2 r_k}{dt^2} = -\gamma_S \frac{r_k - r_S}{|r_k - r_S|^3}, \quad \frac{d^2 r_S}{dt^2} = 0, \quad k = 1, \ldots, n-1. \quad (8.2)$$

Dies sind genau Gleichungen der gewünschten Form, vermehrt um die Aussage, daß sich die Sonne (praktisch) geradlinig gleichförmig bewegt, bei der Anfangsbedingung $v(t = 0) = 0$ also ruht.

Da die Voraussetzung, daß die gegenseitigen Abstände der Planeten $|r_k - r_j|$ oberhalb einer gewissen Schranke bleiben, bei den beobachteten Planeten recht gut erfüllt ist und ebenfalls die Keplerschen Gesetze und damit die Gln. (8.2) in guter Näherung richtig sind, muß — wenn die Newtonsche Auffassung überhaupt zutreffen soll — die Konstante γ_S der Sonne sehr viel größer sein als die Gravitations-Ladungen γ_j der Planeten. Andererseits müssen sich bei feinerer Beobachtung jedoch „Störungen" in den Planeten-Bahnen bemerkbar machen, die von den anderen Planeten herrühren, deren Glieder wir in (8.1) weggestrichen haben, um zu den einfachen Gleichungen (8.2) zu kommen.

Eine weitere Stütze des allgemeinen Gravitationsgesetzes liefern die von Monden begleiteten Planeten, die seit Galileis Entdeckung der Jupiter-Monde als Planetensysteme im kleinen angesehen werden. Da sich bei der Bewegung der Monde um einen Planeten näherungsweise die Keplerschen Gesetze bestätigt finden, läßt sich aus den Daten der Mondbahnen die Gravitations-Ladung des jeweiligen Planeten abschätzen. Tatsächlich findet man so die Konstanten γ der Planeten um mehrere Größenordnungen kleiner als das γ_S der Sonne. Dies wiederum kann man als indirekte Bestätigung der Newtonschen Theorie ansehen. Ein besonders überzeugendes Beispiel für die Brauchbarkeit des Gesetzes bietet das Gravitationsfeld der Erde; an diesem demonstrierte NEWTON die Gültigkeit seines Gesetzes für kosmische und irdische Körper gleichermaßen.

Wir betrachten dazu das System Sonne-Erde-Körper 1, wobei der Körper 1 einmal der Mond und das andere Mal ein frei fallender irdischer Körper ist. In beiden Fällen handelt es sich um Gravitationsbewegungen. Da nun der Abstand $|r_1 - r_E|$ sehr klein ist gegen $|r_E - r_S|$, haben wir in (8.1) neben den mit γ_S behafteten Gliedern auch noch die mit γ_E und γ_1 in Rechnungen zu stellen; es ist also

$$\left.\begin{aligned}\frac{d^2 r_1}{dt^2} &= -\gamma_E \frac{r_1 - r_E}{|r_1 - r_E|^3} - \gamma_S \frac{r_1 - r_S}{|r_1 - r_S|^3}, \\ \frac{d^2 r_E}{dt^2} &= -\gamma_1 \frac{r_E - r_1}{|r_E - r_1|^3} - \gamma_S \frac{r_E - r_S}{|r_E - r_S|^3}.\end{aligned}\right\} \quad (8.3)$$

In der dritten Gleichung $d^2 r_S/dt^2 = 0$ vernachlässigen wir wieder alle Glieder, da die Mitnahme des Körpers 1 auf die Bewegung der Sonne sicher keinen Einfluß hat. Nun ist, da Erde und Körper 1 von der Sonne aus gesehen sich praktisch immer an der gleichen Stelle befinden, $r_1 - r_S = (r_1 - r_E) + (r_E - r_S) \approx r_E - r_S$, und daher können die zweiten Glieder der rechten Seiten von (8.3) als identisch betrachtet werden. Überdies beschreibt die Erde eine Kepler-Bewegung um die Sonne, so daß sie selbst dann vom Körper 1 praktisch nicht beeinflußt wird, wenn dieser der Mond ist. Wir approximieren daher das Gleichungssystem (8.3) in folgender Weise

$$\left.\begin{aligned}\frac{d^2 r_1}{dt^2} &= -\gamma_E \frac{r_1 - r_E}{|r_1 - r_E|^3} - \gamma_S \frac{r_E - r_S}{|r_E - r_S|^3}, \\ \frac{d^2 r_E}{dt^2} &= -\gamma_S \frac{r_E - r_S}{|r_E - r_S|^3}.\end{aligned}\right\} \quad (8.4)$$

Die zweite dieser Gleichungen besagt gerade, daß die Erde eine Kepler-Bewegung um die Sonne ausführt als wäre der Körper 1 nicht vorhanden. Da andererseits die Sonne sich geradlinig gleichförmig bewegt (oder ruht), ist $r_E = r_E(t)$ durch die zweite Gleichung in (8.4) eindeutig festgelegt. Subtrahiert man die beiden Gleichungen (8.4) voneinander, so erhält man

$$\frac{d^2(r_1 - r_E)}{dt^2} = -\gamma_E \frac{r_1 - r_E}{|r_1 - r_E|^3}. \quad (8.5)$$

Diese Gleichung besagt, daß der Körper 1 eine Kepler-Bewegung um die Erde als Beschleunigungszentrum ausführt.

Nun sei der Körper 1 einmal der Mond. Aus der großen Halbachse der Bahnkurve des Mondes ($a = 3{,}8 \cdot 10^{10}$ cm) und der Umlaufzeit ($T = 2{,}36 \cdot 10^6$ sec) erhalten wir dann gemäß (6.3)

$$\gamma_E = 4\pi^2 \frac{a^3}{T^2} = 3{,}85 \cdot 10^{20} \frac{\text{cm}^3}{\text{sec}^2}. \quad (8.6)$$

Dieser Wert ist in der Tat um mehr als fünf Zehnerpotenzen kleiner als der Wert (6.5) der Gravitations-Ladung γ_S der Sonne.

Zum zweiten sei der Körper 1 ein irdischer Körper unserer täglichen Erfahrung, ein Stein oder jener legendäre Apfel, dem die Physik (und NEWTON) so viel verdankt, oder sonst ein Gegenstand, den wir frei fallen lassen. Seine Bahnkurve ist dann ebenfalls ein Stück einer „Kepler-Ellipse", nämlich der Geraden (kleine Halbachse $b \to 0$). Da es sich dabei um eine Gravitationsbewegung handelt, kann die Beschleunigung des Körpers lediglich von seiner Lage relativ zur Erde abhängen, nicht dagegen von seiner momentanen Geschwindigkeit oder gar von anderen Größen, wie der qualitativen Beschaffenheit des Körpers, d. h. nicht davon, ob es sich um einen Stein, einen Apfel oder sonst einen Gegenstand handelt, und ebenso wenig von seinem Gewicht, seiner Größe oder irgendeiner anderen Qualität. Genau diese überraschende Tatsache beobachtet man aber beim *freien Fall* der Körper auf der Erdoberfläche, so daß diese Bewegung also unter die von der Newtonschen Theorie beschriebenen Gravitationserscheinungen fällt. Auf der Erde können wir nun die Beschleunigung, die ein Körper beim freien Fall erfährt, d. h. die linke Seite von (8.5), direkt messen und so die Konstante γ_E bestimmen. Voraussetzung ist dabei jedoch, daß wir wissen, welchen Wert der Koordinate r_1 wir einzusetzen haben, d. h. welcher Punkt das Beschleunigungszentrum ist. Die Angabe „die Erde sei das Beschleunigungszentrum" reicht, da die fraglichen Abstände nun nicht mehr klein sind gegen die Dimensionen der Erde, offensichtlich nicht mehr aus, um den Vektor $r_1 - r_E$ zweifelsfrei zu definieren. Man wird zwar geneigt sein, den Erdmittelpunkt als Beschleunigungszentrum anzunehmen und damit für $|r_1 - r_E|$ die Entfernung des Körpers vom Erdmittelpunkt einsetzen, aber eine Begründung hierfür wäre doch wünschenswert. Tatsächlich gibt es im Rahmen der Theorie eine befriedigende Begründung, wenn man die Gültigkeit des Gravitationsgesetzes nicht nur zwischen Körpern als Ganzen annimmt, sondern auch zwischen ihren Teilen. Das Gravitationsproblem Erde — Stein muß sich somit auch so behandeln lassen, daß man sich die Erde als aus vielen kleineren Körpern zusammengesetzt denkt (die im übrigen wieder groß gegen den Stein sein können, aber klein gegen ihren Abstand vom Stein) und diese jeweils mit dem Stein nach (8.1) wechselwirken läßt. Wir werden auf diese Frage in § 11 zurückkommen. Bezeichnet R_E also den Erdradius, so lautet (8.5) mit $|r_1 - r_E| = R_E + h$

$$\frac{d^2(r_1 - r_E)}{dt^2} = -\frac{\gamma_E}{R_E^2} \frac{1}{\left(1 + \frac{h}{R_E}\right)^2} \frac{r_1 - r_E}{|r_1 - r_E|}$$

$$= -\frac{\gamma_E}{R_E^2} \left(1 - \frac{h}{R_E} + - \cdots\right)^2 \frac{r_1 - r_E}{|r_1 - r_E|}.$$

Bei nicht zu großen Ortsänderungen $h/R_E \ll 1$ erfährt der Körper also die konstante Beschleunigung $g = \gamma_E/R_E^2$ in Richtung auf den Erdmittelpunkt. Messung der Fallbeschleunigung an der Erdoberfläche und Bestimmung des Erdradius liefern

$$\gamma_E = g R_E^2 = \left(981 \frac{\text{cm}}{\text{sec}^2}\right) \cdot (6{,}37 \cdot 10^8 \text{ cm})^2 = 3{,}98 \cdot 10^{20} \frac{\text{cm}^3}{\text{sec}^2}. \quad (8.7)$$

Die in Anbetracht der Näherungen recht befriedigende Übereinstimmung der beiden Werte (8.6) und (8.7) (die völlig unabhängig voneinander gewonnen wurden und daher Zahlen ganz verschiedener Größenordnung hätten ergeben können), war der erste große Erfolg der Newtonschen Gravitationstheorie.

§ 9 Integrale der Bewegung der Gravitations-Gleichungen

Die Grundgleichungen der Newtonschen Gravitationstheorie (8.1) haben, wenn n die Anzahl der Körper ist, $6n-1$ unabhängige Integrale der Bewegung[1]. Von diesen sind sieben von besonderer Bedeutung, da sie in engem Zusammenhang gebracht werden können mit dynamischen Größen, die für die ganze Physik von grundlegender Bedeutung sind. Wir kommen darauf im Kapitel C, Elementare Dynamik, zurück.

Multipliziert man (8.1) mit γ_k und summiert man über k, so erhält man

$$\frac{d^2}{dt^2}\left(\sum_{k=1}^{n} \gamma_k r_k\right) = -\sum_{k \neq j}^{n}\sum_{}^{n} \gamma_k \gamma_j \frac{r_k - r_j}{|r_k - r_j|^3} = 0. \quad (9.1)$$

Daß die Doppelsumme in dieser Gleichung verschwindet, sieht man z. B. so ein: Bei Vertauschung der Indizes k und j darf sich, da Summationsindizes beliebig benannt werden können, der Wert der Summe nicht ändern; andererseits schlägt aber das Vorzeichen der Summe um, da $r_k - r_j$ bei der Vertauschung in $-(r_k - r_j)$ übergeht, während alle anderen Faktoren symmetrisch in bezug auf die Vertauschung sind, also ungeändert bleiben. Somit muß der Wert der Summe ihrem Negativen gleich, d. h. Null sein. Aus Gl. (9.1) entnehmen wir unmittelbar, daß jede der Funktionen

$$F_1 = \sum_{k=1}^{n} \gamma_k v_{kx}, \quad F_2 = \sum_{k=1}^{n} \gamma_k v_{ky}, \quad F_3 = \sum_{k=1}^{n} \gamma_k v_{kz}, \quad (9.2)$$

oder zusammengefaßt, der Vektor

$$\{F_1, F_2, F_3\} = \sum_{k=1}^{n} \gamma_k \frac{dr_k}{dt} = \sum_{k=1}^{n} \gamma_k v_k, \quad (9.2\,\text{a})$$

Integral der Bewegung ist.

---

[1] Diese Behauptung wird erst später (Bd. II) bewiesen.

Multipliziert man (8.1) vektoriell mit $\gamma_k r_k$ und summiert man über k, so folgt

$$\sum_{k=1}^{n} \gamma_k \left(r_k \times \frac{dv_k}{dt} \right) = \sum_{k \neq j} \sum \frac{\gamma_k \gamma_j}{|r_k - r_j|^3} (r_k \times r_j) = 0, \quad (9.3)$$

da in der Doppelsumme wieder ein gegen die Vertauschung der Summationsindizes antisymmetrischer Faktor enthalten ist, alle anderen Faktoren aber symmetrisch sind. Beachtet man noch, daß $(dr_k/dt \times v_k) = 0$, so läßt sich (9.3) auch in der Form schreiben

$$\frac{d}{dt} \left\{ \sum_{k=1}^{n} \gamma_k (r_k \times v_k) \right\} = 0.$$

Somit sind die Funktionen

$$F_4 = \sum_{k=1}^{n} \gamma_k (r_k \times v_k)_x = \sum_{k=1}^{n} \gamma_k (y_k v_{kz} - z_k v_{ky}), \quad (9.4)$$

$$F_5 = \sum_{k=1}^{n} \gamma_k (z_k v_{kx} - x_k v_{kz}), \quad F_6 = \sum_{k=1}^{n} \gamma_k (x_k v_{ky} - y_k v_{kx}),$$

oder zusammengefaßt, der Vektor

$$\{F_4, F_5, F_6\} = \sum_{k=1}^{n} \gamma_k (r_k \times v_k), \quad (9.4a)$$

Integrale der Bewegung.

Um das siebente Integral zu bekommen, bemerken wir zunächst, daß der in (8.1) vorkommende Ausdruck $(r_k - r_j)/|r_k - r_j|^3$ ein Potential besitzt[1]. Es ist nämlich

$$\frac{r_k - r_j}{|r_k - r_j|^3} = - \operatorname{grad}_k \frac{1}{|r_k - r_j|}; \quad (9.5)$$

dabei soll grad_k bedeuten, daß nach den Komponenten des Vektors r_k zu differenzieren ist, während die r_j als (weitere) unabhängige Variablen zu betrachten sind. So hat nach (5.7a) die x-Komponente von (9.5) die Gestalt

$$= - \frac{\partial}{\partial x_k} \left[\frac{\dfrac{x_k - x_j}{\sqrt{(x_k - x_j)^2 + (y_k - y_j)^2 + (z_k - z_j)^2}^3}}{\sqrt{(x_k - x_j)^2 + (y_k - y_j)^2 + (z_k - z_j)^2}} \right],$$

etc. Führt man also die n Potentialfunktionen

$$\Phi_k = - \sum_{j(\neq k)} \frac{\gamma_j}{|r_j - r_k|} \quad (k = 1, \ldots, n) \quad (9.6)$$

---

[1] Dies folgt unmittelbar aus Satz 5.3, da $(r_k - r_j)/|r_k - r_j|^3$, als Funktion von r_k betrachtet, ein zentralsymmetrisches Vektorfeld ist mit dem Endpunkt von r_j als Zentrum.

ein, so lassen sich die Gravitations-Gleichungen (8.1) in der Form schreiben

$$\frac{d^2 r_k}{dt^2} = - \operatorname{grad}_k \Phi_k \qquad (k = 1, \ldots, n). \qquad (9.7)$$

Multipliziert man (9.7) skalar mit $\gamma_k v_k$ und summiert man über k, so ergibt sich

$$\sum_k \gamma_k v_k \frac{dv_k}{dt} = - \sum_k \operatorname{grad}_k (\gamma_k \Phi_k) \frac{dr_k}{dt}$$

oder umgeformt

$$d\left[\sum_k \frac{\gamma_k}{2} v_k^2\right] = - \sum_k \operatorname{grad}_k (\gamma_k \Phi_k) dr_k. \qquad (9.8)$$

Nun setzen wir

$$\Phi = \frac{1}{2} \sum_k \gamma_k \Phi_k = - \frac{1}{2} \sum_{k \neq j} \sum \frac{\gamma_k \gamma_j}{|r_j - r_k|} ; \qquad (9.9)$$

Φ ist eine Funktion aller Ortsvektoren (Lage-Koordinaten) der n Körper $\Phi = \Phi(r_1, \ldots, r_n)$. Aus (9.9) folgt

$$\operatorname{grad}_s \Phi = \frac{1}{2} \sum_{k \neq j} \sum \gamma_k \gamma_j \operatorname{grad}_s \frac{1}{|r_j - r_k|}$$

$$= \frac{1}{2} \left\{ \sum_{j \neq s} \operatorname{grad}_s \frac{\gamma_s \gamma_j}{|r_j - r_s|} + \sum_{k \neq s} \operatorname{grad}_s \frac{\gamma_s \gamma_k}{|r_s - r_k|} \right\}$$

$$= \operatorname{grad}_s \left[\gamma_s \sum_{j \neq s} \frac{\gamma_j}{|r_s - r_j|} \right] = \operatorname{grad}_s (\gamma_s \Phi_s).$$

Setzen wir dies in (9.8) ein, so erhalten wir

$$d\left[\sum_k \frac{\gamma_k}{2} v_k^2\right] = - \sum_k \operatorname{grad}_k \Phi \, dr_k ,$$

oder integriert

$$\sum_k \frac{\gamma_k}{2} v_k^2 + \Phi(r_1, \ldots, r_n) = \sum_k \frac{\gamma_k}{2} v_{k0}^2 + \Phi(r_{10}, \ldots, r_{n0}) ;$$

dabei bedeuten $r_{10}, \ldots, r_{n0}$ die Ortsvektoren zur Zeit $t = 0$, $v_{10}, \ldots, v_{n0}$ entsprechend die Anfangsgeschwindigkeiten der n Körper. Da die rechte Seite dieser Gleichung konstant ist, haben wir in

$$F_7 = \sum_{k=1}^n \frac{\gamma_k}{2} v_k^2 + \Phi(r_1, \ldots, r_n) \qquad (9.10)$$

das siebente Integral der Bewegung.

Die zeitliche Konstanz des Vektors (9.2a) besagt, daß der Endpunkt des Vektors $\sum_k \gamma_k r_k$ sich mit konstanter Geschwindigkeit längs einer Geraden bewegt. Dasselbe gilt dann natürlich auch für den Endpunkt des Vektors

$$R = \frac{\sum_{k=1}^{n} \gamma_k r_k}{\sum_{k=1}^{n} \gamma_k}, \qquad (9.11)$$

den man den Ortsvektor des *Schwerpunktes* des n-Körper-Systems nennt. Der Endpunkt von R bewegt sich bei allen Bewegungen, bei denen alle Körper des n-Körper-Systems *dieselbe* Beschleunigung erfahren, wie ein einzelner Körper unter eben dieser gemeinsamen Beschleunigung. Bringt man nämlich das n-Körper-System in ein vorgegebenes, von r unabhängiges (= homogenes) Beschleunigungsfeld b, so lauten die Newtonschen Gleichungen

$$\frac{d^2 r_k}{dt^2} = - \sum_{j \neq k}^{n} \gamma_j \frac{r_k - r_j}{|r_k - r_j|^3} + b \qquad (k = 1, \ldots, n).$$

Multipliziert man diese Gleichung mit γ_k und summiert man über k, so resultiert

$$\frac{d^2}{dt^2} \left(\sum_k \gamma_k r_k \right) = \left(\sum_k \gamma_k \right) b$$

oder mit (9.11)

$$\frac{d^2 R}{dt^2} = b.$$

Der Vektor R beschreibt unter dem Einfluß des homogenen Beschleunigungsfeldes b also die Bahn:

$$R = \frac{t^2}{2} b + t \, V_0 + R_0,$$

die auch ein Körper beschreiben würde, der sich allein, d. h. ohne dem Einfluß anderer Körper ausgesetzt zu sein, im Beschleunigungsfeld b befände. Wir machen jedoch ausdrücklich darauf aufmerksam, daß diese Aussage in Strenge nur für *homogene* Beschleunigungsfelder gilt.

Differenziert man (9.11) nach t, so erhält man in $dR/dt = V$ die Geschwindigkeit des Schwerpunktes. Die Gleichungen (9.2) oder (9.2a) kann man daher auch so lesen, daß die Komponenten der Schwerpunkts-Geschwindigkeit Integrale der Bewegung sind. Damit ist natürlich auch V^2 und ebenso $\frac{1}{2} \left(\sum_i \gamma_i \right) V^2$ ein Integral. Da Summe und Differenz zweier Integrale der Bewegung wieder ein Integral bilden, ist also auch

$$F_7 - \frac{1}{2} \sum_k \gamma_k V^2 = \sum_{k=1}^{n} \frac{\gamma_k}{2} (v_k^2 - V^2) + \Phi(r_1, \ldots, r_n) \quad (9.12)$$

ein Integral der Bewegung. Dieses Integral hat, wie wir später sehen werden, deshalb eine besondere Bedeutung, weil es unabhängig ist von der Schwerpunkts-Geschwindigkeit V und daher den Wert von F_7 angibt in einem Bezugssystem, in dem der Schwerpunkt ruht. Wir merken ausdrücklich an, daß (9.12) kein von den bisherigen unabhängiges Integral der Bewegung ist, da es sich als Funktion von F_7 und V schreiben läßt.

Schließlich sind mit V auch die Komponenten des Vektors

$$\{F_8, F_9, F_{10}\} = \left(\sum_i^n \gamma_i\right)(\boldsymbol{R} \times \boldsymbol{V}) = \frac{1}{\sum_i \gamma_i} \sum_j \sum_k \gamma_j \gamma_k (\boldsymbol{r}_j \times \boldsymbol{v}_k) \quad (9.13)$$

Integrale der Bewegung, denn mit $d\boldsymbol{V}/dt = 0$ ist auch

$$\frac{d}{dt}(\boldsymbol{R} \times \boldsymbol{V}) = \frac{d\boldsymbol{R}}{dt} \times \boldsymbol{V} + \boldsymbol{R} \times \frac{d\boldsymbol{V}}{dt} = 0.$$

Der Vektor (9.13) liefert nicht, wie man zunächst glauben sollte, drei neue unabhängige Integrale der Bewegung, sondern nur zwei. Da nämlich V ebenfalls ein Integral der Bewegung ist, besagt (9.13), daß die zu V senkrechten Komponenten von R Integrale der Bewegung sind. Zusammen mit den Komponenten von V selbst liefert (9.13) also fünf unabhängige Integrale der Bewegung. Die Integrale (9.13) sind auch insofern etwas anderer Natur als die übrigen sieben Integrale $F_1 \ldots, F_7$, als sie bei beliebigen Anfangsbedingungen durch eine leichte Modifikation derselben, nämlich durch geeignete Wahl des Koordinaten-Nullpunktes, immer zum Verschwinden gebracht werden können. Denn da der Schwerpunkt sich geradlinig gleichförmig bewegt, braucht man den Koordinaten-Nullpunkt bloß auf einem Punkt der vom Schwerpunkt durchlaufenen Geraden zu legen, um (9.13) zu Null zu machen.

Die beiden Vektoren (9.4a) und (9.13) sind von verwandtem Bau; dies ist unmittelbar einzusehen, wenn man (9.13) in der Form schreibt

$$\{F_8, F_9, F_{10}\} = \sum_k \gamma_k \left(\frac{\sum_i \gamma_j \boldsymbol{r}_j}{\sum_j \gamma_j} \times \boldsymbol{v}_k\right) = \sum_k \gamma_k (\boldsymbol{R} \times \boldsymbol{v}_k).$$

Mit (9.4a) und (9.13) sind also auch die Komponenten des Vektors

$$\{F_4 - F_8, F_5 - F_9, F_6 - F_{10}\} = \sum_k \gamma_k [(\boldsymbol{r}_k - \boldsymbol{R}) \times \boldsymbol{v}_k] \quad (9.14)$$

Integrale der Bewegung. Sie haben, wie unmittelbar ersichtlich, die besondere Eigenschaft, von der Wahl des Koordinaten-Nullpunktes unabhängig zu sein. Dies trifft für (9.4a) keineswegs zu. Aus diesem Grunde ist der Vektor (9.14) von besonderer Bedeutung; er drückt, ähnlich wie (9.12), eine „innere" Eigenschaft des gravitierenden n-Körper-Systems aus.

Als „innere" Eigenschaften eines Systems bezeichnen wir solche, die sich durch wohlbestimmte „erlaubte" Wechsel des Bezugssystems nicht wegtransformieren lassen. Die wichtigsten erlaubten Wechsel des Bezugssystems sind dabei: 1. *Verschiebungen* des Koordinaten-Nullpunktes und 2. *Bewegungen* des Bezugssystems, insbesondere *Translationen*, d. h. geradlinig gleichförmige Bewegungen. Die erste Klasse entspricht den Variablen-Transformationen $r' = r + a$, wobei a ein beliebiger konstanter Vektor ist. Die Translationen (die wir bisher noch nicht zugelassen haben und vorerst auch noch nicht genauer betrachten wollen) werden in der Newtonschen Mechanik durch die Transformationen $r' = t\, v_0 + r$ repräsentiert, wobei v_0 ein beliebiger konstanter Vektor ist. Gegenüber den Verschiebungen sind die Integrale $\{F_1, F_2, F_3\}$ und F_7 und damit auch (9.12) sowie (9.14) invariant, gegenüber den Translationen nur (9.12) und (9.14).

§ 10 Das Zweikörper-Problem

Nach Aussage des allgemeinen Gravitationsgesetzes gibt es streng genommen gar keine Kepler-Bewegung. Denn das einfachste System, an dem Gravitationsbewegungen feststellbar sind, besteht aus *zwei* Körpern. Für ein solches System lautet (8.1)

$$\left.\begin{aligned}\frac{d^2 r_1}{dt^2} &= -\gamma_2 \frac{r_1 - r_2}{|r_1 - r_2|^3}, \\ \frac{d^2 r_2}{dt^2} &= -\gamma_1 \frac{r_2 - r_1}{|r_2 - r_1|^3} = +\gamma_1 \frac{r_1 - r_2}{|r_1 - r_2|^3}.\end{aligned}\right\} \quad (10.1)$$

Dies ist ein System gekoppelter Differentialgleichungen, da die Variablen r_1 und r_2 in beiden Gleichungen vorkommen. Führt man nun als neue Variablen die Schwerpunkts-(R) und die Relativkoordinaten (r) ein

$$\left.\begin{aligned}R &= \frac{\gamma_1 r_1 + \gamma_2 r_2}{\gamma_1 + \gamma_2}, \quad r = r_1 - r_2 \\ r_1 &= R + \frac{\gamma_2}{\gamma_1 + \gamma_2} r, \quad r_2 = R - \frac{\gamma_1}{\gamma_1 + \gamma_2} r,\end{aligned}\right\} \quad (10.2)$$

so lassen sich die Gleichungen (10.1) entkoppeln, d. h. in zwei Gleichungen überführen, von denen die eine nur r und die andere nur R enthält. Subtrahiert man nämlich die beiden Gleichungen (10.1) voneinander, so erhält man eine Gleichung allein in r, welche exakt vom Kepler-Typ ist. Multipliziert man andererseits die erste Gleichung (10.1) mit γ_1 und die zweite mit γ_2 und addiert man beide, so ergibt sich in voller Analogie zu dem in § 9 angewandten Verfahren die Bewegungsgleichung für R. Die Gleichungen (10.1) gehen auf diese

Weise über in das entkoppelte System

$$\text{a)} \quad \frac{d^2 r}{dt^2} = -(\gamma_1 + \gamma_2)\frac{r}{r^3}, \quad \text{b)} \quad \frac{d^2 R}{dt^2} = 0. \quad (10.3)$$

Da die Variable r nur in der ersten Gleichung vorkommt und R nur in der zweiten, lassen sich die beiden Gleichungen (10.3) völlig unabhängig voneinander behandeln. Man erhält somit die Lösungen des gesamten Gleichungs-Systems (10.3) einfach dadurch, daß man alle Kombinationen der Lösungen der ersten Gleichung mit denen der zweiten Gleichung bildet. Auf diese Weise erhält man auch alle Lösungen von (10.1), da (10.1) und (10.3) äquivalent sind; denn ebenso wie sich (10.3) aus (10.1) herleiten läßt, kann man umgekehrt auch (10.1) als Folge von (10.3) gewinnen. Dies sei dem Leser als Übung überlassen.

Bevor wir uns der Lösung des Gleichungs-Systems (10.3) zuwenden, wollen wir noch die uns bekannten Integrale der Bewegung von (10.3) mit denen von (10.1) vergleichen. Nach § 7 sind die Größen

$$r \times v, \quad A = \frac{v^2}{2} - \frac{\gamma_1 + \gamma_2}{r} \quad (10.4\text{a})$$

Integrale der Bewegung der Gleichung (10.3a) und

$$V, \quad R \times V \quad (10.4\text{b})$$

Integrale der Bewegung von (10.3b). Die Integrale (10.4a) sind „innere" Integrale der Bewegung des Zweikörper-Systems: Sie hängen allein von den Relativkoordinaten (r) und der Relativgeschwindigkeit ($v = \dot{r}$) ab, und da (10.3a) nicht mit (10.3b) gekoppelt ist, sind ihre Werte völlig unabhängig von den jeweiligen Werten der Integrale (10.4b) der Gleichung (10.3b), d. h. unabhängig von der Schwerpunktsbewegung. Wir merken noch einmal an, daß (10.4b) nicht sechs, sondern nur fünf unabhängige Integrale der Bewegung liefert, nämlich die Komponenten von V sowie die zu V senkrechten Komponenten von R.

Wir betrachten nun diejenigen Integrale der Bewegung von (10.1), die wir in § 9 hergeleitet haben, und rechnen sie unter Benutzung von (10.2) um in die Variablen r, R, v, V. Wir erhalten so

$$\{F_1, F_2, F_3\} = \gamma_1 v_1 + \gamma_2 v_2 = (\gamma_1 + \gamma_2)V, \quad (10.5)$$

$$\begin{aligned}\{F_4, F_5, F_6\} &= \gamma_1(r_1 \times v_1) + \gamma_2(r_2 \times v_2) = \\ &= (\gamma_1 + \gamma_2)(R \times V) + \frac{\gamma_1 \gamma_2}{\gamma_1 + \gamma_2}(r \times v),\end{aligned} \quad (10.6)$$

$$\begin{aligned}F_7 &= \frac{\gamma_1}{2}v_1^2 + \frac{\gamma_2}{2}v_2^2 - \frac{\gamma_1 \gamma_2}{|r_1 - r_2|} = \\ &= \frac{\gamma_1 + \gamma_2}{2}V^2 + \frac{\gamma_1 \gamma_2}{\gamma_1 + \gamma_2}\left[\frac{v^2}{2} - \frac{\gamma_1 + \gamma_2}{r}\right],\end{aligned} \quad (10.7)$$

$$\{F_8, F_9, F_{10}\} = (\gamma_1 + \gamma_2)(R \times V). \quad (10.8)$$

Die in § 9 innere Integrale genannten Funktionen (9.12) und (9.14)

$$F_7 - \frac{\gamma_1 + \gamma_2}{2} V^2 = \frac{\gamma_1 \gamma_2}{\gamma_1 + \gamma_2} \left[\frac{v^2}{2} - \frac{\gamma_1 + \gamma_2}{r} \right], \qquad (10.9)$$

$$\{F_4 - F_8, F_5 - F_9, F_6 - F_{10}\} = \frac{\gamma_1 \gamma_2}{\gamma_1 + \gamma_2} (r \times v) \qquad (10.10)$$

sind also bis auf den Faktor $\gamma_1 \gamma_2/(\gamma_1 + \gamma_2)$, die *reduzierte* Gravitations-Ladung des Zweikörper-Problems, identisch mit den inneren Integralen (10.4a).

Wir wenden uns nunmehr den Bahnkurven des Zweikörper-Problems zu. Gl. (10.3b) besagt, daß der Schwerpunkt S sich mit konstanter Geschwindigkeit auf einer Geraden G bewegt (Fig. B 4). Wie

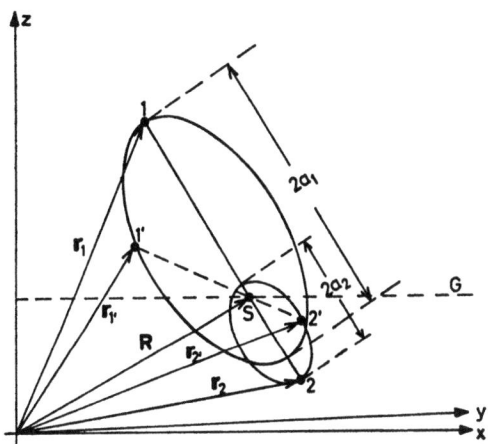

Fig. B4. Zum Zweikörper-Problem

die Umkehrgleichungen (10.2) zeigen, die r_1 und r_2 als Funktionen von R und r ausdrücken, liegt S stets auf der Verbindungslinie der beiden Körper 1 und 2. Nach Gl. (10.3a) beschreibt $r(t)$, unabhängig von der Bewegung des Schwerpunktes, eine Kepler-Bewegung. Wir betrachten zunächst den Fall der Kepler-*Ellipse*, der dadurch definiert ist, daß das innere Integral A aus Gl. (10.4a) einen negativen Wert hat.

Setzen wir der Einfachheit halber für den Augenblick $R = 0$, so durchlaufen mit $r(t)$ die Ortsvektoren $r_1(t)$ und $r_2(t)$ ähnliche Ellipsen mit dem Schwerpunkt S als Brennpunkt (= Gravitationszentrum); relativ zueinander befinden sich die Ellipsen allerdings nicht in ähnlicher, sondern in gespiegelter Lage (Fig. B 4). Beide Ellipsen liegen in derselben Ebene, und ihre Orientierung relativ zur Geraden G, der Bahnkurve des Schwerpunkts, ist ein Integral der Bewegung.

Die großen Halbachsen der Ellipsen sind nach (10.2) gegeben durch

$$a_1 = \frac{\gamma_2}{\gamma_1 + \gamma_2} a, \qquad a_2 = \frac{\gamma_1}{\gamma_1 + \gamma_2} a, \qquad (10.11)$$

wobei a nach Satz 7.1 durch den Wert des inneren Integrals der Bewegung A aus Gl. (10.4a) bestimmt ist: $a = -(\gamma_1 + \gamma_2)/2A$. Die Umlaufzeit T der beiden Körper um ihr Gravitationszentrum, d. h. ihr Beschleunigungszentrum S, ist nach (10.3a) und (6.3) gegeben durch

$$\gamma_1 + \gamma_2 = 4\pi^2 \frac{a^3}{T^2}. \qquad (10.12)$$

Steht man vor dem Problem, die Gravitations-Ladungen γ_1 und γ_2 der beiden Körper aus Charakteristiken der Bahn zu bestimmen, so geben die Formeln (10.11) und (10.12) unmittelbar eine Antwort. Die Messung von a_1, a_2 und T oder, was dasselbe ist, die Messung des größten Abstandes der beiden Körper, der Lage des Schwerpunktes S auf ihrer Verbindungslinie und der Umlaufzeit T liefern die gewünschte Auskunft. Aus (10.11) und (10.12) erhält man nämlich

$$\gamma_1 = 4\pi^2 \frac{a_1(a_1+a_2)^2}{T^2}, \qquad \gamma_2 = 4\pi^2 \frac{a_2(a_1+a_2)^2}{T^2}. \qquad (10.13)$$

Beim Zweikörper-System Erde—Mond liegt der Schwerpunkt 4600 km vom Erdmittelpunkt entfernt. Mit den bereits bekannten Daten dieses Systems erhält man so $\gamma_E = 82\,\gamma_M$. Ist eine der beiden Gravitations-Ladungen vernachlässigbar klein gegen die andere, z. B. $\gamma_1 \ll \gamma_2$, so ist $\mathbf{R} \approx \mathbf{r}_2$, und der Körper 1 führt praktisch eine Kepler-Bewegung um den Körper 2 als Beschleunigungszentrum aus.

Wir betrachten nun den Fall, daß die innere Kepler-Bewegung $\mathbf{r}(t)$ eine Hyperbel, das innere Integral der Bewegung (10.9) also positiv ist. Der Zweckmäßigkeit halber behandeln wir die Bewegung zunächst im „Schwerpunktssystem", d. h. in einem Bezugssystem, in dem der Schwerpunkt S ruht. Die Lösung entnehmen wir unmittelbar dem Teil b) des § 7. Setzt man $\mathbf{R} = 0$, so durchlaufen $\mathbf{r}_1(t)$ und $\mathbf{r}_2(t)$ nach (10.2) mit $\mathbf{r}(t)$ ähnliche, aber gespiegelt liegende Hyperbeln mit dem Schwerpunkt S als gemeinsamen Brennpunkt (Fig. B5). Nach (10.2) ist

$$\mathbf{r}_2 = -\frac{\gamma_1}{\gamma_2}\mathbf{r}_1, \qquad \mathbf{v}_2 = -\frac{\gamma_1}{\gamma_2}\mathbf{v}_1 \qquad (10.14)$$

für jeden Bahnpunkt, insbesondere ist also

$$\mathbf{v}_{2\infty} = -\frac{\gamma_1}{\gamma_2}\mathbf{v}_{1\infty}, \qquad (10.14')$$

wenn $\mathbf{v}_{1\infty}$ und $\mathbf{v}_{2\infty}$ die asymptotischen Geschwindigkeiten der beiden Körper bezeichnen. Es gibt zwei Paare asymptotischer Geschwindigkeiten, nämlich die Geschwindigkeiten vor und nach dem Stoß. Bezeichnet man die zweiten mit einem Akzent, so liefert das Integral

(10.7) für asymptotische Abstände der beiden Körper die Beziehung

$$\frac{\gamma_1}{2} v_{1\infty}^2 + \frac{\gamma_2}{2} v_{2\infty}^2 = \frac{\gamma_1}{2} v_{1\infty}'^2 + \frac{\gamma_2}{2} v_{2\infty}'^2 . \qquad (10.15)$$

Zusammen mit Gl. (10.14'), die natürlich auch für die gestrichenen asymptotischen Geschwindigkeiten gilt, folgt daraus

$$|v_{1\infty}| = |v_{1\infty}'|, \quad |v_{2\infty}| = |v_{2\infty}'|. \qquad (10.16)$$

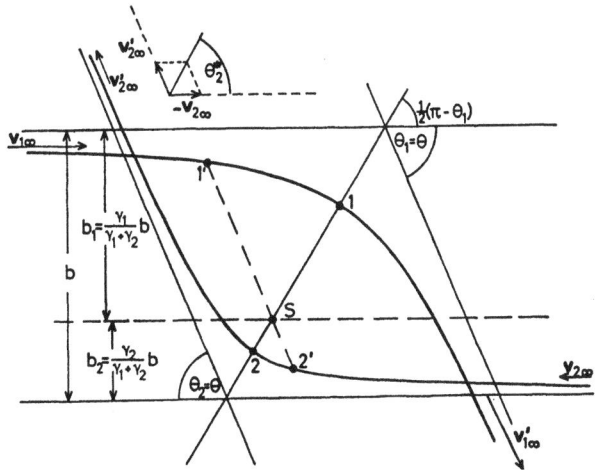

Fig. B 5. Hyperbelbahnkurven zweier stoßender Körper im Schwerpunkts-System

Die Beträge von Anfangs- und Endgeschwindigkeit eines Körpers sind also gleich. Stoßparameter b und Umlenkwinkel Θ sind nach (7.10) verknüpft durch die Formel

$$\cot\left(\frac{\Theta}{2}\right) = \frac{b v_\infty^2}{\gamma_1 + \gamma_2} ; \qquad (10.17)$$

darin sind, wenn b_1 und b_2 die Stoßparameter des Körpers 1 und 2 in bezug auf den Schwerpunkt S bezeichnen (Fig. B5),

$$b = b_1 + b_2, \quad v_\infty^2 = (v_{1\infty} - v_{2\infty})^2 = (|v_{1\infty}| + |v_{2\infty}|)^2 . \qquad (10.17\text{a})$$

Es ist oftmals von praktischem Interesse, den eben im Schwerpunktssystem beschriebenen Stoß zweier Körper in einem Bezugssystem zu beschreiben, in dem der Schwerpunkt R sich mit einer wohlbestimmten konstanten Geschwindigkeit V^* bewegt. In diesem Bezugssystem sind die Geschwindigkeiten der beiden Körper dann gegeben durch

$$v_1^* = V^* + v_1, \quad v_2^* = V^* + v_2, \qquad (10.18)$$

wenn v_1 und v_2 ihre Geschwindigkeiten im Schwerpunktssystem bezeichnen. Wir betrachten insbesondere den Fall, daß der Körper 2 im Anfangszustand ruht, d. h. daß $v_{2\infty}^* = 0$ ist. Dann muß nach (10.18) $V^* = -v_{2\infty}$ sein, und man hat

$$v_{1\infty}'^* = v_{1\infty}' - v_{2\infty}, \quad v_{2\infty}'^* = v_{2\infty}' - v_{2\infty}, \qquad (10.19)$$

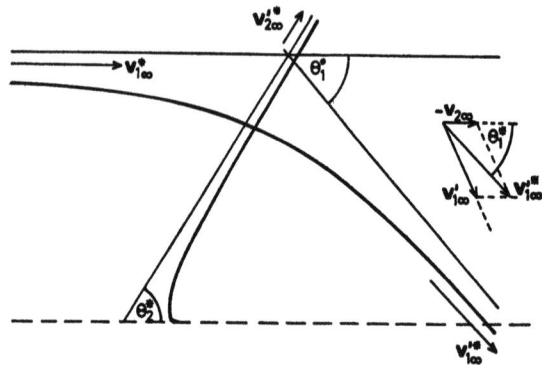

Fig. B 6. Stoß zweier Körper im System, in dem der Körper 2 vor dem Stoß ruht

Die Bahnkurven der Bewegung sind in Fig. B6 dargestellt. Für die „Umlenkwinkel", d. h. die Richtungen der Endgeschwindigkeiten gegen die Einfallsrichtung des Körpers 1 findet man

$$\left.\begin{array}{l} \cot \Theta_1^* = \dfrac{\cos \Theta + \gamma_1/\gamma_2}{\sin \Theta} = \cot\left(\dfrac{\Theta}{2}\right) + \dfrac{\gamma_1 - \gamma_2}{\gamma_2} \dfrac{1}{\sin \Theta} \\ \Theta_2^* = \dfrac{1}{2}(\pi - \Theta). \end{array}\right\} \quad (10.20)$$

Die zweite dieser Gleichungen liest man unmittelbar aus Fig. B5 ab [linke obere Ecke, wo die Vektoren $v_{2\infty}'$ und $-v_{2\infty}$ addiert werden, Gl. (10.19)]. Die erste Gleichung folgt so

$$\cot \Theta_1^* = \frac{v_{1\infty,z}'^*}{v_{1\infty,y}'^*} = \frac{v_{1\infty}' \cos \Theta + v_{2\infty}}{v_{1\infty}' \sin \Theta} = \frac{\cos \Theta + \gamma_1/\gamma_2}{\sin \Theta}$$

$$= \frac{2\cos^2\left(\dfrac{\Theta}{2}\right) + \dfrac{\gamma_1}{\gamma_2} - 1}{2\sin\left(\dfrac{\Theta}{2}\right)\cos\left(\dfrac{\Theta}{2}\right)} = \cot\left(\dfrac{\Theta}{2}\right) + \dfrac{\gamma_1 - \gamma_2}{\gamma_2} \dfrac{1}{\sin \Theta}.$$

Insbesondere erhält man für

$$\gamma_1 \ll \gamma_2: \quad \Theta_1^* \approx \Theta, \quad \Theta_2^* = \frac{1}{2}(\pi - \Theta),$$

$$\gamma_1 = \gamma_2: \quad \Theta_1^* = \frac{\Theta}{2}, \quad \Theta_2^* = \frac{1}{2}(\pi - \Theta), \quad \Theta_1^* + \Theta_2^* = \frac{\pi}{2}.$$

Der anfangs ruhende Körper 2 fliegt, unabhängig von dem γ-Wert des stoßenden Körpers 1, asymptotisch also stets in dieselbe Richtung, wenn die Anfangsbedingungen so gewählt werden, daß der Umlenkwinkel im Schwerpunktssystem derselbe ist. Im Fall des Stoßes zweier Körper mit gleichem γ-Wert stehen im Bezugsystem, in dem vor (oder nach) dem Stoß einer der beiden Körper ruht, die Endgeschwindigkeiten (Anfangsgeschwindigkeiten) senkrecht aufeinander.

Obwohl der Schwerpunkt seine Rolle auch im Fall des allgemeinen n-Körper-Problems beibehält, bringt die Einführung von Relativkoordinaten bei $n > 2$ nicht den entscheidenden Vorteil mit sich, das Gleichungssystem (8.1) zu entkoppeln. Bereits das allgemeine Dreikörper-Problem ist, von speziellen Lösungen abgesehen, von einem solchen Schwierigkeitsgrad, daß sich die bedeutendsten Mathematiker der letzten 150 Jahre an ihm versucht haben. Bei diesen Bemühungen wurden ganze mathematische Disziplinen neu begründet.

§ 11 Das von ausgedehnten Körpern erzeugte Gravitationsfeld

In den Grundgleichungen (8.1) der Gravitationstheorie wird ein Körper k nur durch seine Lagekoordinate r_k und den Wert seiner Gravitations-Ladung γ_k charakterisiert. Die Körper waren dabei als punktartig vorausgesetzt. Bei relativ einfachen Problemen stößt man indessen schon auf die Frage nach dem Gravitationsfeld räumlich ausgedehnter Körper, wie wir im § 8 auf die Frage nach dem Gravitationsfeld der räumlich ausgedehnten Erde stießen. Es erhebt sich somit das Problem, die Theorie auf ausgedehnte Körper zu erweitern. Dies geschieht durch folgende einfache (wieder am Erfolg zu prüfende)

Regel: Jeder räumlich ausgedehnte Körper läßt sich in punktartige Teilkörper zerlegen, von denen jeder, unbeeinflußt durch die Anwesenheit der anderen, um sich herum ein zentralsymmetrisches Gravitationsfeld der Form (6.4) erzeugt. Das gesamte Gravitationsfeld des ausgedehnten Körpers erhält man durch Superposition der von seinen Teilen erzeugten Gravitationsfelder.

Jeder punktartige Teilkörper eines ausgedehnten Körpers befindet sich natürlich im Feld aller übrigen. Wäre er frei beweglich, so würde seine Bewegung durch die Gleichungen (8.1) beschrieben. Ein wesentliches Charakteristikum der aus der Alltagswelt vertrauten ausgedehnten Körper ist nun aber, daß ihre Teile im allgemeinen keineswegs frei beweglich, sondern auf wohlbestimmte Weise aneinander gebunden sind. Der formal einfachste Fall ist der *starre Körper*;

seine Teile sind in ihren Relativlagen geometrisch unveränderlich, so daß die Festlegung von dreien seiner Punkte den ganzen Körper räumlich fixiert. Wir wollen der Einfachheit halber die im folgenden betrachteten Körper als starr annehmen; von der Gravitations-Wechselwirkung ihrer Teile ist dann nichts zu spüren.

Als punktartige Teilkörper eines ausgedehnten Körpers betrachten wir hinreichend kleine Volumelemente $\varDelta\tau'$ (Fig. B 7), deren Lagevektoren mit r' bezeichnet werden. Der γ-Wert jedes einzelnen Volumelementes sei in der Form $\mu(r')d\tau'$ dargestellt, wobei die Funktion $\mu(r')$ die Verteilung der Gravitations-Ladungsdichte, oder wie wir auch kurz sagen wollen, der γ-Dichte beschreibt. Das gesamte Gravitationsfeld ist dann gegeben durch das Integral

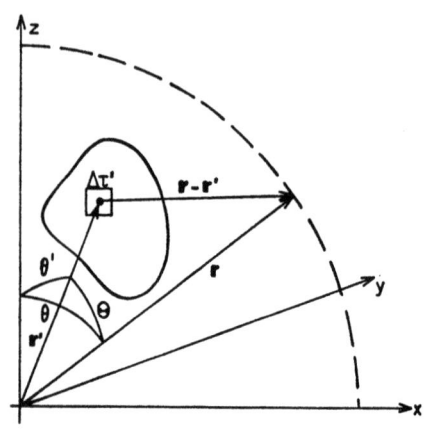

Fig. B 7. Zum Gravitationsfeld ausgedehnter Körper.
[$\cos \Theta = \cos\theta \cos\theta' + \sin\theta \sin\theta' \cos(\varphi - \varphi')$]

$$b(r) = -\int \frac{r-r'}{|r-r'|^3} \mu(r')\, d\tau'. \qquad (11.1)$$

Dieses Integral kann über den ganzen Raum erstreckt werden, da die Bereiche, in denen $\mu(r')=0$ ist, ohnehin nichts beitragen. Nun ist aber, wie wir in § 9 gesehen haben,

$$-\frac{r-r'}{|r-r'|^3} = \operatorname{grad} \frac{1}{|r-r'|}\, ;$$

daher läßt sich (11.1) auch in der Form schreiben

$$b(r) = -\operatorname{grad} \Phi(r) \qquad (11.2)$$

mit

$$\Phi(r) = -\int \frac{\mu(r')}{|r-r'|}\, d\tau'. \qquad (11.3)$$

Das Integral ist wieder über den räumlichen Bereich zu erstrecken, in dem $\mu(r) \neq 0$ ist, oder einfach über den ganzen Raum. Gl. (11.3) gibt das Gravitationspotential an, das von einer vorgegebenen γ-Dichte $\mu(r)$ erzeugt wird. Das eingangs gestellte Problem der Bestimmung des Gravitationsfeldes, das von einer vorgegebenen räumlichen Verteilung der Gravitations-Ladung erzeugt wird, ist damit im Prinzip gelöst; alles weitere betrifft die Berechnung des Integrals (11.3).

Jeder „Aufpunkt" r, an dem das Potential $\Phi(r)$ bestimmt werden soll, definiert eine Kugel vom Radius $r = |r|$ um den Koordinaten-Ursprung. Diese Kugel zerlegt den ganzen Raum in zwei Teile, in ihr Inneres $\Im(r)$ und ihr Äußeres $\mathfrak{A}(r)$. Ist dann Θ der Winkel zwischen r und r', so läßt sich (11.3) in der Form schreiben

$$\Phi(r) = -\frac{1}{r} \int\limits_{\Im(r)} \frac{\mu(r')\,d\tau'}{\sqrt{1 - 2\left(\frac{r'}{r}\right)\cos\Theta + \left(\frac{r'}{r}\right)^2}} -$$
$$- \int\limits_{\mathfrak{A}(r)} \frac{\mu(r')\,d\tau'}{r'\sqrt{1 - 2\left(\frac{r}{r'}\right)\cos\Theta + \left(\frac{r}{r'}\right)^2}} \,; \quad (11.4)$$

im ersten Integral ist stets $r'/r < 1$, im zweiten $r/r' < 1$. In beiden Integralen tritt derselbe Wurzelausdruck auf, dessen Entwicklung

$$\frac{1}{\sqrt{1 - 2\eta\xi + \eta^2}} = \sum_{n=0}^{\infty} \eta^n P_n(\xi), \qquad |\eta| < 1 \quad (11.5)$$

eine in der Physik viel gebrauchte Klasse von Funktionen $P_n(\xi)$ definiert, die sogenannten Legendre-Polynome (Kugelfunktionen). Wir schalten ein paar Bemerkungen über diese Funktionen ein. Zunächst liest man aus (11.5) unmittelbar die folgenden Eigenschaften der $P_n(\xi)$ ab[1]:

$$P_n(-\xi) = (-1)^n P_n(\xi), \quad P_n(1) = 1, \quad n = 0,1,\ldots, \quad (11.6)$$

von denen die erste besagt, daß die $P_n(\xi)$ mit geradem (ungeradem) Index gerade (ungerade) Funktionen sind. Integriert man (11.5) über ξ zwischen den Grenzen -1 und $+1$, so erhält man

$$\int\limits_{-1}^{+1} \frac{d\xi}{\sqrt{1 - 2\xi\eta + \eta^2}} = 2 = \sum_{n=0}^{\infty} \eta^n \int\limits_{-1}^{+1} P_n(\xi)\,d\xi\,.$$

Da diese Gleichung für alle $|\eta| < 1$ gilt, muß sein

$$\int\limits_{-1}^{+1} P_0(\xi)\,d\xi = 2, \quad \int\limits_{-1}^{+1} P_n(\xi)\,d\xi = 0 \quad \text{für } n \neq 0. \quad (11.7)$$

Die Funktionen $P_n(\xi)$ sind nach (11.5) bis auf den Faktor $1/n!$ die Koeffizienten der Taylorentwicklung der linken Seite von (11.5).

---

[1] Die Substitution $\xi \to -\xi$ ist in (11.5) der Substitution $\eta \to -\eta$ äquivalent; hieraus folgt die erste Gleichung in (11.6). Setzt man in (11.5) $\xi = 1$, so folgt unmittelbar die zweite Relation (11.6).

Somit hat man als mögliche Darstellung

$$P_n(\xi) = \frac{1}{n!} \left[\frac{\partial^n}{\partial \eta^n} \frac{1}{\sqrt{1 - 2\xi\eta + \eta^2}} \right]_{\eta=0}. \qquad (11.8)$$

Diese Formel zeigt, daß die Funktionen $P_n(\xi)$ Polynome sind. Im einzelnen berechnet man

$$P_0(\xi) = 1, \qquad P_3(\xi) = \frac{5}{2}\xi^3 - \frac{3}{2}\xi,$$

$$P_1(\xi) = \xi, \qquad P_4(\xi) = \frac{35}{8}\xi^4 - \frac{30}{8}\xi^2 + \frac{3}{8}, \qquad (11.8')$$

$$P_2(\xi) = \frac{3}{2}\xi^2 - \frac{1}{2}, \quad P_5(\xi) = \frac{63}{8}\xi^5 - \frac{70}{8}\xi^3 + \frac{15}{8}\xi.$$

In Übereinstimmung mit (11.6) enthalten die Legendre-Polynome von ungeradem (geradem) Index nur ungerade (gerade) Potenzen von ξ. Eine bequemere Darstellung als (11.8) liefert die Jacobische Formel

$$P_n(\xi) = \frac{1}{n!\, 2^n} \frac{d^n(\xi^2-1)^n}{d\xi^n}, \qquad (11.8'')$$

deren Beweis sich im Anhang III, Bd. I a findet. Die Relationen (11.7) sind Spezialfälle ($m=0$) der „Orthogonalitäts-Relationen" der Legendre-Polynome[1]

$$\int_{-1}^{+1} P_n(\xi)\, P_m(\xi)\, d\xi = \begin{cases} 0, & n \neq m \\ \dfrac{2}{2n+1}, & n = m. \end{cases} \qquad (11.9)$$

Für die beiden Summanden von (11.4) erhält man also, wenn man

---

[1] Der Beweis dieser Relationen gelingt unter Benutzung der Darstellung (11.8'') der Legendre-Polynome einfach durch iterierte partielle Integration. Es sei $m \geq n$, dann ist

$$\int_{-1}^{+1} P_n(\xi)\, P_m(\xi)\, d\xi = \frac{1}{m!\, 2^m} \int_{-1}^{+1} P_n(\xi)\, d\left[\frac{d^{m-1}(\xi^2-1)^m}{d\xi^{m-1}} \right]$$

$$= -\frac{1}{m!\, 2^m} \int_{-1}^{+1} \frac{d^{m-1}(\xi^2-1)^m}{d\xi^{m-1}} \frac{dP_n}{d\xi}\, d\xi$$

$$= -\frac{1}{m!\, 2^m} \int_{-1}^{+1} \frac{dP_n}{d\xi}\, d\left[\frac{d^{m-2}(\xi^2-1)^m}{d\xi^{m-2}} \right]$$

$$= (-1)^2 \frac{1}{m!\, 2^m} \int_{-1}^{+1} \frac{d^{m-2}(\xi^2-1)^m}{d\xi^{m-2}} \frac{d^2 P_n}{d\xi^2}\, d\xi$$

(11.5) und (11.8′) berücksichtigt, die Entwicklungen

$$\Phi_{\Im(r)} = -\frac{1}{r}\int\limits_{\Im}\mu(r')\,d\tau' - \frac{1}{r^2}\int\limits_{\Im}\mu(r')\,r'\cos\Theta\,d\tau'$$
$$-\frac{1}{r^3}\int\limits_{\Im}\mu(r')\,r'^2\,P_2(\cos\Theta)\,d\tau - \cdots \qquad (11.10\,\text{a})$$

$$\Phi_{\mathfrak{A}(r)} = -\int\limits_{\mathfrak{A}}\frac{\mu(r')}{r'}\,d\tau' - r\int\limits_{\mathfrak{A}}\frac{\mu(r')}{r'^2}\cos\Theta\,d\tau'$$
$$-r^2\int\limits_{\mathfrak{A}}\frac{\mu(r')}{r'^3}\,P_2(\cos\Theta)\,d\tau' - \cdots. \qquad (11.10\,\text{b})$$

Die in diesen Entwicklungen auftretenden Integrale hängen im allgemeinen noch von r ab. Gl. (11.10a) ist also nur dann eine Entwicklung nach Potenzen von $1/r$, wenn r so groß ist, daß alle Stellen, an denen $\mu \neq 0$ ist, in $\Im(r)$ liegen, $\Phi_{\mathfrak{A}}$ also identisch verschwindet. In diesem Fall heißt (11.10a) die „Multipol-Entwicklung" des Potentials Φ um den Koordinaten-Ursprung $r = 0$. Den Koeffizienten von $1/r^{l+1}$ nennt man dann den Potential-Beitrag des „2^l-Pol-Momentes der Ladungsverteilung $\mu(r)$ in bezug auf den Koordinaten-Nullpunkt"; insbesondere ist der Koeffizient des ersten Gliedes der Beitrag des „Monopols" (= Gesamt-Ladung), der des zweiten des „Dipols", der des dritten des „Quadrupols" etc. Nun läßt sich, wenn $\int\mu(r')d\tau' \neq 0$, das Dipol-Glied in (11.10a) durch geeignete Wahl des Koordinaten-Nullpunktes stets zum Verschwinden bringen. Definieren wir nämlich die Gesamtladung γ und den Schwerpunkt $\mathbf{R}$ der Ladungsverteilung durch

$$\gamma = \int\mu(r')\,d\tau', \quad \mathbf{R} = \frac{\int\mu(r')\,r'\,d\tau'}{\int\mu(r')\,d\tau'},$$

so kann das Dipol-Glied in (11.10a) in der Form geschrieben werden

$$\frac{1}{r^2}\int\mu(r')\,r'\cos\Theta\,d\tau' = \frac{r}{r^3}\int\mu(r')\,r'\,d\tau' = \frac{r\,\mathbf{R}}{r^3}\gamma.$$

$$= \cdots = (-1)^m \frac{1}{m!\,2^m}\int\limits_{-1}^{+1}(\xi^2 - 1)^m\,\frac{d^m P_n}{d\xi^m}\,d\xi$$

$$= (-1)^m \frac{1}{m!\,n!\,2^{n+m}}\int\limits_{-1}^{+1}(\xi^2 - 1)^m\,\frac{d^{n+m}(\xi^2 - 1)^n}{d\xi^{n+m}}\,d\xi.$$

Für $m > n$ verschwindet die $(n + m)$-te Ableitung im Integranden und damit das Integral, während für $m = n$ das Integral den Wert hat

$$(-1)^n \frac{2(n!\,2^n)^2}{(2n + 1)!}.$$

Legt man nun den Koordinaten-Nullpunkt in den Schwerpunkt, so ist $\boldsymbol{R} = 0$, und somit verschwindet auch das Dipolglied. In Punkten $\boldsymbol{r}$, deren Abstände vom Gravitations-Ladungsschwerpunkt so groß sind, daß die ganze Ladungsverteilung im Innern der durch $|\boldsymbol{r}|$ definierten Kugel um den Schwerpunkt liegt, hat das Potential also die Form

$$\Phi(\boldsymbol{r}) = -\frac{\gamma}{r} - \frac{1}{r^3}\int \mu(\boldsymbol{r}')\, r'^2\, P_2(\cos\Theta)\, d\tau'$$
$$-\frac{1}{r^4}\int \mu(\boldsymbol{r}')\, r'^3\, P_3(\cos\Theta)\, d\tau' - \cdots \quad (11.11)$$

Für *zentralsymmetrische* Ladungsverteilungen $\mu(\boldsymbol{r}') = \mu(r')$ vereinfachen sich die Formeln beträchtlich. In Gl. (11.11) verschwinden alle Glieder bis auf das erste; denn wählt man als Polarkoordinaten r', Θ und φ', wobei φ' der Azimutalwinkel um die Richtung $\boldsymbol{r}'/r'$ ist, so ist nach (11.7)

$$\int \mu(r')\, r'^m\, P_n(\cos\Theta)\, d\tau' = 2\pi \int_0^r \mu(r')\, r'^{m+2}\, dr' \times$$
$$\times \int_\pi^0 P_n(\cos\Theta)\, d(\cos\Theta) = 0, \quad n \neq 0. \quad (11.12)$$

Wir haben somit den

Satz 11.1: Eine zentralsymmetrische Verteilung der Gravitations-Ladung erzeugt in ihrem Äußeren dasselbe Potential, das ein im Symmetriezentrum (= Schwerpunkt) befindlicher punktartiger Körper derselben Gesamtladung erzeugen würde.

Für Punkte $\boldsymbol{r}$ innerhalb der zentralsymmetrischen Ladungsverteilung fallen zwar auch, wie (11.12) zeigt, die höheren Glieder der Entwicklung (11.10a, b) weg, aber die verbleibenden Integrale sind selbst Funktionen von r

$$\Phi(r) = -\frac{4\pi}{r}\left\{\int_0^r \mu(r')\, r'^2\, dr' + r\int_r^\infty \mu(r')\, r'\, dr'\right\}. \quad (11.13)$$

Ist die zentralsymmetrische Ladungsverteilung *homogen*, d. h. ist $\mu(r) = \mu_0 =$ const. für $r < R$ und $\mu = 0$ für $r > R$, so geht (11.13) über in

(11.14)

$$\Phi(r) = \begin{cases} -\dfrac{4\pi\mu_0}{r}\displaystyle\int_0^R r'^2\, dr' = -\dfrac{4\pi}{3}R^3\mu_0\dfrac{1}{r} = -\dfrac{\gamma}{r} & \text{für } r > R \\[2ex] -\dfrac{4\pi\mu_0}{r}\left\{\displaystyle\int_0^r r'^2\, dr' + r\int_r^R r'\, dr'\right\} = -\dfrac{\gamma}{R}\left[\dfrac{3}{2} - \dfrac{1}{2}\dfrac{r^2}{R^2}\right] & \text{für } r < R. \end{cases}$$

Die Beschleunigung $\boldsymbol{b}(r)$ erhält man daraus, wie (11.2) zeigt, durch

Gradientenbildung, d. h. durch partielle Differentiation nach den Koordinaten, vgl. (5.7b). Potential und r-Komponente der Beschleunigung einer homogenen zentralsymmetrischen Ladungsverteilung (θ- und φ-Komponente verschwinden) sind in Fig. B8 wiedergegeben. Ein Körper, der sich im Äußeren wie im Inneren einer solchen Ladungsverteilung frei bewegen kann, beschreibt also eine Bahn, die im Außenbereich ein Stück einer Kepler-Ellipse ist mit dem Symmetriezentrum als einem Brennpunkt und im Inneren der Kugel ein Stück einer Oszillator-Ellipse (§ 3.d), die sich von der Kepler-Ellipse dadurch unterscheidet, daß das Beschleunigungszentrum sich im Mittelpunkt der Ellipse befindet und nicht, wie bei der Kepler-Ellipse, in einem Brennpunkt. Die einzelnen Stücke der jeweiligen Ellipsen kann man bestimmen durch Ausnutzung der Tatsache, daß das Integral A sowohl als das Integral f einen vorgegebenen Wert haben.

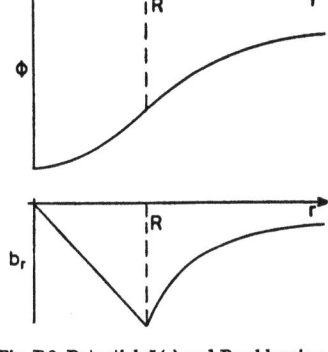

Fig. B8. Potential $\Phi(r)$ und Beschleunigung $b_r(r)$ einer homogenen kugelsymmetrischen Verteilung der Gravitations-Ladung

Das Potential $\Phi(r)$ einer beliebigen Ladungsverteilung $\mu(r)$ genügt einer Differentialgleichung, die in der Physik eine große Rolle spielt, der Poisson-Gleichung

$$\nabla^2 \Phi(r) = 4\pi \mu(r); \qquad (11.15)$$

dabei ist das Symbol ∇^2 eine Abkürzung für den linearen Differential-Operator zweiter Ordnung[1]

$$\nabla^2 = \frac{\partial^2}{\partial x^2} + \frac{\partial^2}{\partial y^2} + \frac{\partial^2}{\partial z^2}. \qquad (11.15\text{a})$$

Zum Beweis der Gleichung (11.15) gehen wir aus von der Bemerkung, daß

$$\nabla^2 \frac{1}{|r-r'|} = \left(\frac{\partial^2}{\partial x^2} + \frac{\partial^2}{\partial y^2} + \frac{\partial^2}{\partial z^2}\right) \frac{1}{\sqrt{(x-x')^2 + (y-y')^2 + (z-z')^2}} = 0$$

außer an der Stelle $r = r'$, wo die Funktion $1/|r-r'|$ gar nicht differenzierbar ist. Beschränkt man sich mit dem Vektor r also auf Gebiete, in denen $\mu(r) = 0$ ist, so läßt sich der Operator ∇^2 auf (11.3) anwenden, und man erhält

$$\nabla^2 \Phi = 0 \text{ an allen Stellen } r, \text{ an denen } \mu(r) = 0. \qquad (11.16)$$

---

[1] Oftmals findet man statt ∇^2 auch die Bezeichnung Δ für den Differential-Operator (11.15a).

Der Spezialfall (11.16) der Poisson-Gleichung (11.15) heißt auch die Laplace-Gleichung. Wir betrachten nun eine Stelle r_0, an der $\mu(r_0) = \mu_0 \neq 0$; dann ist $\mu(r)$ als stetige Funktion auch noch in einer gewissen Umgebung von r_0 von Null verschieden. Wir teilen nun den ganzen Raum in zwei Gebiete: in das Innere $\mathfrak{K}$ einer Kugel vom Radius ε um r_0 und das Äußere $\mathfrak{K}'$ dieser Kugel. Bezeichnet dann $\Phi_\mathfrak{K}$ das Potential, das von einer Ladungsverteilung erzeugt wird, die im Inneren $\mathfrak{K}$ der Kugel mit der vorgegebenen Verteilung $\mu(r)$ übereinstimmt, im Äußeren $\mathfrak{K}'$ aber Null ist, und $\Phi_{\mathfrak{K}'}$ entsprechend das Potential, das erzeugt wird von einer Ladungsverteilung, die in $\mathfrak{K}'$ mit $\mu(r)$ übereinstimmt, in $\mathfrak{K}$ aber Null ist, so gilt

$$\Phi(r) = \Phi_\mathfrak{K}(r) + \Phi_{\mathfrak{K}'}(r).$$

Da ∇^2 ein linearer Operator ist, hat man

$$\nabla^2 \Phi = \nabla^2 \Phi_\mathfrak{K} + \nabla^2 \Phi_{\mathfrak{K}'}.$$

Beschränken wir uns nun auf Punkte r im Inneren $\mathfrak{K}$ der Kugel, so ist nach (11.16) $\nabla^2 \Phi_{\mathfrak{K}'} = 0$, da die $\Phi_{\mathfrak{K}'}$ erzeugende Ladungsverteilung in $\mathfrak{K}$ verschwindet. Somit ist

$$\nabla^2 \Phi(r) = \nabla^2 \Phi_\mathfrak{K}(r) \quad \text{für alle Stellen } r \in \mathfrak{K}.$$

Nun kann aber, wenn der Radius ε der Kugel nur hinreichend klein gewählt wird, das Potential $\Phi_\mathfrak{K}(r)$ für $|r - r_0| < \varepsilon$ mit jeder beliebigen Genauigkeit approximiert werden durch das Potential einer mit der Ladungsdichte $\mu_0 = \mu(r_0)$ homogen geladenen Kugel, d. h. nach (11.14) durch die Funktion

$$-\frac{4\pi}{3} \mu_0 \varepsilon^2 \left[\frac{3}{2} - \frac{1}{2} \frac{(r-r_0)^2}{\varepsilon^2} \right] = \frac{2\pi}{3} \mu_0 (r-r_0)^2 - 2\pi \mu_0 \varepsilon^2,$$
$$|r - r_0| < \varepsilon \to 0.$$

Somit ist

$$\nabla^2 \Phi_\mathfrak{K}(r_0) = \frac{2\pi}{3} \mu_0 [\nabla^2 (r - r_0)^2]_{r=r_0} = 4\pi \mu_0 = 4\pi \mu(r_0).$$

Da r_0 beliebig war, ist dies genau die Aussage von Gl. (11.15).

Ein Rückblick über die Ausführungen dieses Paragraphen zeigt, daß an keiner Stelle $\mu(r) \geq 0$ benutzt wurde; daher bleiben die Ergebnisse auch dann gültig, wenn $\mu(r)$ beiderlei Vorzeichen hat, ein Fall, der in der Elektrostatik vorliegt.

Auf den ersten Blick mag es scheinen, als habe man mit der Bemerkung, daß das durch Gl. (11.3) bereits explizite bekannte Potential $\Phi(r)$ auch Lösung einer Differentialgleichung ist, nicht viel gewonnen; denn eine Differentialgleichung besitzt viele Lösungen, und es ist oft gar nicht einfach, eine gerade interessierende spezielle darunter aufzufinden. Im Fall der Poisson-Gleichung (11.15) läßt sich aber die Lösung (11.3) tatsächlich durch einfache Randbedingungen festlegen (vgl. Anhang I, Bd. Ia).

§ 12 Die Bewegung ausgedehnter Körper in einem Gravitationsfeld
(orientierende Betrachtungen zum Phänomen der Gezeiten)

Bislang beschäftigten wir uns mit der Frage nach dem Gravitationsfeld, das ein ausgedehnter Körper oder genauer, eine vorgegebene Verteilung $\mu(r)$ der γ-Dichte erzeugt. Wir betrachten nun umgekehrt das Gravitationsfeld als gegeben und fragen danach, wie sich ein ausgedehnter Körper in diesem Feld bewegt. Daß diese Frage eine nichttriviale Antwort besitzt, zeigt bereits eine sehr einfache Bemerkung. Betrachten wir nämlich statt eines zusammenhängenden Körpers eine bestimmte Anordnung punktartiger Körper in einem vorgegebenen Gravitationsfeld $\boldsymbol{b}(r)$, so lauten die Bewegungsgleichungen, wenn wir die Gravitations-Ladungen γ_k der Körper k als so klein annehmen, daß ihre Gravitations-Wechselwirkung untereinander vernachlässigt werden kann,

$$\frac{d^2 r_k}{dt^2} = \boldsymbol{b}(r_k), \quad k=1,\ldots,n.$$

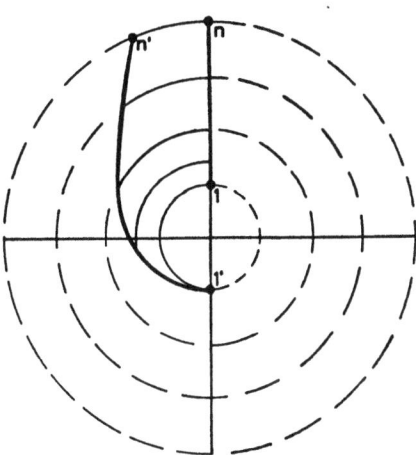

Fig. B 9. Zeitliche Veränderung einer Anordnung wechselwirkungsfreier Körper, die sich auf Kepler-Kreisen bewegen. Eine zur Zeit $t = 0$ radiale Anordnung hat zur Zeit $t = T/2$ die eingezeichnete Form ($1'\ldots n'$), $T =$ Umlaufzeit des innersten Körpers 1

Die geometrische Anordnung bleibt nun bei der Bewegung sicher dann erhalten, wenn die Abstandsvektoren r_{ik} Integrale der Bewegung sind; dann muß auch

$$\frac{d^2 r_{ik}}{dt^2} = \frac{d^2(r_i - r_k)}{dt^2} = \boldsymbol{b}(r_i) - \boldsymbol{b}(r_k) = 0$$

sein. Wenn dies für jedes beliebige Paar von Ortsvektoren r_i, r_k

gelten soll, muß **b** unabhängig vom Ort, das Gravitationsfeld also *homogen* sein. Ist umgekehrt **b** homogen, so bleibt bei geeigneten Anfangsbedingungen auch die geometrische Anordnung der Körper erhalten. Eine Inhomogenität des Gravitationsfeldes **b**(r) bewirkt somit im allgemeinen eine „Verzerrung" der geometrischen Anordnung der Körper. Fig. B 9 zeigt ein Beispiel einer derartigen Verzerrung einer zur Zeit $t = 0$ radialen Anordnung wechselwirkungsfreier punktartiger Körper, die im Kepler-Feld Kreise beschreiben.

Ein Agglomerat punktartiger Körper würde bei Bewegung in einem Gravitationsfeld im allgemeinen also auseinanderlaufen. Da die zusammenhängenden Körper unserer Erfahrung dies nicht tun, können ihre punktartigen Teile somit nicht allein der Bewegung folgen, die das lokale Gravitationsfeld ihnen vorschreibt. Die Bewegung jedes Teiles eines solchen Körpers wird außerdem noch von der „Bindung" an die anderen Teile bestimmt. Wir unterscheiden daher sorgfältig zwischen der Beschleunigung $\ddot{r}$, die ein punktartiger Teilkörper eines ausgedehnten Körpers wirklich erfährt — man erhält sie aus der Bahn, die der Teilkörper beschreibt — und der Beschleunigung **b**(r), die der Teilkörper zeigen würde, wenn er sich *frei*, d. h. ohne Bindung an die anderen Teilkörper, im Gravitationsfeld **b**(r) bewegen würde. Die Differenz

$$\boldsymbol{\beta}(r) = \ddot{r} - \boldsymbol{b}(r) = \ddot{r} + \text{grad } \Phi(r) \qquad (12.1)$$

ist dann ein Maß für die momentane Abweichung der wirklichen Bewegung des Teilkörpers von seiner freien Bewegung im Gravitationsfeld. Eine *freie Bewegung* ist definiert durch $\boldsymbol{\beta}(r) = 0$.

Betrachten wir als einfachsten ausgedehnten Körper eine Hantel, die aus zwei punktartigen Teilkörpern 1 und 2 besteht, die an den Enden einer Stange angebracht sind; die Verbindungsstange habe zunächst keine weitere Eigenschaft als die, die beiden punktartigen Teilkörper in einem festen Abstand zu halten. Die Frage, wie sich eine solche Hantel bewegt, wenn sie sich in einem nicht-homogenen Gravitationsfeld befindet, ist ohne weitere dynamische Informationen über die Hantel nicht zu beantworten. Die Sachlage vereinfacht sich aber, wenn wir die beiden Körper 1 und 2 als „mechanisch gleich" voraussetzen (wie es bei einer symmetrischen Hantel der Fall ist). Dann ist es wegen der Symmetrie naheliegend anzunehmen, daß beide Körper in gleicher Weise zur Bewegung der Hantel beitragen, oder anders formuliert, daß die Abweichungen $\boldsymbol{\beta}(r_1)$ und $\boldsymbol{\beta}(r_2)$ der beiden Körper 1 und 2 die Relation erfüllen (Fig. B 10)

$$\boldsymbol{\beta}(r_1) + \boldsymbol{\beta}(r_2) = 0. \qquad (12.2)$$

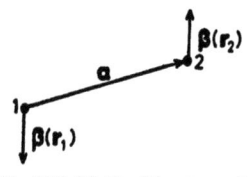

Fig. B 10. Die Beschleunigung der beiden Enden einer symmetrischen Hantel im Gravitationsfeld

Setzt man hierin (12.1) ein, so erhält man

$$\frac{d^2}{dt^2}\left(\frac{r_1+r_2}{2}\right) = \frac{1}{2}\left[\boldsymbol{b}(r_1) + \boldsymbol{b}(r_2)\right].$$

Der Schwerpunkt $r_s = (r_1 + r_2)/2$ der Hantel bewegt sich daher so, als erfahre er das arithmetische Mittel der auf die beiden Teilkörper ausgeübten Beschleunigungen. Dieses Mittel ist bei endlicher Hantel-Länge im allgemeinen wohl zu unterscheiden von der Beschleunigung $\boldsymbol{b}(r_s)$, die ein punktartiger Körper erfahren würde, der sich an der Stelle des Schwerpunktes befände und sich frei bewegen würde. Entwickelt man nach TAYLOR, so erhält man ($r_2 - r_1 = \boldsymbol{a}$, $r_1 = r_s - \frac{1}{2}\boldsymbol{a}$, $r_2 = r_s + \frac{1}{2}\boldsymbol{a}$)

(12.3)
$$\boldsymbol{b}(r_1) = \boldsymbol{b}(r_s) - \frac{1}{2}(\boldsymbol{a}\,\mathrm{grad}_s)\,\boldsymbol{b}(r_s) + \frac{1}{2!}\frac{1}{2^2}(\boldsymbol{a}\,\mathrm{grad}_s)(\boldsymbol{a}\,\mathrm{grad}_s)\,\boldsymbol{b}(r_s) + \cdots$$
$$\boldsymbol{b}(r_2) = \boldsymbol{b}(r_s) + \frac{1}{2}(\boldsymbol{a}\,\mathrm{grad}_s)\,\boldsymbol{b}(r_s) + \frac{1}{2!}\frac{1}{2^2}(\boldsymbol{a}\,\mathrm{grad}_s)(\boldsymbol{a}\,\mathrm{grad}_s)\,\boldsymbol{b}(r_s) + \cdots$$

Somit ist

$$\frac{1}{2}[\boldsymbol{b}(r_1) + \boldsymbol{b}(r_2)] = \boldsymbol{b}(r_s) + \frac{1}{8}(\boldsymbol{a}\,\mathrm{grad}_s)(\boldsymbol{a}\,\mathrm{grad}_s)\,\boldsymbol{b}(r_s) + \cdots$$

Ist $\boldsymbol{a}$ hinreichend klein, so daß man nur die in $\boldsymbol{a}$ linearen Glieder mitzunehmen braucht, so bewegt sich der Schwerpunkt in der Tat wie ein freier nur der Gravitation unterworfener Körper. In derselben Näherung erhält man aus (12.1) bis (12.3)

$$\boldsymbol{\beta}(r_1) = -\boldsymbol{\beta}(r_2) = \ddot{r}_s - \frac{1}{2}\ddot{\boldsymbol{a}} - \boldsymbol{b}(r_s) + \frac{1}{2}(\boldsymbol{a}\,\mathrm{grad}_s)\,\boldsymbol{b}(r_s),$$

oder da, wie wir eben gesehen haben, in der betrachteten Näherung $\boldsymbol{\beta}(r_s) = \ddot{r}_s - \boldsymbol{b}(r_s) = 0$ ist,

$$\boldsymbol{\beta}(r_1) = -\boldsymbol{\beta}(r_2) = \frac{1}{2}\{(\boldsymbol{a}\,\mathrm{grad}_s)\,\boldsymbol{b}(r_s) - \ddot{\boldsymbol{a}}\}. \qquad (12.4)$$

Nun ist das Skalarprodukt $\boldsymbol{\beta}(r_1)\dfrac{\boldsymbol{a}}{a}$ proportional der auf die Hantelstange ausgeübten Zugspannung, so daß gilt

$$\text{Zugspannung} \sim (\boldsymbol{a}\,\mathrm{grad}_s)\left(\frac{\boldsymbol{a}}{a}\,\boldsymbol{b}(r_s)\right) - \frac{\boldsymbol{a}}{a}\ddot{\boldsymbol{a}}. \qquad (12.5)$$

Eine negative Zugspannung ist eine Druckspannung.

Als Beispiel betrachten wir zwei spezielle Bewegungen der Hantel in zwei Typen von Beschleunigungsfeldern, nämlich einmal im „Oszillator-Feld" $\varPhi = \frac{1}{2}\omega^2 r^2$ und zum anderen im Kepler-Feld $\varPhi = -\dfrac{\gamma}{r}$. Die beiden Bewegungen seien: 1. Die Hantel falle auf das

Beschleunigungszentrum zu derart, daß ihre Verbindungsstange in Fallrichtung zeigt, und 2. sie bewege sich in einem Kreis mit der Winkelgeschwindigkeit ω um das Beschleunigungszentrum S derart,

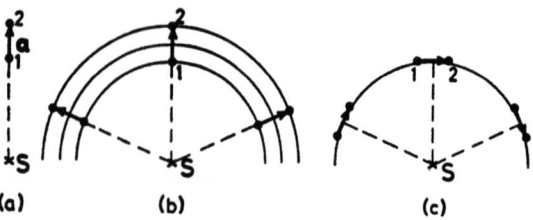

Fig. B11. Spezielle Bewegungen einer Hantel im zentralsymmetrischen Gravitationsfeld

daß ihre Verbindungsstange einmal in jedem Augenblick auf das Beschleunigungszentrum S zeige und zum zweiten tangential weise. [Fig. B11 (a) (b) (c)]. Zunächst hat man in den betrachteten Fällen

(a) $\quad \ddot{\boldsymbol{a}} = 0,$

(b) $\quad \ddot{\boldsymbol{a}} = \ddot{\boldsymbol{r}}_2 - \ddot{\boldsymbol{r}}_1 = [\ddot{r}_2 - \ddot{r}_1 - r_2\,\dot{\varphi}_2^2 + r_1\,\dot{\varphi}_1^2]\left(\dfrac{\boldsymbol{r}}{r}\right)_s$

$\quad\quad = -(r_2 - r_1)\,\omega^2\left(\dfrac{\boldsymbol{r}}{r}\right)_s = -a\,\omega^2\left(\dfrac{\boldsymbol{r}}{r}\right)_s,$

(c) $\quad \ddot{\boldsymbol{a}} = \ddot{\boldsymbol{r}}_2 - \ddot{\boldsymbol{r}}_1 = 0.$

Wegen der Zentralsymmetrie des Gravitationsfeldes ist

$$\boldsymbol{b}(r) = -\operatorname{grad}\Phi(r) = -\dfrac{d\Phi}{dr}\left(\dfrac{\boldsymbol{r}}{r}\right).$$

Somit hat (12.5) in den beiden Fällen (a) und (b) die Form

$$\text{Zugspannung} \sim -a\,\dfrac{d}{dr_s}\left(\dfrac{d\Phi}{dr_s}\right) - \left(\dfrac{\boldsymbol{r}}{r}\right)_s \ddot{\boldsymbol{a}}, \qquad (12.5')$$

während im Fall (c) alle Glieder von (12.5) verschwinden. Im Fall (c) bewegt sich die Hantel also stets frei — was übrigens unmittelbar einleuchtet. Setzt man nun in (12.5′) die beiden Potentiale Φ_{Oszill} und Φ_{Kepler} ein, so erhält man im Fall

(a) Zugspannung $\sim \begin{cases} -a\,\omega^2 & \text{im Oszillator-Feld} \\ +\dfrac{2\gamma a}{r_s^3} & \text{im Kepler-Feld} \end{cases} \qquad (12.6)$

(b) Zugspannung $\sim \begin{cases} -a\,\omega^2 + a\,\omega^2 = 0 & \text{im Oszillator-Feld} \\ \dfrac{2\gamma a}{r_s^3} + a\,\omega^2 = \dfrac{3\gamma a}{r_s^3} & \text{im Kepler-Feld} \end{cases} \qquad (12.6')$

In der letzten Zeile haben wir benutzt, daß für eine freie Bewegung im Kepler-Feld Gl. (6.3) gilt, die wir für die Kreisbewegung auch in der Form schreiben können: $\omega^2 = 4\pi^2/T^2 = \gamma/r_s^3$.

Die Gleichungen (12.6) liefern das Resultat, daß im *Oszillatorfeld* die Hantel bei der Bewegung (a) eine ortsunabhängige Druckspannung erfährt, während sie sich in den Fällen (b) und (c) völlig frei bewegt. Im *Kepler-Feld* hingegen erfährt sie in beiden Fällen (a) und (b) eine der Inhomogenität des Kepler-Feldes proportionale Zugspannung, die bei der kreisförmigen Rotation nur um den Faktor $\frac{3}{2}$ größer ist als beim radialen Fall in Richtung auf das Beschleunigungszentrum.

Ist der Hantelstab ein elastischer Körper, der der Spannung nachgibt, so erfährt die Hantel im Kepler-Feld in den Fällen (a) und (b) also eine Dehnung, die der Inhomogenität des Gravitationsfeldes proportional ist. Dieser Effekt äußert sich bei den Himmelskörpern im Auftreten von Gezeiten. Ein simplifiziertes Modell eines kugelförmigen elastischen Körpers ist die in Fig. B 12 dargestellte ge-

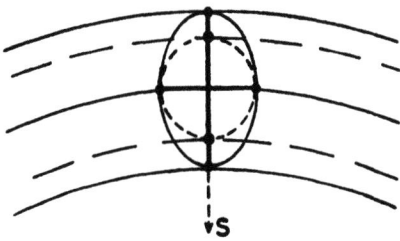

Fig. B12. Deformation einer elastischen gekreuzten Doppelhantel im Kepler-Feld, S = Beschleunigungszentrum

kreuzte Doppelhantel. Sind ihre Verbindungsstäbe elastisch, so zeigt sie bei der Bewegung im Gravitationsfeld eine Deformation, welche die entsprechende, in Fig. B 12 ebenfalls angedeutete Deformation der Kugel verständlich macht.

Da die Deformation nicht vom Gravitationsfeld selbst abhängt, sondern von seiner Inhomogenität, kann es passieren, daß die Hauptbeiträge der Beschleunigung eines Himmelskörpers einerseits und der Deformation, d. h. der Gezeiten, andererseits von verschiedenen Himmelskörpern herrühren. Ein schönes Beispiel hierfür bietet der Mond. Das Verhältnis der durch die Gravitationswirkung der Erde ausgeübten Beschleunigung des Mondes zu der Beschleunigung durch die Sonne ist gegeben durch

$$\frac{\gamma_E/r_{EM}^2}{\gamma_S/r_{SM}^2} = \frac{3{,}9 \cdot 10^{20} \frac{cm^3}{sec^2}}{(3{,}8)^2 \cdot 10^{20} cm^2} \frac{(1{,}5)^2 \cdot 10^{26} cm^2}{1{,}3 \cdot 10^{26} \frac{cm^3}{sec^2}} \approx 0{,}4 \,,$$

während das Verhältnis der Inhomogenität des Feldes der Erde zu dem der Sonne am Ort des Mondes den Wert hat

$$\frac{\gamma_E/r_{EM}^3}{\gamma_S/r_{SM}^3} = 0{,}4\,\frac{1{,}5\cdot 10^{13}\,\text{cm}}{3{,}8\cdot 10^{10}\,\text{cm}} \approx 160.$$

Die durch die Erde bewirkte Deformation des Mondes ist also ungefähr 160mal so groß wie die durch die Sonne bewirkte, während das Beschleunigungsfeld der Sonne am Ort des Mondes etwa doppelt so groß ist wie das von der Erde erzeugte. Dies erklärt z. B. die Tatsache, daß der Mond bei seinem Umlauf der Erde immer dieselbe Seite zuwendet[1]. Eine ähnliche Überlegung zeigt, daß auch das vom Mond erzeugte Gravitationsfeld am Ort der Erde eine größere (nämlich $160/82 \approx 2$fache) Inhomogenität besitzt wie das Gravitationsfeld der Sonne, so daß der Mond für die Gezeitenwirkung auf der Erde eine größere Rolle spielt als die Sonne. Der Effekt wird noch dadurch erhöht, daß der Schwerpunkt des Systems Erde-Mond im Inneren der Erde liegt. Dies bedingt, daß unsere Näherung verbessert werden muß; man hat in nächster Näherung ein 2-Körper-Problem zu lösen, bei dem der eine der beiden Körper eine Hantel ist.

§ 13 Die Bestimmung der Gravitationsfeld-erzeugenden Ladung eines Körpers

Die Newtonsche Gravitationstheorie ordnet, wie wir gesehen haben, jedem Körper eine charakteristische Konstante γ, seine Gravitations-Ladung, zu von der Dimension (Länge)^3/(Zeit)^2. Diese Konstante wird aus Bewegungen anderer Körper gewonnen. Sie beschreibt die „Stärke" des von dem betreffenden Körper erzeugten Gravitationsfeldes und kennzeichnet den (punktartigen) Körper innerhalb der Gravitationstheorie vollständig. Zwei punktartige Körper, für die γ denselben Wert hat, sind „Gravitations-äquivalent", das heißt, sie können einander substituieren, ohne daß an den Gravitationsbewegungen, an denen sie beteiligt sind, etwas geändert würde.

---

[1] Eine schnellere Drehung um die eigene Achse wurde, falls sie vorhanden war, gebremst; denn die starke Deformation des Mondes in Richtung der Erde transformiert solange Rotations-Energie in Wärme-Energie, bis die Winkelgeschwindigkeit der Eigendrehung mit der des Umlaufs um die Erde übereinstimmt. Bei der Erde, für die eine analoge Überlegung gilt, ist dieser Endzustand noch lange nicht erreicht. Die heutige Verminderung der Winkelgeschwindigkeit der Erdeigendrehung infolge der durch Mond und Sonne bewirkten Gezeiten entspricht einer Verlängerung des Tages um 1 sec in 10^5 Jahren.

Es erhebt sich somit das Problem, für jeden einzelnen aufgewiesenen Körper den Wert seiner Gravitations-Ladung γ zu bestimmen. Bei den Himmelskörpern lassen sich, wie wir gesehen haben, die γ-Werte aus den Bahndaten der sie umkreisenden Satelliten gewinnen. So konnte die Gravitations-Ladung γ_E der Erde aus der Bewegung des Mondes sowohl als auch aus der Beobachtung frei fallender Körper an der Erdoberfläche bestimmt werden. Letzteres ist indessen weniger trivial als es auf den ersten Blick scheint, da bei irdischen Bewegungen stets Reibungseffekte auftreten, deren Elimination bei etwas höheren Genauigkeitsansprüchen oftmals recht schwierig ist. Diese Tatsache macht insbesondere die Bestimmung der γ-Werte der uns umgebenden irdischen Körper zu einem experimentellen Kunststück. Das historisch erste erfolgreiche Experiment, mit dem die Gravitations-Ladung eines irdischen Körpers gemessen wurde, wurde 1789 von CAVENDISH unternommen. Es beruht auf folgender Anordnung (Fig. B 13). An einem Draht wird eine Hantel

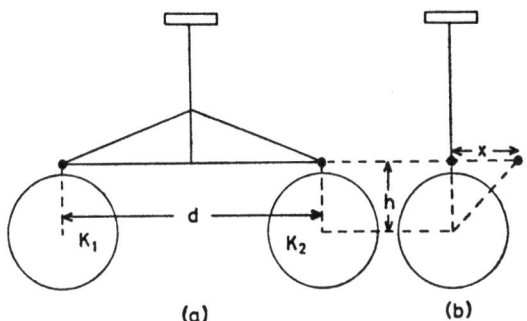

Fig. B 13. Prinzip der Drehwaage von CAVENDISH.
a) = Seitenansicht, b) = Frontansicht

aufgehängt, die aus einem sehr leichten Stab besteht, der an seinen Enden zwei gleiche Exemplare eines kleinen schweren Körpers, z. B. eines Kügelchens aus Schwermetall, trägt. Die Anordnung führt nach leichtem Anstoß Torsionsschwingungen aus, deren seitliche Auslenkung x bei kleinen Amplituden durch eine Gleichung der Form

$$\ddot{x} + 2a\dot{x} + \omega_0^2 x = 0 \tag{13.1}$$

beschrieben wird. Aus der Beobachtung der freien gedämpften Schwingung lassen sich die Frequenz ω_0 wie auch die Dämpfungskonstante a bestimmen (vgl. Aufgabe A5, Bd. Ia). Nachdem dies geschehen ist, wird unter die Ruhlage jedes der beiden Kügelchen ein Exemplar eines schweren kugelförmigen Körpers gebracht, dessen γ-Wert bestimmt werden soll. Ist h der Abstand des Mittelpunktes der schweren Kugel von der Ruhlage des Hantelendes, so hat, wie man der Fig. B 13 b entnimmt, das von der schweren Kugel am Ort des zugehörigen Hantelendes erzeugte Gravitationspotential den Wert ($x \ll h$)

$$-\frac{\gamma}{\sqrt{h^2+x^2}} \approx -\frac{\gamma}{h}\frac{1}{1+\frac{1}{2}\left(\frac{x}{h}\right)^2} \approx -\frac{\gamma}{h}\left[1-\frac{1}{2}\left(\frac{x}{h}\right)^2\right];$$

dabei ist γ die (unbekannte) Gravitations-Ladung der schweren Kugel. Die x-Komponente der Beschleunigung, die infolge des Gravitationsfeldes der schweren Kugel *zusätzlich* auf jedes der beiden Hantelenden ausgeübt wird, ist somit gegeben durch

$$-\frac{\partial}{\partial x}\left[-\frac{\gamma}{h}\left(1-\frac{1}{2}\frac{x^2}{h^2}\right)\right] = -\frac{\gamma}{h^3}x. \qquad (13.2)$$

Ist schließlich der Abstand d der beiden schweren Kugeln groß gegen den Abstand h, so kann man die Gravitationswirkung der Kugel $K1$ auf das Hantelende 2 vernachlässigen [die Beschleunigung ist rund um den Faktor $(h/d)^3$ kleiner als (12.2)] und ebenso die Wirkung von $K2$ auf 1. Nachdem die schweren Kugeln unter die Hantel gebracht worden sind, erfahren die Hantelenden die zusätzliche Beschleunigung (12.2), und somit befolgen die Torsionsschwingungen der Hantel die Gleichung

$$\ddot{x} + 2a\dot{x} + \Omega^2 x = 0, \quad \Omega = \sqrt{\omega_0^2 + \frac{\gamma}{h^3}} \approx \omega_0 + \frac{\gamma}{2\omega_0 h^3},$$

wenn $\gamma/h^3 \ll \omega_0^2$ (was praktisch immer zutrifft). Da ω_0 und h bekannt sind, erlaubt die Beobachtung der neuen Frequenz Ω also, den γ-Wert der schweren Kugel zu bestimmen.

In der dynamischen Beschreibung der Bewegung eines Körpers (vgl. Kapitel C, § 15), tritt in der Newtonschen Mechanik als charakteristische, dem Körper zugeordnete Konstante seine (träge) *Masse m* auf. Diese kann z. B. durch irdische Stoß-Experimente relativ einfach und genau bestimmt werden. Wir werden sehen (§ 15), daß die Eigenschaft eines Gravitationsfeldes ein *Beschleunigungsfeld* zu sein, zusammen mit dem Newtonschen Postulat der allgemeinen Gravitation in Form der Gl. (8.1) notwendig zur Folge hat, daß die Gravitations-Ladung γ eines Körpers und seine Masse m streng proportional sind

$$\gamma = \Gamma m; \qquad (13.3)$$

die Konstante Γ heißt die „universelle Gravitations-Konstante". Da, wie wir sagten, die Massen m der irdischen Körper einfach zu bestimmen und daher wohlbekannt sind, erlaubt das Experiment von CAVENDISH die Messung von Γ. Es ergibt sich

$$\Gamma = 6{,}7 \cdot 10^{-8} \frac{\text{cm}^3}{\text{g sec}^2}. \qquad (13.4)$$

Die Gleichungen (13.3) und (13.4) erlauben also, den γ-Wert eines Körpers zu berechnen, wenn seine Masse m bekannt ist, oder umgekehrt seine Masse, wenn sein γ-Wert bekannt ist.

Wir erwähnen schließlich noch, daß statt der Gravitations-Ladung γ eines Körpers manchmal — insbesondere in Darstellungen der Einsteinschen Gravitationstheorie — eine für den Körper charakteristische Länge a, sein Gravitationsradius, angegeben wird. Man erhält ihn dadurch, daß man von der Konstanten γ das Quadrat einer universellen Geschwindigkeit abspaltet. Da die Lichtgeschwindigkeit eine solche universelle Geschwindigkeit ist, schreibt man

$$\gamma = c^2 a.$$

Der Gravitationsradius a eines Körpers ist also nichts als ein Synonym für seinen γ-Wert, d. h. ein Maß für die Stärke des von dem Körper erzeugten Gravitationsfeldes. Da $c = 3 \cdot 10^{10}$ cm/sec, hat der Gravitationsradius der Erde den Betrag $a_E = 0,45$ cm, der der Sonne nach (6.5)

$$a_S = 1,46 \cdot 10^5 \text{ cm} = 1,46 \text{ km}.$$

C. Elementare Dynamik

Neben der Kinematik und der Gravitationstheorie haben NEWTONs „Principia" die Physik noch um einen weiteren Begriffskomplex erweitert, die Dynamik. Sie erwies sich als besonders fruchtbar und ausdehnungsfähig. Allerdings ist NEWTONs Darstellung der Dynamik in der die Begriffe „Kraft" und „Masse" die zentrale Rolle spielen, so eng mit der Gravitationstheorie verknüpft, daß es schwer ist, in ihr die grundlegenden Charakteristika der dynamischen Beschreibung des Bewegungsvorganges klar zu erkennen. In der Tat brachte auch erst der Neuaufbau der Mechanik durch EINSTEIN volle Klarheit über das, was Dynamik eigentlich ist.

Die *Kinematik* beschreibt, wie wir gesehen haben, die Bewegung eines Körpers als eine Aufeinanderfolge räumlich-geometrischer Lagen. Typisch für die *Dynamik* ist nun, daß sie denselben Vorgang so beschreibt, daß der Körper im Laufe der Bewegung bestimmte „physikalische Größen" von anderen Körpern — oder allgemeiner von anderen „Systemen" — aufnimmt oder an diese abgibt. Wesentlich für die Dynamik ist daher der Begriff der *austauschbaren Größe*. Im Teil „Allgemeine Dynamik" werden wir dies genauer und in größerer Allgemeinheit auseinandersetzen. Hier beschränken wir uns auf die elementare dynamische Beschreibung der Bewegung punktartiger Körper. Die fundamentalen Größen, deren Aufnahme und Abgabe, kurz deren *Austausch* die Bewegung regeln, sind Impuls und Energie; später tritt zu ihnen noch der Drehimpuls hinzu. Der Austausch dieser Größen ist deshalb von so einfacher Natur, weil sie universellen Erhaltungssätzen genügen.

§ 14 Austauschbare Größen, Erhaltungssätze, der Hauptsatz

Der Begriff der *austauschbaren Größe* ist einer der elementarsten und zugleich wirkungsvollsten Begriffe, die der Mensch zur Beschreibung vieler Operationen und Vorgänge mit und in seiner Umwelt entwickelt hat. Die Operationen, um die es sich dabei handelt, sind vor allem die des Gebens und Nehmens und im Zusammenhang damit auch die des „Besitzens". Beim Geben und Nehmen, kurzum beim Austauschen materieller Gegenstände, hat es einen klaren Sinn vom Doppelten, Dreifachen, allgemein von einem beliebigen Mehrfachen des Ausgetauschten zu sprechen. Alles Austauschbare hat mengenartigen oder quantitativen Charakter. Dies bedeutet, daß es wohldefinierte Operationen gibt, die in bezug auf die austauschbaren Objekte die Eigenschaften der mathematischen *Addition* haben und somit durch die Addition dargestellt werden können.

Nun sind die vertrautesten elementaren Austausch-Prozesse von einem besonderen Charakter, nämlich dem, einem Erhaltungssatz zu genügen: Wenn ein austauschbares Objekt nicht mehr Besitz eines „Subjektes" ist, dann gibt es stets ein anderes Subjekt, welches das fragliche Objekt in seinem Besitz hat. Eine solche Aussage ist selbstverständlich ein Erfahrungssatz, denn ob ein Objekt diesem Satz genügt oder nicht, kann nur die Erfahrung lehren. Allerdings hat eine hinreichend oftmalig und vor allem unbewußt wiederholte Erfahrung die Tendenz, sich so sehr zu festigen, daß sie leicht für mehr als bloße Erfahrung gehalten wird, insbesondere dann, wenn die Erfahrung mit Sicherheit bei allen anderen Menschen auch vorausgesetzt werden kann und die Berufung auf sie daher widerspruchslos Anerkennung findet. Wenn in einer Gesellschaft jemand feststellt, daß seine Geldbörse, die er einen Moment zuvor noch in der Tasche hatte, fehlt, so schließt er, daß der ihm fehlende Geldbetrag nunmehr im Besitze eines oder mehrerer anderer Mitglieder der Gesellschaft sein muß, und er darf ungestraft behaupten, daß in dieser Gesellschaft Taschendiebe seien — obwohl vielleicht weder er noch irgendein anderes Mitglied vorher jemals dieselbe Erfahrung gemacht haben. Auf Grund einer tausendfach wiederholten Erfahrung wissen einfach alle, daß materielle Objekte, wie Geldstücke, über nicht zu lange Zeiträume hinweg einem Erhaltungssatz genügen: Was dem einen abgenommen wird, muß ein anderer (oder mehrere andere) bekommen haben, nicht mehr und nicht weniger.

Größen, die einem Erhaltungssatz genügen, besitzen Mengencharakter und sind ihrer Natur nach austauschbar. Keineswegs aber genügt jede austauschbare Größe einem Erhaltungssatz. Die Austauschbarkeit ist als Begriff unabhängig vom Begriff des Erhaltungssatzes. Auch hierfür lassen sich viele Beispiele anführen. Daß eine begriffliche Unabhängigkeit zwischen Austauschbarkeit und Erhaltung besteht, ist der menschlichen Phantasie seit langem aufgegangen und wird in besonders schöner und klarer Weise in manchen Märchen demonstriert, wie dem Märchen vom Goldesel oder vom Topf, der ständig Hirsebrei kocht. Der Goldesel vermehrt das Geld eines Einzelnen, ohne anderen Geld zu entziehen. Man braucht den Begriff des Geldes nur etwas weiter zu fassen, um die begriffliche Möglichkeit, die der Goldesel darstellt, zu realisieren. Versteht man unter Geld nämlich nicht nur die Geldstücke oder Scheine, die man in die Tasche stecken kann, sondern alles, was man in jene Scheine „umwandeln", d. h. wieder gegen die Scheine *austauschen* kann, wie Besitz an Grund und Boden, an Häusern, Wertgegenständen, potentiellen Arbeits- oder Dienstleistungen etc., so kann der Besitz eines Einzelnen in der Tat erhöht werden, ohne daß anderen etwas verloren geht. Als Beispiel betrachte man nur den Fall der plötzlichen Werterhöhung eines Grundbesitzes dadurch, daß er zu Bauland erklärt wird, oder den Fall einer Börsenhausse einer bestimmten Aktie, oder ähnliches mehr.

Man sieht, das Beschreibungsverfahren der Dynamik ist formal von sehr einfacher Natur: Die Welt wird eingeteilt in „Subjekte", zwischen denen „Objekte" ausgetauscht werden. Die Subjekte werden wir in Zukunft *Systeme* nennen und die austauschbaren Objekte *Größen*. Da nun im Hinblick auf die durch dieses Verfahren beschriebenen Prozesse von einem Subjekt nichts weiter interessiert als die Menge, die es von den jeweiligen austauschbaren Größen abzugeben oder aufzunehmen imstande ist, kann ein Subjekt charakterisiert werden: 1. durch Angabe derjenigen Größen, die es überhaupt austauschen kann und 2. durch Angabe der Menge, die es von jeder dieser Größen abzugeben und gegebenenfalls aufzunehmen vermag. Dies ist das Prinzip der dynamischen Kennzeichnung physikalischer Systeme, was wir später (Band II. Allgemeine Dynamik) noch genauer auseinandersetzen werden. Das Geld als Austausch-Größe zwischen den Menschen als Subjekten ist ein vertrautes Beispiel dieser „dynamischen" Beschreibung der Wechselwirkung zwischen Systemen, und daher eignet es sich auch in besonderem Maße dazu, detailliertere Einzelheiten zu demonstrieren. So ist es wohlbekannt, daß das Geld, repräsentiert durch den papierenen Schein, in seiner Bedeutung in dem Maße stieg, wie es abstrakter und der Sammelbegriff für alle möglichen „Formen des Geldes" wurde, wie Grundbesitz, Besitz von Gegenständen, Besitz von besonderem Wissen oder

Kunstfertigkeiten etc. Zwei verschiedene Dinge heißen dabei zwei verschiedene „Formen einer Größe", wenn sie sich ineinander „umwandeln" lassen oder wieder: Wenn sie ausgetauscht oder, wie man auch sagt, im Austausch gegeneinander verrechnet werden können. Obwohl die Zusammenfassung verschiedener austauschbarer Größen zu verschiedenen Formen *einer* Größe oftmals eine das Verständnis erschwerende Abstraktion des Begriffes „Größe" bedeutet, können andererseits damit erhebliche Vorteile verbunden sein. So kann es z. B. gelingen, einen gestörten Erhaltungssatz auf diese Weise zu retten, nämlich dann, wenn für die umfassendere Größe wieder ein Erhaltungssatz gilt.

Zum Schluß erwähnen wir noch, daß der Begriff des Austausches keineswegs auf materielle Objekte und die aus ihnen abgeleiteten Abstrakta beschränkt ist. Die sprachliche Gewohnheit, auch vom Austausch von Erfahrungen oder Erlebnissen, allgemein von Information, zu sprechen, zeigt bereits, daß sich die dynamische Beschreibung auch auf andere Prozesse des menschlichen Handelns anwenden läßt — wenn es nur gelingt, den Mengencharakter des Ausgetauschten zu fixieren.

Nach diesen Erläuterungen kehren wir zurück zur dynamischen Beschreibung der Bewegung punktartiger Körper, die, wie wir schon sagten, durch zwei Größen beherrscht wird, die beide einem generellen Erhaltungssatz genügen. Die zentrale Aussage der Dynamik bewegter Körper ist nämlich die Behauptung, daß einem Körper in jedem Bewegungszustand, das heißt bei jeder Geschwindigkeit v, eindeutig ein Vektor p, sein Impuls, und ein Skalar ε, seine Energie, zugeordnet sind. Sie genügen dem folgenden

Hauptsatz: Wenn der Impuls oder die Energie eines Körpers eine Änderung erfährt, so kann dies nur dadurch geschehen, daß die Impuls- oder Energie-Differenz von einem anderen Körper oder allgemein von einem anderen „dynamischen System" aufgenommen oder an den Körper abgegeben werden, oder anders formuliert: Impuls und Energie können zwischen dynamischen Systemen nur *ausgetauscht*, nicht erzeugt oder vernichtet werden.

Dieser Austausch, der eine Vermehrung oder eine Verminderung des Betrages von Energie und Impuls sowie auch eine Änderung der Impulsrichtung bewirken kann, wird formal durch die mathematische Operation der Skalar- und Vektor-Addition dargestellt. Als „dynamisches System" bezeichnen wir jedes physikalische Gebilde, das Impuls und (oder) Energie austauschen, das heißt aufnehmen und abgeben kann. Körper oder allgemein Systeme, zwischen denen Impuls- und Energie-Austausch stattfindet, nennen wir *wechselwirkende Systeme*. Die fundamentale Bedeutung der Begriffe Energie und Impuls liegt u. a. darin, daß sie nicht nur auf punktmechanische

Systeme beschränkt sind, sondern allen physikalischen Systemen zukommen; so sind auch ausgedehnten Körpern, elektromagnetischen Feldern etc. Energie und Impuls zugeordnet.

Wir ergänzen den Hauptsatz noch um zwei Forderungen[1], welche die Prämisse verschärfen sollen, daß bei vorgegebener Geschwindigkeit v dem Körper *eindeutig* ein Impuls-Vektor p zugeordnet sein soll. Wir fordern im einzelnen: 1. Jeder Geschwindigkeit v ist umkehrbar-eindeutig ein Impuls p zugeordnet; wenn $v = 0$, so ist auch $p = 0$ und umgekehrt. 2. Die Vektoren v und p haben dieselbe Richtung. Diese beiden Forderungen können wir auch in der Formel zusammenfassen $p = m(v)v$, wobei der Faktor $m(v)$ eine eindeutige Funktion von v ist. Wir wollen überdies voraussetzen, daß $m(v) = m(v)$, d.h. daß $m(v)$ nur vom Betrag der Geschwindigkeit abhängt; darin drückt sich die Gleichberechtigung der verschiedenen Geschwindigkeitsrichtungen im Hinblick auf den Impuls-Geschwindigkeits-Zusammenhang aus. Die ergänzenden Forderungen laufen also darauf hinaus, die Gültigkeit einer Formel der Form

$$p = m(v)\,v \tag{14.1}$$

anzunehmen. Die (eindeutige) Funktion $m(v)$ heißt auch die (träge) Masse des bewegten Körpers.

Nun besteht ein sehr einfacher Zusammenhang zwischen einem Erhaltungssatz und gewissen Integralen der Bewegung. Betrachten wir z. B. n Körper, die sich so bewegen, daß sie ihren Impuls nur untereinander austauschen. Dann ist

$$p_1 + p_2 + \cdots + p_n = \text{Integral der Bewegung}.$$

Der Erhaltungssatz führt also zu einem Integral der Bewegung, das eine Summe von Termen ist, von denen jeder nur von der Geschwindigkeit eines Körpers abhängt. Allgemein gilt der

Satz 14.1: Ein Integral der Bewegung F eines n-Körpers-Problems kann als Ausdruck eines Erhaltungssatzes angesehen werden, wenn es die Form hat

$$F = \sum_{i=1}^{n} f_i(v_i, r_i), \tag{14.2}$$

wobei v_i die Geschwindigkeit und r_i den Ortsvektor des i-ten Körpers bezeichnen. Ein solches Integral der Bewegung heißt auch ein *additives Integral*.

Der Satz sagt aus, daß man ein additives Integral zwar als Ausdruck eines Erhaltungssatzes auffassen kann, aber nicht, daß

---

[1] Im Gegensatz zum Hauptsatz sind diese Forderungen nicht allgemein gültig in dem Sinn, daß, wenn sie in einem Bezugssystem bestehen, sie auch in *jedem* anderen zutreffen müssen (vgl. § 20).

dieser Erhaltungssatz generellen Charakters ist; er könnte lediglich für das spezielle n-Körper-Problem zutreffen, das man gerade betrachtet. Umgekehrt kann es Integrale geben, die nicht genau von der Form (14.2) sind, sondern noch zusätzliche Terme enthalten, und die dennoch Ausdruck eines generellen Erhaltungssatzes sind; sie sagen aus, daß ein n-Körper-Problem nicht nur aus den n bewegten Körpern besteht, sondern noch ein oder mehrere zusätzliche physikalische Systeme enthält, die am Energie- und Impuls-Austausch beteiligt sind. Wir werden im nächsten Paragraphen sehen, daß ein n-Körper-Problem stets ein „Wechselwirkungsfeld" enthält, das ein derartiges weiteres System ist.

§ 15 Die Newtonsche Dynamik

Unter den Integralen der Bewegung eines n-Körper-Problems der Newtonschen Gravitationstheorie kommen, wie wir wissen, die folgenden vor

$$\left. \begin{array}{ll} a) & \sum_{k=1}^{n} \gamma_k v_k = (\sum_{k=1}^{n} \gamma_k)\, V, \\ b) & \sum_{k=1}^{n} \frac{\gamma_k}{2} v_k^2 + \Phi = F_7 \end{array} \right\} \quad (15.1)$$

mit

$$\Phi = -\frac{1}{2} \sum_{j \neq k} \sum \frac{\gamma_j \gamma_k}{|r_j - r_k|}.$$

Andererseits verlangt der Hauptsatz der Dynamik, wenn die n Körper Impuls und Energie nur untereinander austauschen, zusammen mit (14.1) und (14.2) das Bestehen von Integralen der Bewegung der Form

$$\left. \begin{array}{ll} a) & \sum_{k=1}^{n} m_k(v_k)\, v_k = P, \\ b) & \sum_{k=1}^{n} \varepsilon_k(v_k) = E. \end{array} \right\} \quad (15.2)$$

Nun hat (15.1a) genau die Form, die nach Satz 14.1 als Ausdruck eines Erhaltungssatzes aufgefaßt werden kann. Man kann nun offensichtlich diesen Erhaltungssatz mit dem Impulssatz (15.2a) identifizieren, wenn $m_k(v_k)$ von v_k unabhängig und eine für den k-ten Körper charakteristische Konstante ist, die der ebenfalls charakteristischen Konstanten γ_k des Körpers proportional ist, d. h. wenn

$$m_k = \frac{1}{\Gamma} \gamma_k. \quad (15.3)$$

Der Proportionalitätsfaktor Γ ist für alle Körper derselbe; er heißt die „universelle Gravitationskonstante".

Die Proportionalität (15.3) ist nicht nur hinreichend, um (15.1a) mit (15.2a) zu identifizieren, sie ist auch eine notwendige Folge des gleichzeitigen Bestehens von (15.1a) und (15.2a). Wir werden diese Behauptung weiter unten beweisen.

Die Gl. (15.2a) können wir nach (15.3) dadurch erhalten, daß wir (15.1a) mit $1/\Gamma$ multiplizieren. Multiplizieren wir auch (15.1b) mit $1/\Gamma$, so ergibt sich

$$\sum_{k=1}^{n} \frac{m_k}{2} v_k^2 + U(r_1, \ldots, r_n) = E, \qquad (15.4)$$

wobei

$$U = \frac{1}{\Gamma} \Phi = -\Gamma \sum_{j \neq k} \sum \frac{m_j m_k}{|r_j - r_k|}, \quad E = \frac{1}{\Gamma} F_7. \qquad (15.4')$$

Wir haben die rechte Seite von (15.4) mit demselben Buchstaben bezeichnet wie die rechte Seite von (15.2b), was im Augenblick nur unsere Absicht anzeigt, diese beiden Gleichungen in Beziehung zu setzen. Zunächst ist (15.4) nicht genau vom Typ des Energiesatzes (15.2b) für den Energie-Austausch zwischen n Körpern (und keinem weiteren System), vielmehr enthält (15.4) den zusätzlichen Term $U(r_1, \ldots, r_n)$. Allerdings kann man diesen Term beliebig klein machen, wenn man nur asymptotische Relativlagen ($|r_j - r_k| \to \infty$) miteinander vergleicht. Bezeichnen wir mit $v_{k\infty}$ und $v'_{k\infty}$ die Geschwindigkeiten des k-ten Körpers auf zwei „asymptotischen Enden" seiner Bahn, so gilt nach (15.4) in der Tat

$$\sum_{k=1}^{n} \frac{m_k}{2} v_{k\infty}^2 = \sum_{k=1}^{n} \frac{m_k}{2} v'^2_{k\infty} = E.$$

Für diesen Spezialfall hat (15.4) tatsächlich die Form des Energiesatzes (15.2b), so daß man versuchen wird, die Größe

$$\varepsilon_k = \frac{m_k}{2} v_k^2 \qquad (15.5)$$

als die Energie des k-ten Körpers zu bezeichnen, wenn er die Geschwindigkeit v_k hat. Dann aber bleibt keine Wahl, als (15.4) als Austausch der Energie zwischen den n Körpern und einem weiteren System, dem „Feld", zu lesen, dessen Existenz sich eben durch die Funktion U bemerkbar macht und das — im Gegensatz zu punktartigen Körpern — nicht lokalisierbar, sondern über den ganzen Raum ausgebreitet ist. Wir nennen es auch das *Wechselwirkungsfeld* der n Körper. Die Funktion $U(r_1, \ldots, r_n)$ repräsentiert die Energie dieses Feldes; sie erfährt stets dann eine Änderung, wenn der Ortsvektor r_k eines der Körper geändert wird, während die der anderen festgehalten werden. Die Interpretation von (15.4) als Energiesatz hat somit die Konsequenz, daß ein n-Körper-Problem in Wirklichkeit stets ein Wechselwirkungsproblem zwischen $n+1$ Systemen darstellt, nämlich zwischen den n Körpern und dem Feld. Wir werden die Diskussion weiter unten fortsetzen.

Die Bewegungsgleichungen der Newtonschen Gravitationstheorie, die sich nach (9.7) und (9.9) in der Form schreiben lassen

$$\frac{d^2 \gamma_k r_k}{dt^2} = - \operatorname{grad}_k \Phi$$

nehmen unter Verwendung von (15.3) und (15.4') die Form an

$$\frac{d p_k}{dt} = - \operatorname{grad}_k U, \quad p_k = m_k v_k = \frac{\gamma_k}{\Gamma} v_k, \quad (15.6)$$
$$(k = 1, \ldots, n).$$

Die rechte Seite von (15.6) bezeichnet man als die auf den k-ten Körper wirkende *Kraft*[1]. Gl. (15.6) besagt dann, daß die auf den Körper im Zeitelement dt wirkende Kraft die Impulsänderung $(dp/dt)dt$ zur Folge hat.

Der Ortsvektor des Schwerpunktes $\mathbf{R}$ hat, wenn man (9.11) mit $1/\Gamma$ erweitert, ersichtlich die Form

$$\mathbf{R} = \frac{\sum\limits_k m_k r_k}{\sum\limits_k m_k}, \quad (15.7)$$

---

[1] Historisch ist es üblich, weniger die rechte als die linke Seite von (15.6) als die auf den k-ten Körper wirkende Kraft zu bezeichnen. Tatsächlich ist beides möglich, da die Kraft in den historischen Aufbauweisen der Mechanik eine doppelte Rolle spielt, die zuerst D'ALEMBERT bemerkt hat im Zusammenhang mit den beiden unabhängigen Integralen der Bewegung „Impuls" und „Energie". Bezeichnet $\mathbf{K}(r, v, t)$ die auf einen Körper wirkende Kraft als Funktion der Lage r des Körpers und seiner Geschwindigkeit v zum Zeitpunkt t, so gibt $\mathbf{K}$, wenn man es als primäre Größe betrachtet, zu zwei verschiedenen fundamentalen Integralbildungen Anlaß, nämlich zu

(1) $\int\limits_{a(\mathfrak{C})}^{e} \mathbf{K} dt = p_e - p_a$ und (2) $\int\limits_{a(\mathfrak{C})}^{e} (\mathbf{K}v) dt = \int\limits_{a(\mathfrak{C})}^{e} \mathbf{K} dr = \varepsilon_e - \varepsilon_a$;

beide Integrale sind längs des vorgegebenen Weges $\mathfrak{C}$ vom Anfangspunkt a bis zum Endpunkt e zu erstrecken. Ist $\mathbf{K}$ ein nur von r abhängiges Vektorfeld, das überdies ein Potential besitzt, so läßt sich das zweite Integral als eine von der Bewegung des betrachteten Körpers unabhängige Eigenschaft eines „äußeren Feldes" auffassen. Beim ersten Integral gelingt das nicht. Daher ist es nach D'ALEMBERT nur konsequent, die beiden in (1) und (2) auftretenden Größen $\mathbf{K}$ nicht von vornherein zu identifizieren, sondern als verschiedene „Arten" von Kräften zu unterscheiden. So sieht D'ALEMBERT die in (1) auftretende Kraft — abgesehen vom Vorzeichen — als die dem Körper zugeordnete „Trägheitskraft" an und die in (2) auftretende als die auf den Körper wirkende „äußere Kraft". Die Bewegung läßt sich dann als Gleich-

und es ist

$$\left(\sum_k m_k\right) V = \left(\sum_k m_k\right) \dot{R} = \sum_k m_k v_k = \sum_k p_k = P. \quad (15.7')$$

Am Zweikörper-Problem lassen sich alle Behauptungen explizit demonstrieren. Die Bewegungsgleichungen (15.6) lauten

$$\frac{dp_1}{dt} = -\operatorname{grad}_1 U, \quad \frac{dp_2}{dt} = -\operatorname{grad}_2 U = +\operatorname{grad}_1 U. \quad (15.8)$$

Addition der beiden Gleichungen liefert

$$\frac{d}{dt}(p_1 + p_2) = \frac{dP}{dt} = 0. \quad (15.9\,\text{a})$$

Führt man neben R und P noch die Variablen

$$p = \frac{m_2 p_1 - m_1 p_2}{m_1 + m_2}, \quad r = r_1 - r_2$$

ein, so erhält man aus (15.8) neben (15.9a) noch

$$\frac{dp}{dt} = -\operatorname{grad} U(r). \quad (15.9\,\text{b})$$

Die Gln. (15.9a, b) sind den Gln. (15.8) äquivalent, da sie sich gegenseitig auseinander herleiten lassen. Die Gln. (15.9a, b) sind die dynamische Fassung der Gln. (10.3). Das in (10.7) definierte Integral der Bewegung F_7, nun als Energiesatz (15.4) geschrieben, lautet

$$E = E_s + E_{in} \begin{cases} E_s = \dfrac{m_1 + m_2}{2} V^2 = \dfrac{1}{2(m_1 + m_2)} P^2, \\ E_{in} = \dfrac{\mu}{2} v^2 + U = \dfrac{1}{2\mu} p^2 + U, \end{cases} \quad (15.10)$$

wobei μ die *reduzierte Masse* bezeichnet:

$$\mu = \frac{m_1 m_2}{m_1 + m_2}. \quad (15.10')$$

In (15.10) ist nicht nur E ein Integral der Bewegung, sondern jeder der beiden Summanden E_s, die Schwerpunkts- oder „äußere" Energie, und E_{in}, die *innere Energie* des Zweikörper-Systems.

Die Zerlegung (15.10) der Gesamtenergie des Zweikörper-Systems ist physikalisch von besonderem Interesse, weil der Summand E_{in} die charakteristische Eigenschaft hat, gegenüber translativer Be-

---

gewicht zwischen diesen beiden Kräften auffassen. Man sieht, die D'Alembertsche Auffassung der Mechanik ist nichts anderes als die in den *Kräften* (und nicht in den Erhaltungsgrößen p und ε selbst) formulierte Dynamik, wie wir sie hier (und insbesondere in Bd. II) verstehen.

wegung des Beobachters, d. h. des Bezugssystems, invariant zu sein[1]. Wir haben bisher gegeneinander bewegte Bezugssysteme aus unseren Betrachtungen ausgeschlossen. Hier wollen wir uns jedoch für den Augenblick von dieser Beschränkung befreien und das Zweikörper-System in bezug auf zwei Beobachter beschreiben, von denen der zweite gegen den ersten mit der konstanten Geschwindigkeit v_0 bewegt wird. Die Kinematik der Newtonschen Mechanik sagt dann, daß die Lage-Koordinaten und die Geschwindigkeiten der beiden Körper 1 und 2 in bezug auf das zweite (bewegte) Koordinatensystem die Werte haben

$$r'_1 = r_1 - t\,v_0, \qquad r'_2 = r_2 - t\,v_0,$$
$$v'_1 = v_1 - v_0, \qquad v'_2 = v_2 - v_0.$$

Die „äußeren" Variablen erfahren demgemäß die Änderungen

$$P' = m_1 v'_1 + m_2 v'_2 = p_1 + p_2 - (m_1 + m_2)\,v_0$$
$$= P - (m_1 + m_2)\,v_0,$$
$$V' = \frac{1}{m_1 + m_2} P' = V - v_0,$$
$$R' = \frac{m_1 r'_1 + m_2 r'_2}{m_1 + m_2} = R - t\,v_0,$$

während die „inneren" Variablen ungeändert bleiben:

$$r' = r'_1 - r'_2 = r_1 - r_2 = r,$$
$$p' = \frac{1}{m_1 + m_2} (m_2 m_1 v'_1 - m_1 m_2 v'_2) = \mu (v'_1 - v'_2)$$
$$= \mu (v_1 - v_2) = p.$$

Daher erfährt auch E_{in}, das ja das Energie-Integral der Gleichung (15.9b) ist, keine Änderung, wohingegen E_s in

$$E'_s = \frac{m_1 + m_2}{2} (V - v_0)^2 = E_s + \frac{m_1 + m_2}{2} (v_0^2 - 2 V v_0) \qquad (15.11)$$

übergeht. Die innere Energie ist also eine Invariante gegenüber Bewegungen des Bezugssystems, während die äußere Energie dies nicht ist; sie kann dadurch geändert werden, daß sich der Beobachter bewegt. Durch geeignete Bewegung des Beobachters läßt sich also die äußere Energie auf ihren Minimalwert Null herabdrücken — wie Gl. (15.11) zeigt, geschieht dies für $v_0 = V -$, so daß für diesen Beobachter die Gesamtenergie E ihren kleinstmöglichen Wert E_{in} hat und $P = 0$ ist. Wir definieren generell: *Die innere Energie eines Systems ist seine*

---

[1] Eine Bewegung des Bezugssystems heißt translativ, wenn jeder Punkt des Bezugssystems (als Funktion von t) um denselben Vektor $t\,v_0$ verschoben wird.

Energie in einem Bezugssystem, in dem sein Impuls $P = 0$ ist; oder, was meistens auf dasselbe hinausläuft, die innere Energie ist der Minimalwert der Energie, der sich durch *translative* Bewegung des Beobachters erreichen läßt. Diese Charakterisierung wollen wir von nun ab als Definition der inneren Energie eines Systems betrachten; sie gilt ohne Einschränkung (und nicht nur in der Newtonschen Dynamik). Allerdings ist zu beachten, daß bei beliebigem Wechsel des Bezugssystems die Energie unter Umständen ein komplizierteres Transformationsverhalten zeigt, als man es von den einfachsten Beispielen her gewohnt ist (vgl. § 20).

Wir wollen nunmehr am Zweikörper-System die universelle Proportionalität (15.3) zwischen Masse und Gravitations-Ladung als Folge der Newtonschen Gravitationstheorie und der Dynamik beweisen. Zunächst ist nach der Newtonschen Gravitationstheorie der Vektor

$$\gamma_1 v_1 + \gamma_2 v_2 = (\gamma_1 + \gamma_2) V \tag{15.12}$$

ein (vektorielles) Integral der Bewegung. Die Dynamik andererseits verlangt nach (14.1) bzw. (15.2), daß es ein zweites vektorielles Integral gibt

$$m_1(v_1) v_1 + m_2(v_2) v_2 = P, \tag{15.13}$$

den Gesamtimpuls des Zweikörper-Systems. Wenn nun $m_i(v_i)$ wirklich von v_i abhängen würde, so lieferten (15.12) und (15.13) sechs unabhängige Gleichungen für die sechs Komponenten von v_1 und v_2. Bei gegebenen Werten der Integrale (15.12) und (15.13) wären somit v_1 und v_2 wohlbestimmte konstante Vektoren. Nun haben aber die rechten Seiten von (15.12) und (15.13) als Integrale der Bewegung auf jeder Bahn des Zweikörper-Problems einen bestimmten Wert, so daß v_1 und v_2 auf jeder Bahn konstant wären, die Bahnkurven eines Zweikörper-Problems also durchweg gerade Linien sein müßten. Dies aber ist ein offensichtlicher Widerspruch.

Um den Beweis detaillierter zu führen, betrachten wir z. B. den Stoß zweier Körper, bei dem der Körper 2 zu Anfang ruht. Die Integrale (15.12) und (15.13) haben dann den Wert

$$(\gamma_1 + \gamma_2) V = \gamma_1 v_{1\infty}, \quad P = m_1(v_{1\infty}) v_{1\infty}.$$

Aus (15.12) folgt damit

$$v_2 = \frac{\gamma_1}{\gamma_2} (v_{1\infty} - v_1),$$

so daß sich (15.13) schreiben läßt

$$\left[m_1(v_1) - \frac{\gamma_1}{\gamma_2} m_2(v_2) \right] v_1 = \left[m_1(v_{1\infty}) - \frac{\gamma_1}{\gamma_2} m_2(v_2) \right] v_{1\infty}. \tag{15.13'}$$

Nun ist $v_{1\infty}$ ein zeitlich konstanter Vektor, nämlich die asymptotische Anfangsgeschwindigkeit des Körpers 1, während v_1 beim Stoß in Richtung wie Betrag ständig Änderungen erfährt. Eine Gleichung wie (15.13′) kann daher nur dann bestehen, wenn die Klammern verschwinden, wenn also

$$\frac{m_2(v_2)}{\gamma_2} = \frac{m_1(v_{1\infty})}{\gamma_1} \quad \text{für alle } v_2.$$

Da $m_1(v_{1\infty})$ konstant ist, haben wir damit die Behauptung bewiesen, daß $m_2(v_2)$ und γ_2 proportional sein müssen.

Die zwangsläufige Proportionalität (15.3) zwischen Masse und Gravitations-Ladung in der Newtonschen Theorie hat nun unmittelbare Konsequenzen, die sich experimentell prüfen lassen. Da nämlich der Impuls nach dem Hauptsatz der Dynamik bei *jedem* Prozeß einen Erhaltungssatz erfüllen muß, behauptet die Newtonsche Mechanik, daß die Größe $\boldsymbol{p} = m\boldsymbol{v} = (\gamma/\Gamma)\,\boldsymbol{v}$ bei beliebigen Prozessen (und nicht nur bei Gravitationsbewegungen) einen Erhaltungssatz erfüllt. Betrachten wir z. B. den folgenden Vorgang (Fig. C1). Zwei Körper 1 und 2 werden mit Hilfe eines geeigneten

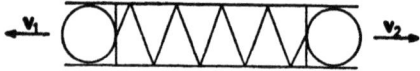

Fig. C1. Prinzip des Massen-Vergleichs zwischen zwei Körpern

(aber beliebigen) Mechanismus aus dem Zustand der Ruhe in entgegengesetzte Richtung fortgeschleudert. Der den Prozeß auslösende Mechanismus, als Körper 3 betrachtet, möge sich dabei im Endzustand wieder in Ruhe befinden, so daß $p_3 = 0$. Dann gilt für den Endzustand der beiden sich in entgegengesetzter Richtung fortbewegenden Körper

$$0 = \boldsymbol{p}_1 + \boldsymbol{p}_2 = m_1\boldsymbol{v}_1 + m_2\boldsymbol{v}_2 \quad \rightarrow \quad \frac{v_2}{v_1} = \frac{m_1}{m_2} = \frac{\gamma_1}{\gamma_2}.$$

Das Verhältnis der Geschwindigkeiten der beiden Körper ist also stets konstant und gleich ihrem Massen-Verhältnis — gleichgültig wie groß die Geschwindigkeiten sind. Diese Behauptung läßt sich nun experimentell entweder verifizieren oder falsifizieren. Trifft sie zu, so hat man in der beschriebenen Anordnung ein einfaches Mittel, um das Massen-Verhältnis und damit auch das Verhältnis der Gravitations-Ladungen beliebiger Körper aus der Messung der Endgeschwindigkeiten zu bestimmen. Trifft sie hingegen nicht zu, so ist die ganze Newtonsche Mechanik einer Revision zu unterziehen. Die experimentelle Erfahrung liefert nun folgendes Resultat: In Strenge trifft die Behauptung der Newtonschen Theorie nicht zu; sie bestätigt sich nur approximativ, wenn die Geschwindigkeiten der Körper klein sind gegen die Lichtgeschwindigkeit[1]. Dieses Resultat ist

Die Newtonsche Dynamik 75

durch eine große Anzahl der verschiedensten experimentellen Erfahrungen gesichert. Bei kleinen Geschwindigkeiten v der bewegten Körper, genauer bei $v/c \ll 1$, ist die Newtonsche Mechanik also eine in allen Fällen brauchbare Approximation; sie versagt nur, wenn die Geschwindigkeiten der bewegten Körper in die Größenordnung der Lichtgeschwindigkeit kommen.

Fragen wir schließlich noch danach, ob die Newtonsche Theorie einen Hinweis enthält auf eine kennzeichnende Geschwindigkeit — welche Rolle die Lichtgeschwindigkeit offenbar spielt — für die die Theorie ihre Gültigkeit verliert. Einen solchen Hinweis findet man in der Tat in der Interpretation von (15.4) als Energiesatz. Wir sagten ja schon, daß die Identifizierung von (15.4) mit dem Erhaltungssatz der Energie nur möglich ist, wenn man zu jedem n Körper-Problem als $(n+1)$-tes System das Wechselwirkungsfeld hinzunimmt. Dieses System nimmt nun nach (15.4) zwar Energie auf, nicht aber Impuls, denn $\boldsymbol{P} = \sum\limits_{i=1}^{n} \boldsymbol{p}_i$ ist ein Integral der Bewegung, so daß die n Körper den Impuls allein unter sich austauschen. Macht man nun Ernst mit der Vorstellung, daß die Wechselwirkung der n Körper nur über das Feld läuft, so müßte das Feld die Eigenschaft haben, Impuls zwar zu transportieren, selbst aber nicht aufzunehmen, oder anders ausgedrückt, es müßte zwar an einer Raumstelle Impuls aufnehmen, nämlich am Ort eines Körpers, aber nur so, daß es ihn *gleichzeitig* am Ort eines oder mehrerer anderer Körper, d. h. an anderen Raumstellen, wieder abgibt. Die Impulsübertragung durch das Feld würde also momentan, d. h. mit unendlich großer Geschwindigkeit erfolgen. Man braucht nur anzunehmen, daß in Wirklichkeit die Geschwindigkeit der Impulsübertragung durch das Feld *endlich* ist, um in der Tat eine charakteristische Geschwindigkeit, nämlich die Geschwindigkeit der Impuls- und Energie-Übertragung durch das Feld, in die Hand zu bekommen.

Die Diskussion führt zu folgendem anschaulichen Bild der Bewegung. Bei der Lageänderung $d\boldsymbol{r}_k$ eines sich bewegenden Körpers k werden die Impuls- ($d\boldsymbol{p}_k$) und Energie-Änderung ($d\varepsilon_k$) des Körpers im vollen Umfang vom Feld aufgenommen, und zwar genau an der Raumstelle $\boldsymbol{r}_k$, an der sich der Körper befindet oder besser, von einer kleinen Umgebung (Volumelement $d\tau$) des Ortes $\boldsymbol{r}_k$. Hier werden nun $d\boldsymbol{p}_k$ und $d\varepsilon_k$ nicht gespeichert, sondern an benachbarte Volumelemente weitergegeben, so daß Energie und Impuls sich mit einer

---

[1] Da, wie wir gesehen haben, die Newtonsche Gravitationstheorie zusammen mit der Dynamik und Gl. (14.1) die Newtonsche Dynamik erzwingt, hat der experimentelle Nachweis der nur approximativen Gültigkeit der letzteren zur Folge, daß auch die Newtonsche Gravitationstheorie nur approximativ gültig sein kann (denn den Hauptsatz der Dynamik und Formel (14.1) betrachten wir als fundamental).

charakteristischen Geschwindigkeit im Feld, und damit durch den Raum, fortpflanzen. Wie die Ausbreitung der Energie und des Impulses im einzelnen erfolgt, ist eine schwierige Frage, zu deren Beantwortung unsere bisherigen Informationen keinen Anhalt liefern. Wichtig für uns ist im Augenblick nur die Folgerung, daß Körper und Feld dynamisch die gleichen Eigenschaften haben: *Sie können Energie und Impuls aufnehmen und von einem Punkt des Raumes zu einem anderen transportieren.* Der Körper tut das mit seiner Geschwindigkeit v, die somit nichts anderes ist als die (durch ihn repräsentierte) Transportgeschwindigkeit von Energie und Impuls, während das Feld dasselbe mit einer anderen, und zwar unter gewissen Bedingungen stets mit derselben Geschwindigkeit w tut. Wir nennen nun die Bewegung eines Körpers langsam, wenn $|v| \ll w$, wenn also der durch den Körper repräsentierte Energie- und Impulstransport langsam erfolgt gegenüber dem Transport durch das Feld. Die Geschwindigkeit w stellt sogar eine Grenzgeschwindigkeit in dem Sinn dar, daß stets $v \leq w$ sein muß, denn da alle Wechselwirkungen der Körper über das Feld erfolgen sollen, könnten zwei Körper, deren Relativgeschwindigkeit größer ist als w, überhaupt nicht miteinander wechselwirken. Eine Theorie von der Struktur der eben geschilderten läßt sich also nur dann aufrechterhalten, wenn es eine Grenzgeschwindigkeit gibt, die bei noch so großer Energie- und Impuls-Zufuhr von materiellen Körpern nur asymptotisch approximiert werden kann. Vom Standpunkt der Dynamik ist das Wechselwirkungsfeld eines n-Körperproblems als ein *selbständiges* dynamisches System aufzufassen und nicht, wie es gewohntermaßen geschieht, als von den Körpern „erzeugt". Daher wäre es eigentlich zweckmäßiger, einfach vom „Feld" und nicht vom „Wechselwirkungsfeld" zu sprechen. Die Tatsache, daß das Feld immer nur dann in Erscheinung tritt, wenn Körper vorhanden sind — denn dies führt gerade zur Auffassung des von den Körpern erzeugten Feldes — beschreibt die Dynamik so: Das Feld macht sich nur dann bemerkbar, wenn es seinen Zustand *ändert*, d.h. wenn ihm Energie und Impuls (und u. U. noch weitere Größen) zugeführt oder entzogen werden; das aber kann nur über die Körper geschehen, denn jeder Körper wechselwirkt direkt nur mit dem Feld und erst über das Feld mit anderen Körpern. Einen „feldlosen" Zustand gibt es nach der dynamischen Auffassung gar nicht, denn das Feld ist ein System und ein System kann sich nur in verschiedenen Zuständen befinden.

Wir machen schließlich noch darauf aufmerksam, daß auch das Feld eine innere Energie besitzt. Nach unserer Definition ist es die Energie, bei der das System den Impuls $P = 0$ hat. Genau diese Eigenschaft hat der Energieanteil $U(r_1, ..., r_n)$ in (15.4), so daß in diese Gleichung nur die innere Energie des Feldes eingeht.

§ 16 Dynamische Grundlagen der Mechanik

Ein sich mit der Geschwindigkeit v bewegender Körper ist, nach Auffassung der Dynamik, nichts weiter als ein bestimmter Impuls p und eine bestimmte Menge Energie $\varepsilon = \varepsilon(p)$, die mit der Geschwindigkeit v durch den Raum transportiert werden. Ändert sich in einem Augenblick der Impuls p um dp, so ist damit eine wohlbestimmte Änderung der Energie $d\varepsilon$ verknüpft, die mit dp und v in der wichtigen Beziehung steht

$$d\varepsilon = v\, dp = v_x\, dp_x + v_y\, dp_y + v_z\, dp_z. \tag{16.1}$$

Wir nennen (16.1) die *Fundamentalgleichung der Dynamik*; sie gibt die Änderung der Energie an, die mit der Änderung des Impulses verbunden ist, wenn die Transportgeschwindigkeit der Energie v ist. Daß (16.1) die generelle dynamische Beziehung zwischen Energie, Impuls und Transportgeschwindigkeit der Energie ist, können wir hier nur dadurch demonstrieren, daß wir die Bewegungsgleichungen und andere geläufige Relationen aus (16.1) herleiten[1].

Der Gl. (16.1) entnimmt man, daß der sich bewegende (punktartige) Körper *dynamisch vollständig* gekennzeichnet ist, wenn die Funktion

$$\varepsilon = \varepsilon(p_x, p_y, p_z) = \varepsilon(p) \tag{16.2}$$

bekannt ist; wir nennen sie (in diesem Kapitel)[2] die *charakteristische dynamische Funktion* des Körpers. Tatsächlich ist, wenn $\varepsilon = \varepsilon(p)$ gegeben ist, bekannt, wieviel Energie der Körper hat, wenn er den Impuls p besitzt, und da Impulsänderung und Energieänderung gemäß (16.1) über die Transportgeschwindigkeit v der Energie miteinander verknüpft sind, kennt man auch v. Aus (16.1) liest man ab, daß die Komponenten der Transportgeschwindigkeit der Energie aus der Funktion (16.2) durch partielles Differenzieren folgen

$$v_x = v_x(p) = \frac{\partial \varepsilon(p_x, p_y, p_z)}{\partial p_x}, \ldots \quad \text{oder symbolisch} \quad v = \frac{\partial \varepsilon(p)}{\partial p}. \tag{16.3}$$

Kennt man umgekehrt v als Funktion von p (oder auch p als Funktion von v), so kann man durch Integration der Gleichungen (16.3) die charakteristische dynamische Funktion (16.2) des betreffenden Systems (Körpers) berechnen. So folgt z. B. aus $p = mv$, wenn m eine Konstante ist, unmittelbar

$$d\varepsilon = \frac{1}{m} p\, dp = d\left(\frac{p^2}{2m}\right) \quad \to \quad \varepsilon(p) = \frac{1}{2m} p^2 + \varepsilon_0, \tag{16.4}$$

---

[1] Gl. (16.1) ist die verkürzte Form der „Fundamentalgleichung" des hier betrachteten Systems „bewegter Körper", wenn alle anderen Variablen, von denen die Energie noch abhängt, konstant gehalten werden. (Näheres Bd. II.)

[2] Später (Bd. II) werden wir dafür den Terminus „Gibbs-Funktion" einführen.

wobei $\varepsilon_0 = \varepsilon(\boldsymbol{p} = 0)$ die Energie des Körpers bei $\boldsymbol{p} = 0$, nach der Definition des § 15 also die *innere Energie* des Körpers ist. Gleichung (16.4) ist somit die charakteristische dynamische Funktion eines Körpers der Newtonschen Mechanik.

Ein Körper, der sich in einem Feld bewegt, und zwar so, daß er nur mit dem Feld Energie austauscht und die von ihm an das Feld abgegebene oder von dem Feld aufgenommene Energie allein von seiner Lage $\boldsymbol{r}$ abhängt, genügt einer Gleichung der Form

$$\varepsilon(\boldsymbol{p}) + U(\boldsymbol{r}) = E, \qquad (16.5)$$

worin $U(\boldsymbol{r})$ die Energie des Feldes repräsentiert; E ist eine Konstante der Bewegung. Jede Bahn des Körpers genügt nach (16.1) dann der Gleichung

$$\frac{d\varepsilon}{dt} + \frac{dU}{dt} = \boldsymbol{v}\frac{d\boldsymbol{p}}{dt} + \operatorname{grad} U \frac{d\boldsymbol{r}}{dt} = \boldsymbol{v}\left(\frac{d\boldsymbol{p}}{dt} + \operatorname{grad} U\right) = 0. \quad (16.5')$$

Mit der Voraussetzung über den Energie-Austausch allein können wir nicht weiterschließen, wohl aber, wenn wir auch eine entsprechende Voraussetzung über den Impuls-Austausch machen. Wir verlangen nun, daß der Körper seinen Impuls mit demselben Feld austauscht, mit dem er auch in Energie-Austausch steht, und daß auch der von ihm an das Feld abgegebene oder vom Feld aufgenommene Impuls allein durch die Lage $\boldsymbol{r}$ des Körpers bestimmt ist. Dann hängt der Faktor $(d\boldsymbol{p}/dt + \operatorname{grad} U)$ in (16.5') nur von $\boldsymbol{r}$ ab, und da $\boldsymbol{v}$ durch geeignete Wahl von $\boldsymbol{p}$ beliebig vorgegeben werden kann, folgt aus (16.5') somit

$$\frac{d\boldsymbol{p}}{dt} = -\operatorname{grad} U(\boldsymbol{r}). \qquad (16.6)$$

Dies wiederum ist eine Bewegungsgleichung, wenn in $\boldsymbol{p} = m(v)\,\boldsymbol{v}$ der Faktor $m(v)$ bekannt ist. Dieser Faktor ist aber ebenfalls durch die charakteristische Funktion $\varepsilon = \varepsilon(\boldsymbol{p})$ bestimmt; denn aus $\boldsymbol{p} = m(v)\,\boldsymbol{v} = m(p)\,\boldsymbol{v}$ folgt $p^2 = m(p)\,\boldsymbol{p}\boldsymbol{v}$, und nach (16.3) also

$$\frac{1}{m(p)} = \frac{1}{p^2}\left\{p_x \frac{\partial \varepsilon}{\partial p_x} + p_y \frac{\partial \varepsilon}{\partial p_y} + p_z \frac{\partial \varepsilon}{\partial p_z}\right\} = \frac{1}{p^2}\left(\boldsymbol{p}\,\frac{\partial \varepsilon}{\partial \boldsymbol{p}}\right). \quad (16.7)$$

Zusammen mit der Fundamentalgleichung (16.1) liefert die charakteristische dynamische Funktion $\varepsilon = \varepsilon(\boldsymbol{p})$ also die Bewegungsgleichung eines Körpers in einem Feld mit der Energie-Funktion $U(\boldsymbol{r})$. Die Ableitung zeigt außerdem, daß (16.6) nicht nur die Bewegungsgleichung der Newtonschen Mechanik ist; sie gilt vielmehr in jedem Fall, in dem die Voraussetzung zutrifft, daß Energie- und Impuls-Austausch nur zwischen Körper und Feld stattfinden und die an das Feld abgegebenen oder von ihm aufgenommenen Beträge der Energie und der Impulskomponenten allein von der Lage des Körpers (nicht aber von seiner Geschwindigkeit oder von anderen Variablen) abhängen.

Die Betrachtungen zeigen, daß ein (punktartiger) Körper durch seine charakteristische Funktion $\varepsilon = \varepsilon(p)$ dynamisch *vollständig* gekennzeichnet ist. Daher ist die Bestimmung dieser Funktion das zentrale Problem der Dynamik, ja generell der Mechanik. Wir können sagen, daß — zusammen mit der Fundamentalgleichung der Dynamik (16.1) — jede Funktion $\varepsilon = \varepsilon(p)$ oder vielmehr jede einparametrige Schar solcher Funktionen eine *Mechanik definiert*. Das Gemeinte wird unmittelbar klar am Beispiel der Funktionen-Schar (16.4)[1], die zusammen mit (16.1) ja gerade die Newtonsche Mechanik liefert. Das Problem, eine Mechanik zu finden, welche die realen Körper unserer Erfahrung bei beliebigen Geschwindigkeiten richtig beschreibt und die Newtonsche Mechanik als Approximation für kleine Geschwindigkeiten besitzt, haben wir — durch Festhalten an den Grundforderungen der Dynamik — also auf die Frage nach der „richtigen" Funktionen-Schar $\varepsilon = \varepsilon(p)$ reduziert.

Im Prinzip könnte man nun folgendermaßen vorgehen: Man macht verschiedene Ansätze für die Funktion $\varepsilon = \varepsilon(p)$ (die der Bedingung genügen müssen, für $p \to 0$ in (16.4) überzugehen), studiert die Eigenschaften der jeweils dadurch definierten Mechanik und prüft ihre experimentellen Konsequenzen. Wir gehen jedoch einen etwas anderen Weg, der nicht nur systematischer ist, sondern von vornherein die Züge der Einsteinschen Mechanik hervortreten läßt, in denen sie sich wesentlich von der Newtonschen Mechanik unterscheidet.

Dazu gehen wir noch einmal auf die Newtonsche Mechanik zurück und beweisen den folgenden

Satz 16.1: B und B^* seien verschiedene Bezugssysteme, in bezug auf die Impuls und Geschwindigkeit desselben Körpers durch p, v und p^*, v^* bezeichnet werden. Der Impuls erfülle in B wie in B^* einen Erhaltungssatz[2]. Es sei weiter m die dem Körper unabhängig vom Bezugssystem zugeordnete Masse. Sind dann in B Impuls p und Geschwindigkeit v des Körpers durch $p = mv$ verknüpft, so kann in jedem gegenüber B geradlinig bewegten Bezugssystem B^* der Impuls p^* dann und nur dann mit der Größe mv^* identifiziert werden, d.h. $p^* = mv^*$ gelten, wenn auch der Verbindungsfaktor m

---

[1] Gl. (16.4) definiert nicht nur eine Funktion, sondern eine ganze Schar von Funktionen, deren einzelne Mitglieder sich in den Werten der Parameter m und ε_0 unterscheiden. Der additiv auftretende Parameter ε_0 ist indessen belanglos, da er sich als konstanter Term in jeder Austausch-Relation heraushebt.

[2] Genauer: Erfüllt p in B einen Erhaltungssatz beim Austausch zwischen einer Anzahl wohlbestimmter Systeme, so erfülle p^* in B^* einen Erhaltungssatz beim Austausch zwischen *denselben* Systemen.

zwischen p und v einem Erhaltungssatz genügt. Der Übergang $B \to B^*$ wird dabei voraussetzungsgemäß durch die Transformationsformeln der Newtonschen Mechanik beschrieben.

Zum Beweis betrachten wir ein Mehrkörper-System, dessen Körper untereinander im Impuls-Austausch stehen. Dabei lassen wir auch die Möglichkeit zu, daß sich die Anzahl der Körper ändert (z. B. durch Auseinanderbrechen eines Körpers in mehrere Teile oder durch Zusammenlagerung mehrerer Körper zu einem einzigen). Bezeichnen dann m_i die Massen und v_i die Geschwindigkeiten der am Impuls-Austausch beteiligten Körper zu einem Zeitpunkt t in einem definierten Bezugssystem B und m'_j die Massen und v'_j die Geschwindigkeiten zu einem Zeitpunkt t' im selben Bezugssystem B, so lautet, da nach Voraussetzung $p_i = m_i v_i$, $p'_j = m'_j v'_j$ ist, der Impuls-Erhaltungssatz in B

$$\sum_{i=1}^{N} m_i v_i = \sum_{j=1}^{N'} m'_j v'_j. \tag{16.8}$$

Betrachtet man nun denselben Prozeß von einem Bezugssystem B^* aus, das sich gegenüber B mit der Geschwindigkeit $-V$ bewegt, so hat nach der Newtonschen Mechanik jeder Körper, der in B die Geschwindigkeit v_i besitzt, in B^* die Geschwindigkeit $v_i^* = v_i + V$. Da die Masse m_i eines Körpers nach Voraussetzung in B und B^* dieselbe sein soll, lautet die Impulsbilanz in B^* somit

$$\sum_{i=1}^{N} m_i (v_i + V) = \sum_{j=1}^{N'} m'_j (v'_j + V)$$

oder

$$\sum_{i=1}^{N} m_i v_i + V \left(\sum_{i=1}^{N} m_i \right) = \sum_{j=1}^{N'} m'_j v'_j + V \left(\sum_{j=1}^{N'} m'_j \right).$$

Da diese Gleichung als Ausdruck der Impuls-Erhaltung in *jedem* Bezugssystem B^* gelten soll, muß sie für jedes beliebige V richtig sein, d. h. „identisch in V" bestehen. Dies aber kann nur sein, wenn neben (16.8) auch gilt

$$\sum_{i=1}^{N} m_i = \sum_{j=1}^{N'} m'_j. \tag{16.9}$$

Mit dem Impuls p muß also auch der Faktor m, die Masse, einen Erhaltungssatz erfüllen.

Der Satz 16.1 richtet die Aufmerksamkeit auf einen interessanten Tatbestand, nämlich den, daß bei Bestehen des Zusammenhanges $p = mv$ zwischen Impuls und Geschwindigkeit ein Erhaltungssatz für p einen Erhaltungssatz für m nach sich zieht — vorausgesetzt, daß der Zusammenhang $p = mv$ sowie der Erhaltungssatz für p in jedem Bezugssystem gilt. Letzteres ist nun vom Standpunkt der

Dynamik eine selbstverständliche Forderung, denn eine Austauschbilanz, die an ein bestimmtes Bezugssystem gebunden wäre, hätte keine große Bedeutung[1]. Wir können also getrost sagen, daß bei Bestehen der Relation $p = mv$ ein Erhaltungssatz für die Vektor-Größe p automatisch einen Erhaltungssatz für den *skalaren* Faktor m mitliefert. Nun behauptet die Dynamik zwar neben dem Bestehen eines Erhaltungssatzes für die Vektor-Größe p das Bestehen eines Erhaltungssatzes für eine skalare Größe, nämlich die Energie, aber in der Newtonschen Mechanik ist letzterer mit dem Erhaltungssatz für den Faktor m nicht in Verbindung zu bringen, da m eine charakteristische *Konstante* des Körpers ist, die von der Geschwindigkeit nicht abhängt. In der Newtonschen Mechanik gibt es also *drei* fundamentale Erhaltungssätze, den des Impulses, den der Energie und den der Masse m (bzw. der Gravitationsladung γ).

Die in der Newtonschen Mechanik nicht realisierbare Idee, den Erhaltungssatz für den Skalar m, den Verbindungsfaktor zwischen p und v, mit dem Erhaltungssatz der Energie ε zu identifizieren, können wir nun umgekehrt zur Forderung erheben und demgemäß nach einer Mechanik fragen, in der diese Identifizierung gilt. Wir stellen also folgende Forderung: *In der Relation $p = m(v)v$ soll mit p auch der Verbindungsfaktor $m(v)$ einem Erhaltungssatz genügen, und dieser Erhaltungssatz soll mit dem der Energie identisch sein.* Wir werden zeigen, daß diese Forderung in Verbindung mit der Fundamentalgleichung der Dynamik (16.1) eine einparametrige Schar charakteristischer Funktionen liefert und damit eine Mechanik definiert.

Zunächst ist nach Voraussetzung

$$\varepsilon = c^2 m(v), \qquad (16.10)$$

wobei c^2 eine positive Konstante (von der Dimension eines Geschwindigkeits-Quadrates) ist. Gleichung (16.10) zusammen mit (14.1) liefert dann

$$p = \frac{\varepsilon}{c^2} v. \qquad (16.11)$$

Kombinieren wir diese Relation mit der Fundamentalgleichung der Dynamik (16.1), so erhalten wir

$$d\varepsilon = \frac{c^2}{\varepsilon} p\, dp = \frac{c^2}{\varepsilon} d\left(\frac{p^2}{2}\right) \;\rightarrow\; d\varepsilon^2 = d(cp)^2$$

oder integriert

$$\varepsilon^2 = (cp)^2 + \varepsilon_0^2. \qquad (16.12)$$

Die Konstante $\varepsilon_0 = \varepsilon(p = 0)$ ist nach der Definition in § 15 die

---

[1] Im Gegensatz zur Forderung, daß der Impuls in jedem Bezugssystem einen Erhaltungssatz erfüllt, ist die Forderung, daß $p = mv$ in jedem Bezugssystem gelten soll, durchaus nicht „selbstverständlich". Vergleiche dazu § 20.

innere Energie des Körpers, man nennt sie auch seine *Ruhenergie*. Sie ist dem Körper zugeordnet und daher eine Invariante gegenüber Wechsel des Bezugssystems.

Unsere Annahme, daß in (14.1) mit p auch der Faktor $m(v)$ einen Erhaltungssatz erfüllt und daß letzterer identisch sei mit dem der Energie, führt also auf die wohldefinierte Schar charakteristischer Funktionen (16.12). Ihr Scharparameter ist die innere Energie, die nun wegen $\varepsilon = \sqrt{(cp)_0^2 + \varepsilon_0^2}$ nicht mehr additiv auftritt und damit auch nicht mehr aus den Austausch-Relationen herausfällt; sie ist im Gegenteil die den einzelnen Körper identifizierende Größe.

Die charakteristische Funktionen-Schar (16.12) definiert, zusammen mit der Fundamentalgleichung (16.1), eine Mechanik, und zwar die *Einsteinsche Mechanik*. Ihre strukturellen Einzelheiten können wir nunmehr Schritt für Schritt herleiten.

§ 17 Grundzüge der Einsteinschen Mechanik

Nach (16.12) und (16.11) hat die Energie eines Körpers als Funktion seiner Geschwindigkeit v die Gestalt

$$\varepsilon(v) = \frac{\varepsilon_0}{\sqrt{1 - \left(\frac{v}{c}\right)^2}}. \tag{17.1}$$

Entsprechend ist nach (16.10) und (14.1) der Impuls als Funktion der Geschwindigkeit gegeben durch

$$\boldsymbol{p} = \frac{\varepsilon_0/c^2}{\sqrt{1 - \left(\frac{v}{c}\right)^2}} \boldsymbol{v}. \tag{17.2}$$

Nach (16.10) können wir die letzte und die vorhergehende Gleichung auch in der Form schreiben

$$\boldsymbol{p} = \frac{m_0}{\sqrt{1 - \left(\frac{v}{c}\right)^2}} \boldsymbol{v}, \tag{17.2'}$$

und

$$m(v) = \frac{m_0}{\sqrt{1 - \left(\frac{v}{c}\right)^2}}, \quad m_0 = m(v=0). \tag{17.1'}$$

Wir weisen noch einmal mit Nachdruck darauf hin, daß der den Impuls $\boldsymbol{p}$ und die Geschwindigkeit $\boldsymbol{v}$ eines Körpers verbindende Faktor $m(v)$ in der Einsteinschen Mechanik nichts ist als ein Synonym der Energie ε. In (16.10) haben wir das ja gerade vorausgesetzt. Wenn man also $m(v)$ die Masse des Körpers nennt — entsprechend m_0 die Ruhmasse —, so ist es wichtig, sich vor Augen zu halten, daß es sich nur um ein anderes Wort für Energie handelt und nicht, wie in der Newtonschen Mechanik, um einen eigenen Begriff. Im Interesse einer eindeutigen Terminologie wäre es daher vorzuziehen, den Ausdruck Masse ganz aus der Physik zu verbannen. Dem steht allerdings die historische, an der Newtonschen Mechanik entwickelte Gewohnheit entgegen, von der Masse eines Körpers immer dann zu sprechen, wenn es um die Beschreibung von Trägheitsphänomenen geht. Es hat sich daher eingebürgert, zwei Namen für dieselbe Sache nebeneinander zu gebrauchen, Masse und Energie.

In alle bisherigen Gleichungen geht eine charakteristische Konstante c von der Dimension einer Geschwindigkeit ein. Diese Geschwindigkeit spielt die Rolle einer Grenzgeschwindigkeit, die ein realer Körper nur asymptotisch erreichen kann. Aus (17.1) und (17.2) liest man nämlich ab: Wird ein Körper aus dem Zustand der Ruhe ($\varepsilon = \varepsilon_0$) in Bewegung gesetzt, so müssen Impuls und Energie auf ihn übertragen werden. Jede Impuls-Übertragung p ist notwendig mit der Energie-Übertragung ($\varepsilon - \varepsilon_0$) verbunden und führt zu der wohlbestimmten Geschwindigkeit v des Körpers. Wie groß nun auch der übertragene Impuls und die übertragene Energie sein mögen, sie führen nach (17.1) und (17.2) stets zu Geschwindigkeiten v, deren Betrag v kleiner ist als c. Die Geschwindigkeit v des Körpers approximiert aber c um so besser, je mehr Impuls und Energie auf den Körper übertragen werden; im Gegensatz zur Geschwindigkeitsbeschränkung ist die Impuls- und Energie-Aufnahmefähigkeit des Körpers unbeschränkt.

Die Existenz einer Grenzgeschwindigkeit in der Einsteinschen Mechanik zeigt, daß ein so einfaches „Additionstheorem der Geschwindigkeit", wie es die Newtonsche Mechanik kennt, in ihr nicht gelten kann. Nach der Newtonschen Mechanik hat ein Körper, der sich in bezug auf einen Beobachter B mit der Geschwindigkeit v bewegt, in bezug auf einen gegen B mit der Geschwindigkeit $-V$ bewegten Beobachter B^* die Geschwindigkeit $v^* = v + V$. Es ist klar, daß sich hiernach aus zwei Geschwindigkeiten, die kleiner sind als c, z. B. $v = \frac{3}{4} c$ und $V = \frac{3}{4} c$, sofort eine Geschwindigkeit $v^* = \frac{3}{2} c$ herstellen ließe, die größer ist als c. In der Einsteinschen Mechanik muß also ein anderes Additionstheorem der Geschwindigkeit gelten als in der Newtonschen. Das fragliche Theorem läßt sich durch eine einfache Überlegung aus den dynamischen Relationen herleiten.

Wir betrachten dazu den Zerfall eines Körpers in zwei Teile und beschreiben diesen Vorgang einmal in einem Bezugssystem B, in

84   Elementare Dynamik

dem der zerfallende Körper ruht (Fig. C2a), und zum anderen in einem Bezugssystem B^*, in dem das Zerfallsprodukt 2 ruht (Fig. C2b). In B lauten Energie und Impulssatz

und in B^*
$$\varepsilon_1 + \varepsilon_2 = E_0, \quad \boldsymbol{p}_1 + \boldsymbol{p}_2 = 0, \tag{17.3}$$

$$\varepsilon_1^* + \varepsilon_{20} = E^*, \quad \boldsymbol{p}_1^* = \boldsymbol{P}^*. \tag{17.3*}$$

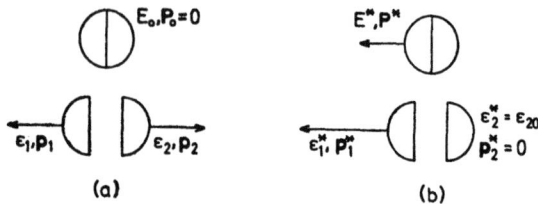

Fig. C 2. Zur Ableitung des Additionstheorems der Geschwindigkeit

Nun treffen wir die fast selbstverständliche Festsetzung: Hat ein Körper b in bezug auf einen Körper a, genauer in bezug auf ein Koordinatensystem, in dem a ruht, die Geschwindigkeit v, so hat a in bezug auf b die Geschwindigkeit $-v$. Wenden wir diesen Satz auf unser Problem an, so hat also der zerfallende Körper im Bezugssystem B^* die Geschwindigkeit $V^* = -v_2$, denn das Zerfallsprodukt 2 hat in B die Geschwindigkeit v_2. Zu (17.3) und (17.3*) treten also die Relationen

$$E^* = \frac{E_0}{\sqrt{1-\left(\frac{v_2}{c}\right)^2}}, \quad P^* = -\frac{1}{c^2}\frac{E_0}{\sqrt{1-\left(\frac{v_2}{c}\right)^2}} v_2.$$

Die Gln. (17.3) und (17.3*) lassen sich damit in der Form schreiben

$$\left.\begin{aligned}
\text{a)} \quad & \frac{\varepsilon_{10}}{\sqrt{1-\left(\frac{v_1}{c}\right)^2}} + \frac{\varepsilon_{20}}{\sqrt{1-\left(\frac{v_2}{c}\right)^2}} = E_0, \\
\text{b)} \quad & \frac{\varepsilon_{10}}{\sqrt{1-\left(\frac{v_1}{c}\right)^2}} v_1 = \frac{\varepsilon_{20}}{\sqrt{1-\left(\frac{v_2}{c}\right)^2}} v_2, \\
\text{a*)} \quad & \frac{\varepsilon_{10}}{\sqrt{1-\left(\frac{v_1^*}{c}\right)^2}} + \varepsilon_{20} = \frac{E_0}{\sqrt{1-\left(\frac{v_2}{c}\right)^2}}, \\
\text{b*)} \quad & \frac{\varepsilon_{10}}{\sqrt{1-\left(\frac{v_1^*}{c}\right)^2}} v_1^* = -\frac{E_0}{\sqrt{1-\left(\frac{v_2}{c}\right)^2}} v_2.
\end{aligned}\right\} \tag{17.4}$$

Aus diesen Gleichungen eliminieren wir die Größen E_0, ε_{10}, ε_{20} und erhalten so eine Relation zwischen v_1^*, v_1 und v_2. Multipliziert man (17.4a) mit $1 \Big/ \sqrt{1 - \left(\frac{v_2}{c}\right)^2}$, so erhält man zusammen mit (17.4a*)

$$\varepsilon_{10}\left[\frac{1}{\sqrt{1-\left(\frac{v_1}{c}\right)^2}}\frac{1}{\sqrt{1-\left(\frac{v_2}{c}\right)^2}} - \frac{1}{\sqrt{1-\left(\frac{v_1^*}{c}\right)^2}}\right] = \varepsilon_{20}\left[1 - \frac{1}{1-\left(\frac{v_2}{c}\right)^2}\right].$$

Dividiert man diese Gleichung durch (17.4b), so erhält man nach einigen trivialen Umformungen

$$\sqrt{1-\left(\frac{v_1^*}{c}\right)^2} = \frac{\sqrt{1-\left(\frac{v_1}{c}\right)^2}\sqrt{1-\left(\frac{v_2}{c}\right)^2}}{1+\frac{v_1 v_2}{c^2}}$$

oder schließlich

$$v_1^* = \frac{v_1 + v_2}{1 + \frac{v_1 v_2}{c^2}}. \tag{17.5}$$

Nun ist (wenn die Richtung von v_1 als positiv gezählt wird) $-v_2$ die Geschwindigkeit des Bezugssystems B^* gegen B. Die Gl. (17.5) läßt sich daher folgendermaßen lesen: Ist v_1 die Geschwindigkeit eines Körpers in einem Bezugssystem B und ist v_2 die Geschwindigkeit dieses Bezugssystems B gegen ein Bezugssystem B^*, so ist die Geschwindigkeit v_1^* des Körpers in bezug auf B^* durch (17.5) gegeben. In der Newtonschen Mechanik galt statt dessen $v_1^* = v_1 + v_2$. Für Geschwindigkeiten $v_1, v_2 \ll c$ ist (17.5) mit dem Newtonschen Additionstheorem praktisch identisch, für v_1 oder $v_2 \approx c$ weicht (17.5) jedoch ganz wesentlich von der gewohnten Vektor-Addition der Geschwindigkeiten in der Newtonschen Mechanik ab. So ist z. B. für $v_1 = c$

$$v_1^* = \frac{c + v_2}{1 + \frac{v_2}{c}} = c,$$

gleichgültig wie groß v_2 ist. Die Geschwindigkeit c kann eben niemals überschritten werden.

Wir merken noch an, daß das Einsteinsche Additionstheorem der Geschwindigkeit (17.5) einige Eigenschaften hat, die für ein solches Theorem als notwendig zu erachten sind. Erstens ist v_1, ausgedrückt als Funktion von v_1^* und $-v_2$, ebenfalls von der Gestalt (17.5), und zweitens gilt folgende Regel: Ist v_2^* die Geschwindigkeit von B^* in bezug auf einen Beobachter B^{**} und v_2' die Geschwindigkeit von B in bezug auf B^{**}, so ist

$$v_1^{**} = \frac{v_1^* + v_2^*}{1 + \frac{v_1^* v_2^*}{c^2}} = \frac{v_1 + v_2'}{1 + \frac{v_1 v_2'}{c^2}}.$$

Die erste Behauptung ist evident, denn aus (17.5) folgt unmittelbar

$$v_1 = \frac{v_1^* - v_\mathfrak{s}}{1 - \frac{v_1^* v_2}{c^2}}.$$

Etwas mühevoller ist die Verifizierung der zweiten Behauptung

$$v_1^{**} = \frac{v_1^* + v_\mathfrak{s}^*}{1 + \frac{v_1^* v_\mathfrak{s}^*}{c^2}} = \frac{\frac{v_1 + v_2}{1 + \frac{v_1 v_2}{c^2}} + \frac{v_\mathfrak{s}' - v_2}{1 - \frac{v_\mathfrak{s}' v_2}{c^2}}}{1 + \frac{1}{c^2} \frac{(v_1 + v_2)(v_\mathfrak{s}' - v_2)}{\left(1 + \frac{v_1 v_2}{c^2}\right)\left(1 - \frac{v_\mathfrak{s}' v_2}{c^2}\right)}} = \cdots = \frac{v_1 + v_\mathfrak{s}'}{1 + \frac{v_1 v_\mathfrak{s}'}{c^2}}.$$

Das Additionstheorem (17.5) hat also die wichtige Eigenschaft, daß sukzessive Übergänge von einem Bezugssystem auf dagegen gleichförmig bewegte stets wieder auf Formeln vom selben Typ führen (mathematisch: Die Übergänge bilden eine Gruppe).

Wir zeigen nun, daß die Einsteinsche Mechanik die Newtonsche als Approximation besitzt, wenn $cp \ll \varepsilon_0$ oder, was nach (16.11) dasselbe ist, $v \ll c$ ist. Aus (16.12) folgt nämlich für $cp \ll \varepsilon_0$ als Näherung

$$\varepsilon(p) = \sqrt{(cp)^2 + \varepsilon_0^2} = \varepsilon_0 \left[1 + \frac{p^2}{2\left(\frac{\varepsilon_0}{c}\right)^2}\right] = \frac{1}{2\left(\frac{\varepsilon_0}{c^2}\right)} p^2 + \varepsilon_0, \quad (17.6)$$

d. h. die charakteristische Funktion eines Körpers der Newtonschen Mechanik — allerdings mit der zusätzlichen Aussage, daß *der Parameter* $m = \varepsilon_0/c^2$, *die Masse des Körpers, bis auf den universellen Faktor* $1/c^2$ *identisch ist mit der additiven Konstante* ε_0 *seiner inneren Energie*. Newtonsche Masse und innere Energie sind also nur zwei Namen für denselben Begriff. Dieses Resultat, welches besagt, daß es im Prinzip möglich ist, die innere Energie eines Körpers durch Trägheitsmessungen (z. B. durch Stoßexperimente vom Typ des in Fig. C1 oder auch in Fig. C2a dargestellten) zu bestimmen, ist von seiten der Newtonschen Mechanik völlig unverständlich; denn in ihr waren, wie die charakteristische Funktion (16.4) zeigt, m und ε_0 zwei Parameter, die nichts miteinander zu tun hatten.

Es ist nicht uninteressant zu bemerken, daß die Formeln der Einsteinschen Mechanik von sich aus keine so einfache Zerlegung der Energie ε eines Körpers in eine Summe von Bewegungs- und innerer Energie (ε_0) anbieten, wie es der Grenzfall (17.6) der Newtonschen Mechanik tut. Eine einfache additive Zerlegung gibt es nur für das Quadrat der Energie $\varepsilon^2 = (cp)^2 + \varepsilon_0^2$. Diese Zerlegung wiederum hat die bemerkenswerte Eigenschaft, daß der variable Term $(cp)^2$ in ihr von universeller Natur, d. h. für alle Körper derselbe ist. Dies hat zur Folge, daß sich in ihrem Hochenergie-Bereich ($cp \gg \varepsilon_0$) alle Körper praktisch gleich verhalten und ihre individuellen Unterschiede verlieren. Wir kommen darauf zurück. Natürlich bleibt es unbenommen, die Zerlegung

$$\varepsilon = [\sqrt{(c\,p)^2 + \varepsilon_0^2} - \varepsilon_0] + \varepsilon_0$$

als Aufspaltung der Energie in einen Bewegungs- und einen inneren Anteil anzusehen.

Wir zeigen weiter noch den Zusammenhang zwischen den Erhaltungssätzen der Einsteinschen und denen der Newtonschen Mechanik. Dazu betrachten wir wieder eine Anzahl von Körpern, die untereinander Impuls und Energie austauschen, wobei wir, wie bei dem Beweis von Satz 16.1, auch die Möglichkeit zulassen, daß sich die Anzahl der Körper ändert. Energie- und Impulssatz der Einsteinschen Mechanik lauten dann

$$\sum_i \frac{\varepsilon_{i0}}{\sqrt{1 - \left(\frac{v_i}{c}\right)^2}} = \sum_j \frac{\varepsilon'_{j0}}{\sqrt{1 - \left(\frac{v'_j}{c}\right)^2}}, \qquad (17.7\,\mathrm{a})$$

$$\sum_i \frac{\varepsilon_{i0}}{\sqrt{1 - \left(\frac{v_i}{c}\right)^2}}\, \boldsymbol{v}_i = \sum_j \frac{\varepsilon'_{j0}}{\sqrt{1 - \left(\frac{v'_j}{c}\right)^2}}\, \boldsymbol{v}'_j, \qquad (17.7\,\mathrm{b})$$

wobei sich die linken und rechten Seiten auf zwei verschiedene Zustände des Gesamtsystems beziehen.

Für Geschwindigkeiten $v_i, v'_j \ll c$ lassen sich nun die Wurzelausdrücke entwickeln gemäß

$$\frac{1}{\sqrt{1 - \left(\frac{v_i}{c}\right)^2}} = \frac{1}{1 - \frac{1}{2}\left(\frac{v_i}{c}\right)^2} = 1 + \frac{1}{2}\left(\frac{v_i}{c}\right)^2.$$

Setzen wir diese Approximation in die Gln. (17.7a, b) ein (die wir überdies noch mit $1/c^2$ multiplizieren), so erhalten wir bis zu quadratischen Gliedern in v_i, v'_j einschließlich

$$c^2 \sum_i m_{i0} + \sum_i \frac{m_{i0}}{2} v_i^2 = c^2 \sum_j m'_{j0} + \sum_j \frac{m'_{j0}}{2} v'^2_j, \qquad (17.7\,\mathrm{a}')$$

$$\sum_i m_{i0}\, \boldsymbol{v}_i = \sum_j m'_{j0}\, \boldsymbol{v}'_j. \qquad (17.7\,\mathrm{b}')$$

Da diese Gleichungen für beliebige v_i gelten müssen (solange nur v_i, $v'_j \ll c$), zerfällt der Erhaltungssatz der Energie (17.7a') in die beiden Gleichungen

$$\sum_i m_{i0} = \sum_j m'_{j0}, \quad \sum_j \frac{m_{i0}}{2} v_i^2 = \sum \frac{m'_{j0}}{2} v'^2_j,$$

d. h. in den Erhaltungssatz der Masse (innere Energie) und den der Energie der Newtonschen Mechanik. Wir sehen also, daß der Erhaltungssatz der Energie der Einsteinschen Mechanik im Grenzfall kleiner Geschwindigkeiten zerfällt in einen Erhaltungssatz für die innere Energie und einen für die Bewegungsenergie. Aus diesem Grund gibt es in der Newtonschen Mechanik neben Energie- und Impulssatz noch einen Erhaltungssatz für die Masse.

Die auf der charakteristischen dynamischen Funktionen-Schar (16.12) beruhende Einsteinsche Mechanik erfüllt also alle Bedingungen, die wir für eine einfache dynamische Auffassung der Bewegung als wesentlich erachten. Es gibt eine charakteristische Geschwindigkeit c, die für die Bewegung der Körper die Rolle einer Grenzgeschwindigkeit spielt. Wie wir in § 15 auseinandergesetzt haben, ist die Existenz einer solchen Grenzgeschwindigkeit notwendig, wenn es möglich sein soll, bei *endlicher* Ausbreitungsgeschwindigkeit von Energie und Impuls durch das Feld den Bewegungsvorgang eines Körpers als Energie- und Impulsaustausch zwischen Körper und Feld aufzufassen. Die charakteristische Geschwindigkeit c kann dann als Transportgeschwindigkeit der Energie in demjenigen Feld gedeutet werden, mit dem der Körper Energie und Impuls austauscht. Im elektromagnetischen Feld ist c die Lichtgeschwindigkeit. Es wird heute allgemein angenommen, daß die Lichtgeschwindigkeit die Grenzgeschwindigkeit des Energietransportes überhaupt ist.

Als *ultrarelativistisch* bezeichnet man die Bewegung eines Körpers dann, wenn $\varepsilon \gg \varepsilon_0$ oder $cp \gg \varepsilon_0$, wenn also die innere Energie des Körpers gegenüber seiner Gesamtenergie oder auch seiner Bewegungsenergie vernachlässigt werden kann. Wir betrachten gleich den Extremfall $\varepsilon_0 = 0$; er kann einerseits durch hinreichend hohe Energie- und Impuls-Übertragung auf jeden Körper beliebig approximiert werden, er findet andererseits aber auch eine unmittelbare Realisierung in gewissen Feldern. Die charakteristische Funktion hat dann die Form

$$\varepsilon = c\,p = c\sqrt{p_x^2 + p_y^2 + p_z^2}, \tag{17.8}$$

wobei der Faktor c in allen Bezugssystemen denselben Wert hat, nämlich den der Grenzgeschwindigkeit. Die Geschwindigkeit des „Körpers", oder vielmehr die Geschwindigkeit des Energietransportes, ist nach (17.8) gegeben durch

$$|v| = \left|\frac{\partial \varepsilon}{\partial p}\right| = c,$$

sie ist also gleich der Grenzgeschwindigkeit c. Gl. (17.8) ist nun nicht nur die asymptotische Form der charakteristischen Funktion jedes Körpers, sie tritt auch auf als exakte charakteristische Funktion für Energie- und Impulsübertragungen durch das elektromagnetische

Feld. Wir sagten ja schon, daß die Lichtgeschwindigkeit c die Transportgeschwindigkeit der Energie im elektromagnetischen Feld ist. Es ist nun eine höchst bemerkenswerte Tatsache, daß Austausch sowohl als Transport von Energie und Impuls durch das elektromagnetische Feld denselben Regeln genügen wie Austausch und Transport durch materielle Körper: Sie erfolgen in Quanten, den *Photonen*, wobei der Zusammenhang zwischen Energie ε und Impuls p eines Photons, d.h. seine charakteristische Funktion, durch (17.8) gegeben ist. Der Energie ε des Photons läßt sich eine Frequenz ω zuordnen und seinem Impuls p eine Wellenzahl k oder eine Wellenlänge λ gemäß

$$\varepsilon = \hbar\omega, \quad p = \hbar k = \frac{\hbar}{\lambda}\left(\frac{k}{k}\right), \qquad (17.9)$$

worin $\hbar$ = Plancksche Konstante $(h) \cdot 1/(2\pi)$ ist[1]. Nach (17.8) hat das Photon keine innere Energie, denn wenn $p = 0$, ist auch $\varepsilon = \varepsilon_0 = 0$. Nach der Definition der inneren Energie in § 15 ist dies gleichbedeutend damit, daß die Energie ε des Photons durch Bewegung des Beobachters unter jeden beliebigen vorgegebenen (positiven) Wert gebracht werden kann. Das ist in der Tat der Fall, denn durch eine geeignete Bewegung des Beobachters kann mittels des Doppler-Effektes die Photon-Frequenz ω und damit nach (17.9) auch die Energie beliebig klein gemacht werden. Andererseits kann ein Photon durch Bewegung des Beobachters jedoch niemals auf Ruhe transformiert werden (eben wegen $\varepsilon_0 = 0$). Ganz anders verhält sich dagegen bereits ein System aus nur *zwei* Photonen, deren Impulse entgegengesetzt gerichtet sind. Dieses System hat eine von Null verschiedene innere Energie. Man kann nämlich durch Bewegung des Beobachters die Gesamtenergie des Systems niemals unter eine endliche Grenze bringen, die gegeben ist durch $E_0 = 2\varepsilon$, wobei ε die Energie eines Photons im Bezugssystem ist, in dem $p_1 + p_2 = 0$. In diesem Bezugssystem verschwindet der Impuls des Gesamtsystems $P = p_1 + p_2$, und daher ist es ein „Ruhsystem". Bewegt sich der Beobachter gegenüber diesem Bezugssystem, so kann er zwar die Energie eines Photons durch den Doppler-Effekt auf $\varepsilon_1' < \varepsilon$ erniedrigen, aber gleichzeitig erhöht er dabei — ebenfalls durch den Doppler-Effekt — notwendigerweise die Energie des anderen Photons ($\varepsilon_2' > \varepsilon$) derart, daß $\varepsilon_1' + \varepsilon_2' > 2\varepsilon$. Denn wegen $E^2 - (cP)^2 = E_0^2$ gilt ja

$$(\varepsilon_1' + \varepsilon_2')^2 - c^2(p_1' + p_2')^2 = (\varepsilon_1 + \varepsilon_2)^2 - 0 = (2\varepsilon)^2,$$

woraus unmittelbar die Behauptung folgt. Die Behauptung ist auch

---

[1] Es ist oftmals üblich, ω als „Kreisfrequenz" zu bezeichnen und $\nu = \omega/2\pi$ als Frequenz; die Wellenlänge ist dann $\lambda = 2\pi\lambda$. In diesen Größen lauten die Relationen (17.9): $\varepsilon = h\nu$, $p = h/\lambda$.

anschaulich sehr leicht einzusehen. Ein Beobachter kann nämlich durch noch so schnelle Bewegung einem Photon niemals mehr Energie *entziehen* als dieses im Anfangszustand hat (man kann auch sagen, er kann die Frequenz durch Doppler-Effekt höchstens auf Null erniedrigen), aber er kann ihm beliebig viel Energie *zuführen* (oder durch Doppler-Effekt die Frequenz beliebig erhöhen). Somit kann er durch seine Bewegung einem der beiden Photonen höchstens die Energie ε entziehen, während er dem anderen dabei gleichzeitig beliebig viel Energie zuführt.

Was wir hier über das Photon, d. h. über Energie- und Impuls-Relationen des elektromagnetischen Feldes, gesagt haben, gilt auch für andere „Vakuum-Felder", deren Quanten eine verschwindende Ruhenergie haben, wie z. B. die Neutrino-Felder.

Wir fügen noch eine Bemerkung an über die Relation (17.8), die vom Standpunkt der Dynamik ein besonderes Interesse besitzt. Wenn nämlich der Faktor c in (17.8) in jedem (bewegten) Bezugssystem *denselben* Wert hat, so besagt (17.8), daß Energie- und Impulssatz abhängig sind; denn der Erhaltungssatz für ε ist dann nach (17.8) in dem für p enthalten. Wenn eine Proportionalität von der Form (17.8) zwischen Energie und Impuls besteht, können Energie- und Impulssatz also nur dann unabhängige Erhaltungssätze sein, wenn der Faktor c in gegeneinander bewegten Bezugssystemen *verschiedene* Werte hat, wenn c sich also beim Übergang von einem Bezugssystem zu einem dagegen bewegten mittransformiert. Dieser Fall ist in der Tat in einer großen Zahl physikalischer Systeme realisiert, von denen wir nur die Lichtausbreitung in Materie erwähnen. Statt (17.8) gilt dann

$$\varepsilon = c'p = \frac{c}{n(p)}p \leftrightarrow \omega = c'k = \frac{c}{n(k)}k, \qquad (17.10)$$

wobei $n(k)$ den Brechungsindex als Funktion der Wellenzahl k bezeichnet. Gegenüber dem ultrarelativistischen Fall (17.8), in dem c in allen Bezugssystemen denselben Wert hat, ist der Faktor c' in (17.10) dagegen abhängig vom Bezugssystem; dabei ändert sich, da $c' = c'(p)$, im allgemeinen nicht allein der Wert von c'[1], sondern

---

[1] In p- oder k-Intervallen, in denen $n(k)$ konstant — und c' somit die Transportgeschwindigkeit der Energie (vgl. die folgende Formel) — ist, läßt sich die Änderung von c' durch folgende einfache Überlegung gewinnen. Ist c' die Geschwindigkeit der Lichtausbreitung in bezug auf B und v die Geschwindigkeit von B in bezug auf B^*, so ist nach dem Additionstheorem der Geschwindigkeit (17.5) die Geschwindigkeit der Lichtausbreitung in bezug auf B^* gegeben durch

$$c^* = \frac{c' \pm v}{1 \pm \frac{vc'}{c^2}} = c' \frac{1 \pm n\frac{v}{c}}{1 \pm \frac{1}{n}\frac{v}{c}} \approx c' \pm \left(1 - \frac{1}{n^2}\right)v.$$

sogar die funktionale Abhängigkeit von p. Für die Transportgeschwindigkeit der Energie erhält man aus (17.10)

$$v = \frac{d\varepsilon}{dp} = \frac{d\omega}{dk} = \frac{c}{n}\left(1 - \frac{k}{n}\frac{dn(k)}{dk}\right).$$

Da stets $v < c$ sein muß, folgt daraus z. B. die Relation

$$\frac{dn}{dk} \geq \frac{n}{k}(1-n).$$

Schließlich muß die Einsteinsche Mechanik eine andere Kinematik besitzen als die Newtonsche, denn das Additionstheorem der Geschwindigkeit (17.5) muß auch als Folge der Kinematik herleitbar sein. Tatsächlich hat EINSTEIN den Aufbau seiner Theorie von seiten der Kinematik aus vorgenommen und erst danach gezeigt, daß auch die dynamischen Relationen nicht nur konsistent formulierbar sind, sondern sogar einfacher werden als in der Newtonschen Mechanik. An die Spitze seiner Überlegungen stellte EINSTEIN das kinematische Prinzip der Gleichheit der Lichtgeschwindigkeit in allen gleichförmig gegeneinander bewegten Bezugssystemen. Wir haben uns statt dessen auf das dynamische Prinzip gestützt, daß, wenn Impuls p und Energie ε eines Körpers in einem Bezugssystem B durch $p = \frac{\varepsilon}{c^2} v$ verknüpft sind, diese Verknüpfung auch in jedem Bezugssystem B^* gilt, das gegen B geradlinig bewegt wird. Beide Annahmen führen, was die Bewegung von Körpern betrifft, auf dieselbe Theorie. Da die Einsteinsche Kinematik somit für ein Verständnis der dynamischen Relationen nicht unbedingt notwendig ist, wollen wir hier nicht auf sie eingehen.

§ 18 Beispiele zur Einsteinschen Mechanik

Wir wollen einige wichtige Züge der Einsteinschen Mechanik an einfachen Beispielen erläutern. Zunächst betrachten wir ein Zweikörpersystem, bestehend aus zwei punktartigen Körpern 1 und 2, deren Energieaustausch mit dem Wechselwirkungsfeld beschrieben werde durch eine Gleichung der Form

$$\varepsilon_1(p_1) + \varepsilon_2(p_2) + U(\mathbf{r}_1 - \mathbf{r}_2) = E, \qquad (18.1)$$

wobei E ein Integral der Bewegung ist. Differenziert man (18.1) nach t, so erhält man

$$\frac{d\varepsilon_1}{dt} + \frac{d\varepsilon_2}{dt} + \mathrm{grad}_1 U \frac{d\mathbf{r}_1}{dt} + \mathrm{grad}_2 U \frac{d\mathbf{r}_2}{dt} = 0,$$

Dies ist die sogenannte „Fresnelsche Mitführungsformel"; sie kann so gelesen werden, daß die bewegte Materie mit dem Bruchteil $(1 - 1/n^2)$ ihrer Geschwindigkeit v das Licht „mitführt".

oder nach der Fundamentalgleichung (16.1)

$$v_1\left(\frac{dp_1}{dt} + \text{grad}_1\, U\right) + v_2\left(\frac{dp_2}{dt} + \text{grad}_2\, U\right) = 0.$$

Tauschen die Körper auch ihren Impuls nur über das Wechselwirkungsfeld aus, so folgen aus der letzten Gleichung nach derselben Überlegung wie in § 16 die Bewegungsgleichungen

$$\frac{dp_1}{dt} = -\text{grad}_1\, U, \quad \frac{dp_2}{dt} = -\text{grad}_2\, U = +\text{grad}_1\, U.$$

Hieraus ergibt sich $\frac{d}{dt}(p_1 + p_2) = 0$ oder

$$p_1 + p_2 = P = \text{Integral der Bewegung}. \qquad (18.2)$$

Die durch U repräsentierte Wechselwirkung in (18.1) hat also die Eigenschaft, den Impuls zwischen den Körpern 1 und 2 momentan oder *retardierungsfrei*, d. h. mit unendlich großer Ausbreitungsgeschwindigkeit im Feld, auszutauschen. Wir wissen, daß dies der Einsteinschen Mechanik widerspricht, so daß eine Austauschrelation wie (18.1) nur näherungsweise gültig sein kann, und zwar nur dann, wenn die Geschwindigkeiten der Körper klein sind gegen die Ausbreitungsgeschwindigkeit von Energie und Impuls im Feld.

Wir benutzen die Gelegenheit, um einige Worte über den Begriff der *retardierten Wechselwirkung* zu verlieren. Wir haben eben gesagt, daß eine Wechselwirkung von der Form, wie sie in Gl. (18.1) auftritt — man nennt sie auch eine Potentialwechselwirkung — „retardierungsfrei" ist. Dies äußert sich z. B. darin, daß die Impulsbilanz $p_1 + p_2 = $ const. zwischen den beiden Körpern in *jedem Augenblick* erfüllt ist. Genau genommen ist dies nicht möglich, eben weil die Impulsübertragung von einem auf den anderen Körper über das Wechselwirkungsfeld erfolgt: Dieses nimmt den von dem einen Körper abgegebenen Impuls auf und transportiert ihn mit endlicher Geschwindigkeit, das heißt „retardiert", zum anderen Körper. Betrachtet man also die Impulsbilanz der beiden Körper allein, so gibt es Augenblicke, in denen Impuls verschwunden zu sein scheint (da der im Feld steckende Anteil fehlt). In diesem Fall spricht man von *Retardierung*. Im Prinzip wäre es auch denkbar, daß es Augenblicke gibt, in denen die Impuls-Summe der beiden Körper „zu groß" ist, in denen also Impuls erzeugt worden zu sein scheint. In diesem Fall, den man *Avancierung* nennt, hat also das Feld mehr Impuls an die Körper abgegeben, als es von ihnen aufgenommen hat. Offenbar kann dieser Fall nur dann eintreten, wenn das Feld selbst Impuls besitzt, den es abgeben kann. Genau diese Bedingung macht aber die Avancierung in praxi fast bedeutungslos. Hat nämlich ein Feld Impuls, so wird dieser mit einer charakteristischen Geschwindigkeit forttransportiert (im allgemeinen „ins Unendliche abgestrahlt"), und daher verändert sich das Feld so lange, bis es zur „Ruhe kommt", d. h. allen Impuls abgegeben hat und selbst nur noch innere Energie ($P = 0$) besitzt. Solchen „statischen" Feldern ist aber normalerweise kein Impuls zu entziehen, und daher sind an ihnen i. a. auch keine Avancierungseffekte zu beobachten.

Obwohl die Gl. (18.1) das Zweikörperproblem also nur näherungsweise beschreibt, kann man sie doch benutzen, um sich einige Züge der Einsteinschen Mechanik anschaulich klar zu machen. Zunächst sehen wir das ganze Zweikörper-System selbst als *einen* Körper an. Dann besitzt dieser Körper eine Energie E und einen Impuls P, die durch (18.1) und (18.2) gegeben sind. Zwischen E und P besteht einerseits die charakteristische Relation

$$E^2 = (c\,P)^2 + E_0^2 \qquad (18.3)$$

mit E_0 als innerer Energie des Gesamtsystems und andererseits die Beziehung

$$P = \frac{E}{c^2} V, \qquad (18.4)$$

in der V die Transportgeschwindigkeit der Energie E ist, d. h. die Geschwindigkeit des Zweikörper-Systems als Ganzem (soweit diese erklärt ist). In Newtonscher Näherung ist (18.4) identisch mit der Gleichung

$$P = (m_{10} + m_{20})\,V,$$

in der m_{10} und m_{20} die Massen der beiden Körper 1 und 2, und V die Schwerpunkts-Geschwindigkeit bezeichnen. Diese Bemerkung wirft sofort die Frage nach dem Begriff des Schwerpunkts oder des „Massenmittelpunktes" in der Einsteinschen Mechanik auf. Da es den von der Energie unabhängigen Begriff der Masse in ihr nicht gibt, wird man statt nach dem Massenmittelpunkt nach dem Energiemittelpunkt fragen. Aber um diesen festzulegen, bedarf es genaugenommen nicht nur der Kenntnis der Energien ε_1 und ε_2 der beiden Körper, sondern auch der räumlichen Verteilung des im Feld steckenden Anteils der Energie, wofür unsere Formeln nicht den geringsten Anhalt liefern. Wir können lediglich vermuten, daß der Feldanteil der Energie gerade dann gegenüber ε_1 und ε_2 nicht ins Gewicht fällt, wenn wir (18.1) anwenden können; in diesem Fall ist dann der Energiemittelpunkt praktisch identisch mit dem Newtonschen Massenmittelpunkt, und V ist die Geschwindigkeit dieses angenäherten Energiemittelpunktes.

Die innere Energie E_0 des Zweikörper-Systems ist nach (18.3) unmittelbar aus der Energie E und dem Impuls P des Gesamtsystems bestimmbar. Am einfachsten berechnet sie sich in einem Bezugssystem, in dem $P = 0$ ist, d. h. im Ruh- oder Schwerpunktssystem, dessen Koordinaten-Nullpunkt sich mit der Geschwindigkeit V bewegt. Aus (18.3) und (18.1) ergibt sich

$$E_0 = \varepsilon_1 + \varepsilon_2 + U, \quad (\boldsymbol{P} = 0). \quad (18.5)$$

Im übrigen hat E_0 in allen gegeneinander geradlinig bewegten Bezugssystemen denselben Wert, nur die Summanden in (18.5), d. h. die jeweiligen Energien ε_1, ε_2 und U ändern sich. E_0 ist eine „Bewegungs-Invariante" und damit ein Integral der Bewegung. Somit haben wir, von zwei auf n Körper verallgemeinernd, den

Satz 18.1: Die innere Energie (Ruhenergie) eines n-Körper-Problems bleibt ungeändert bei beliebigen (elastischen oder unelastischen) Stoßprozessen zwischen den einzelnen Teilkörpern des Gesamtsystems.

Diesen Satz werden wir im folgenden an einigen Beispielen demonstrieren.

Für ein vorgegebenes Zweikörper-System ist bei Einwirkung von außen nicht nur $\boldsymbol{P}$, sondern auch die innere Energie E_0 ein veränderlicher Zustandsparameter. Um dies klar zu machen, fragen wir nach den Möglichkeiten der Energie- und Impuls-Übertragung auf das Gesamtsystem. Zunächst bemerken wir, daß eine Änderung des Bewegungszustandes des Beobachters gleichbedeutend ist mit einer Änderung von Impuls und Energie des Systems. Somit können wir auch dann, wenn der Beobachter seinen Bewegungszustand ändert, von einer Impuls- und Energie-Übertragung auf das System sprechen. Bei dieser Art der Impuls- und Energie-Übertragung bleibt E_0 invariant. Wir können den Sachverhalt sogar umdrehen und sagen, daß jede Impuls- und Energie-Übertragung auf das System, die so beschaffen ist, daß E_0 dabei ungeändert bleibt, nichts anderes bewirkt als eine Bewegungsänderung des Bezugssystems bewirken würde — also auch durch eine geeignete Bewegung des Bezugssystems rückgängig gemacht werden kann. Man wird nun sofort fragen, ob es auch Impuls- und Energie-Übertragungen auf das System gibt, die nicht diese Eigenschaft haben, d. h. die durch Bewegung des Bezugssystems nicht rückgängig zu machen sind. Die Antwort ist trivialerweise bejahend, denn man braucht, um diesen Fall zu realisieren, dem System nur Energie und keinen Impuls zuzuführen. Dies kann z. B. dadurch geschehen, daß man auf beide Körper entgegengesetzt gleiche Impulse überträgt. Die gesamte dem System zugeführte Energie wird dann zur Erhöhung der inneren Energie E_0 benutzt. Da E_0 aber eine Bewegungsinvariante ist, und somit durch Bewegung des Beobachters nicht geändert werden kann, ist der betrachtete Vorgang auch nicht durch Bewegung rückgängig zu machen. Diese einfache Betrachtung zeigt, daß viele verschiedene Formen oder Mechanismen der Impuls- und Energie-Übertragung auf ein System zu unterscheiden sind. Sie lassen sich dadurch charakterisieren — und entsprechend in Äquivalenzklassen einteilen — daß man den zugeführten Impuls sowohl, als die Änderung der inneren Energie angibt. Diesen Sachverhalt merken wir uns in Form der einfachen *Regel*: Eine Impuls-Übertragung auf ein dynamisches System führt i. a. zu einer Änderung der inneren Energie oder, wie man auch sagt, zur *inneren Anregung* des Systems; nur wenn keine innere Anregung des Systems erfolgt, kann die betrachtete Impuls- und Energie-Übertragung durch Bewegung des Bezugssystems rückgängig gemacht werden. Bei punktartigen Körpern hatten wir derartige Konsequenzen der Impuls-Übertragung gar nicht in Erwägung gezogen. Wir hatten die Ruhenergie E_0 stets als eine charakteristische Konstante des einzelnen Körpers angesehen, die bei Bewegung nicht geändert wird. Die Betrachtung des nächsteinfachen punktmechanischen Gebildes, nämlich des Zwei-Körper-Systems, zeigt indessen schon, daß diese Beschreibung der Bewegung korrigiert und, wenn sie in Strenge richtig sein soll, ergänzt werden muß um den Zusatz: „wenn die Impuls- und Energie-Übertragung so erfolgen, daß sie durch eine geeignete Bewegung des Beobachters rückgängig gemacht werden können". Impuls- und Energie-Übertragungen dieser Art spielen in der Tat eine besondere Rolle und sind z. B. für ein Verständnis der Einsteinschen Gravitationstheorie von entscheidender Bedeutung. Andererseits ist der Normalfall der, daß ein Körper oder allgemein ein System bei Impulsübertragung auch eine *innere Anregung*, d. h. eine Änderung seiner inneren Energie erfährt. Wir betrachten nun noch einige elementare Beispiele von Zweikörper-Problemen.

a) Der total inelastische Stoß. Zwei Körper mögen mit entgegengesetzt gleichem Impuls aufeinander zu bewegt und nach ihrem Stoß durch irgendeinen Mechanismus daran gehindert werden, wieder auseinander zu fliegen. Fig. C3 zeigt ein paar mögliche Endlagen. Im Fall (a) wird eine elastische Feder durch die aufprallenden Körper 1 und 2 gespannt und durch Einrasten einer Hemmung am Wiederentspannen gehindert. (b) zeigt im wesentlichen denselben Vorgang, wobei nur die Elastizität der Körper die Funktion übernimmt, die vorher der Feder zufiel. Im Fall (c) denken wir uns die Körper mit Haken ausgestattet und nicht genau zentral aufeinander geschossen; im Augenblick des Vorbeifliegens sollen die Haken ineinandergreifen und so einen Endzustand der gemeinsamen Rotation bewirken. In (d) schließlich denken wir uns die beiden Körper durch eine Vorrichtung so lange aneinander gehalten, bis ihre ganze Bewegungsenergie in Wärme verwandelt ist (die jedoch allein von den Körpern, und nicht von der Vorrichtung aufgenommen werden soll). Betrachten wir nun jeden der in Fig. C3 dargestellten Zustände des Zwei-Körper-Systems jeweils wieder als einen Körper, so haben alle diese Körper dieselbe Ruhenergie

$$E_0 = \varepsilon_1 + \varepsilon_2,$$

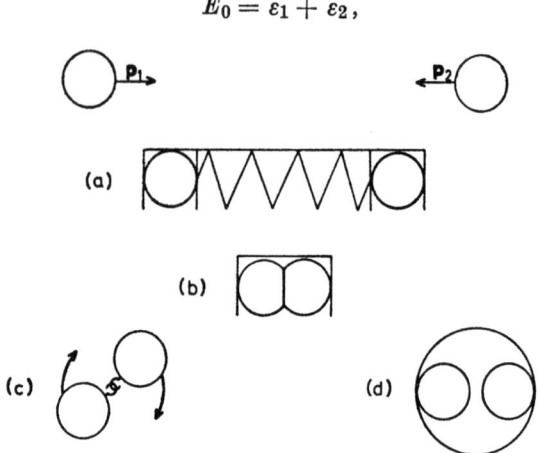

Fig. C3. Inelastischer Stoß im Schwerpunktssystem

wenn ε_1 und ε_2 die Anfangsenergien der beiden Körper 1 und 2 sind. Schreiben wir $\varepsilon_1 + \varepsilon_2 = \varepsilon_{10} + \varepsilon_{20} + W$, wobei W die Summe der kinetischen Energien der beiden Körper bezeichnet, so ist die Ruhenergie des Systems um den Betrag

$$W = E_0 - (\varepsilon_{10} + \varepsilon_{20})$$

größer als die Summe der Ruhenergie der beiden Körper 1 und 2. Im Zustand (a) erscheint diese Energie als Deformationsenergie der Feder, im Zustand (b) als Deformationsenergie der beiden Körper, in (c) als Rotationsenergie und in (d) schließlich als thermische Energie, d. h. als Erhöhung der Ruhenergie der beiden Körper 1 und 2. Da die Ruhenergie aller betrachteten Endzustände dieselbe ist, sind die zusammengesetzten Körper (a) bis (d) hinsichtlich solcher Energie- und Impuls-Übertragungen gleichwertig, bei denen E_0 konstant bleibt, die also einer Bewegung des Bezugssystems äquivalent sind. Bei anderen Energie- und Impuls-Übertragungen werden sich die Körper (a) bis (d) jedoch im allgemeinen verschieden verhalten, denn sie haben recht verschiedene innere Eigenschaften: Bei (a) und (b) besitzt der Körper eine innere Deformation, die unter Umständen als Energielieferant in Erscheinung treten kann, bei (c) einen von Null verschiedenen inneren Drehimpuls (vgl. § 19), für den dasselbe gilt, bei (d) eine erhöhte Entropie.

Es ist wohl kaum nötig zu sagen, daß die elastische Feder im Beispiel (a) nichts ist als ein anschauliches Bild einer (abstoßenden) Feld-Wechselwirkung zwischen den beiden Körpern.

Natürlich läßt sich auf die in Fig. C3 dargestellten Zustände des Zweikörper-Systems Satz 18.1 anwenden: Sie haben alle dieselbe Ruhenergie. Das galt aber auch bereits für die Zustände des Gesamtsystems in Momenten, in denen die beiden Körper 1 und 2 noch aufeinander zuflogen, und es gilt ebenso, wenn in den Fällen (a, b, c) die Vorrichtungen gelöst werden, welche die beiden Körper zusammenhalten, und die jeweilige Spannungs-Energie wieder in Bewegungsenergie der Körper umgewandelt wird.

b) Teilchenzerfall und Umwandlungsprozesse. Wir betrachten nun Prozesse, in denen ein System definierter Ruhenergie E_0 in zwei punktartige Endprodukte „zerfällt". Dazu gehört z.B. der Umkehrprozeß des eben betrachteten total inelastischen Stoßes, wo im Anfangszustand ein Körper mit $E = E_0$, $\boldsymbol{P} = 0$ vorliegt und im Endzustand zwei Körper 1 und 2 erscheinen, die in entgegengesetzter Richtung auseinanderfliegen. Diesen Vorgang nennen wir „Teilchenzerfall", weil er der Prototyp der kernphysikalischen Zerfallsprozesse ist. Nach Satz 18.1 werden aber die für dieses Beispiel gültigen Betrachtungen in keiner Weise modifiziert, wenn der Anfangszustand des Gesamtsystems ($E = E_0$, $\boldsymbol{P} = 0$) kein lokalisierter Körper ist, sondern aus zwei mit entgegengesetztem Impuls aufeinander zulaufenden Körpern 1' und 2' besteht, die von den Endprodukten 1 und 2 des Prozesses durchaus verschieden sein können. Einen solchen Prozeß (1' + 2' → 1 + 2) würde man als „Teilchen-Umwandlung durch Stoß" bezeichnen[1]. Daher sprechen wir auch von Umwandlungsprozessen.

Als vorgegebene Größen des Prozesses betrachten wir E_0 sowie die Ruhenergien ε_{10} und ε_{20} der Endprodukte. Wir wollen zeigen, daß die Verteilung der „Zerfallsenergie" $W = E_0 - \varepsilon_{10} - \varepsilon_{20}$ auf die Endprodukte durch Energie- und Impulssatz

$$E_0 = \varepsilon_1 + \varepsilon_2, \quad \boldsymbol{p}_1 + \boldsymbol{p}_2 = 0 \tag{18.6}$$

eindeutig bestimmt ist.

Zunächst muß, wenn der Prozeß überhaupt möglich sein soll, $W = E_0 - \varepsilon_{10} - \varepsilon_{20} \geq 0$ sein. Denn wegen $\varepsilon^2 = (cp)^2 + \varepsilon_0^2 \geq \varepsilon_0^2$ ist für jeden Körper $\varepsilon - \varepsilon_0 \geq 0$, und daher muß, wenn in dem Prozeß zwei Körper 1 und 2 auftreten sollen, nach (18.6) gelten

$$E_0 = \varepsilon_1 + \varepsilon_2 = (\varepsilon_1 - \varepsilon_{10}) + (\varepsilon_2 - \varepsilon_{20}) + \varepsilon_{10} + \varepsilon_{20} \geq \varepsilon_{10} + \varepsilon_{20}\ .$$

Dies ist aber bereits die Behauptung $W \geq 0$. Wir multiplizieren nun den Impulssatz mit c und kombinieren ihn mit dem Energiesatz

---

[1] Eine wichtige, unmittelbar aus Satz 18.1 folgende Regel ist, daß als Energie für Umwandlungsreaktionen zweier Stoßpartner stets nur die innere Energie E_0 des aus beiden Stoßpartner bestehenden Gesamtsystems zur Verfügung steht.

einmal additiv und zum anderen subtraktiv. Dann erhalten wir, wenn wir den Impuls des Körpers 1 als positiv zählen und $p_i = |\mathbf{p}_i|$ setzen,

$$E_0 = (\varepsilon_1 + cp_1) + (\varepsilon_2 - cp_2), \quad E_0 = (\varepsilon_1 - cp_1) + (\varepsilon_2 + cp_2).$$

Multipliziert man diese beiden Gleichungen miteinander, so folgt

$$E_0^2 = [\varepsilon_1^2 - (cp_1)^2] + [\varepsilon_2^2 - (cp_2)^2] + 2(\varepsilon_1\varepsilon_2 + c^2 p_1 p_2)$$
$$= \varepsilon_{10}^2 + \varepsilon_{20}^2 + 2(\varepsilon_1\varepsilon_2 + c^2 p_1 p_2);$$

dabei wurde die Identität $\varepsilon_i^2 - (cp_i)^2 = \varepsilon_{i0}^2$ benutzt. Setzt man in der letzten Gleichung $p_2 = p_1$ und $\varepsilon_2 = E_0 - \varepsilon_1$, so ergibt sich weiter

$$\frac{1}{2}(E_0^2 - \varepsilon_{10}^2 - \varepsilon_{20}^2) = \varepsilon_1 E_0 - \varepsilon_1^2 + (cp_1)^2 = \varepsilon_1 E_0 - \varepsilon_{10}^2$$

oder endlich

$$\varepsilon_1 = \frac{1}{2E_0}(E_0^2 + \varepsilon_{10}^2 - \varepsilon_{20}^2).$$

Da die Endprodukte 1 und 2 in alle Relationen symmetrisch eingehen, erhält man entsprechend

$$\varepsilon_2 = \frac{1}{2E_0}(E_0^2 + \varepsilon_{20}^2 - \varepsilon_{10}^2).$$

Für die *Bewegungsenergie* $(\varepsilon_1 - \varepsilon_{10})$ des Körpers 1 erhält man aus der ersten dieser Gleichungen

$$\varepsilon_1 - \varepsilon_{10} = \frac{1}{2E_0}[(E_0 - \varepsilon_{10})^2 - \varepsilon_{20}^2] \qquad (18.7\,\text{a})$$
$$= \frac{1}{2E_0}(E_0 - \varepsilon_{10} - \varepsilon_{20})(E_0 - \varepsilon_{10} + \varepsilon_{20})$$
$$= \frac{W(W + 2\varepsilon_{20})}{2E_0},$$

und ganz analog für den Körper 2

$$\varepsilon_2 - \varepsilon_{20} = \frac{W(W + 2\varepsilon_{10})}{2E_0}. \qquad (18.7\,\text{b})$$

Das Verhältnis der Bewegungsenergien der Endprodukte ist also gegeben durch

$$\frac{\varepsilon_1 - \varepsilon_{10}}{\varepsilon_2 - \varepsilon_{20}} = \frac{W + 2\varepsilon_{20}}{W + 2\varepsilon_{10}}. \qquad (18.8)$$

Neben dem trivialen Resultat, daß die Energie auf die Endprodukte gleichmäßig verteilt wird, wenn $\varepsilon_{10} = \varepsilon_{20}$, liefert die Formel interessantere Ergebnisse in zwei anderen Fällen. Erstens ist

$$\varepsilon_1 - \varepsilon_{10} \approx \varepsilon_2 - \varepsilon_{20}, \quad \text{wenn} \quad W \gg \varepsilon_{10}, \varepsilon_{20}, \qquad (18.9)$$

gleichgültig in welchem Verhältnis ε_{10} und ε_{20} zueinander stehen, und zweitens ist

wenn
$$\left.\begin{array}{c}\dfrac{\varepsilon_1 - \varepsilon_{10}}{\varepsilon_2 - \varepsilon_{20}} = \dfrac{\varepsilon_{20}}{\varepsilon_{10}} - \left(\dfrac{W}{2\,\varepsilon_{10}}\right)^2 \approx \dfrac{\varepsilon_{20}}{\varepsilon_{10}}\,, \\[1ex] \varepsilon_{10} \gg \varepsilon_{20}, W\,; \quad W \lessgtr 2\,\varepsilon_{20}\,,\end{array}\right\} \quad (18.10)$$

wenn also eines der beiden Endprodukte (2) eine sehr viel kleinere Ruhenergie hat als das andere (1) und wenn W nicht viel größer ist als die Ruhenergie des leichteren Endproduktes. Der Fall (18.9) ist bei Umwandlungsprozessen mit sehr hoher Energie ($E_0 \gg \varepsilon_{10}, \varepsilon_{20}$) realisiert oder auch bei der Zerstrahlung eines Elektron-Positron-Paares in zwei Photonen (γ-Quanten, $\varepsilon_{10} = \varepsilon_{20} = 0$). Der Fall (18.10) liegt bei den meisten β-Zerfallsprozessen vor; der Körper 1 ist dann der Restkern und das Endprodukt 2 das emittierte Elektron, so daß $\varepsilon_{20}/\varepsilon_{10} \approx 1/(2000 \times A)$, wobei A die Anzahl der Nukleonen des β-aktiven Kerns bezeichnet. Beim β-Zerfall wird die Zerfallsenergie W also praktisch allein auf das emittierte Elektron übertragen.

Ein Zerfall in unserem Sinn liegt auch vor bei der Emission eines Photons durch ein Atom oder durch einen Kern. Der Emitter erfährt dabei einen Rückstoß, d. h. eine Impuls- und Energie-Übertragung, die unmittelbar aus (18.7) abzulesen sind. Entsprechend hat das emittierte Photon eine Energie $\hbar\omega$, die kleiner ist als die Zerfallsenergie W, d. h. kleiner als die Differenz der inneren Energie von Anfangs- und Endzustand des Emitters. Bezeichnet der Index 1 den Emitter und 2 das Photon ($\varepsilon_{20} = 0$), so ist nach (18.7a, b)

$$\varepsilon_1 - \varepsilon_{10} = \frac{W^2}{2E_0}\,, \quad \hbar\omega = \frac{W(W + 2\,\varepsilon_{10})}{2E_0}\,. \quad (18.11)$$

Dabei ist E_0 die innere Energie des Emitters vor und ε_{10} die nach der Emission, so daß $W = E_0 - \varepsilon_{10}$. Setzt man dies in die zweite Formel von (18.11) ein, so läßt sich diese auch schreiben

$$\hbar\omega = W\,\frac{E_0 + \varepsilon_{10}}{2E_0}\,. \quad (18.11')$$

Für die relative Frequenzverschiebung — nämlich gegenüber dem Fall $\hbar\omega = W$ einer unendlich großen Ruhenergie des Emitters — infolge des Rückstoßes bei der Emission ergibt sich nach (18.11')

$$\frac{W - \hbar\omega}{W} = \frac{E_0 - \varepsilon_{10}}{E_0} = \frac{W}{E_0}\,. \quad (18.12)$$

Bei vorgegebener Ruhenergie E_0 des Emitters ist die relative Frequenzverschiebung also proportional der Energiedifferenz W zwischen Anfangs- und Endzustand des Emitters. Da die Ruhenergie eines Atoms praktisch gleich der seines Kerns ist, die Energiedifferenz W der Hüllen-Zustände und der Kern-Zustände sich aber im allgemeinen um einige Zehnerpotenzen unterscheiden, ist auch die relative Frequenzverschiebung eines emittierten Kern-γ-Quantes im allgemeinen um einige Zehnerpotenzen größer als die der energieschwachen Hüllenphotonen. Die Verschiebung wird natürlich nur dann deutlich, wenn sie größer ist als die natürliche Linienbreite der emittierten Linie. Bei der γ-Emission des Kerns ist dies der Fall, nicht aber bei der Photon-Emission der Atomhülle.

c) **Bindungsenergie (Massendefekt).** Wir betrachten nunmehr den Fall, daß zwischen den Körpern 1 und 2 eine anziehende Wechselwirkung besteht. Man spricht von einer Anziehung dann, wenn bei Konstanthalten (!) der kinetischen Energie der beiden Körper eine gegenseitige Annäherung nur dadurch möglich ist, daß dem Gesamtsystem Energie entzogen wird. Betrachten wir wieder nur Zustände des Gesamtsystems mit $P = 0$, so ist $E = E_0$, und eine Verringerung von E ist gleichbedeutend mit einer Verringerung von E_0. Ist nun in (18.5) der Energieanteil U so normiert, daß für hinreichend großen Abstand der beiden Körper $U = 0$ ist, so hat die Ruhenergie des Gesamtsystems, wenn beide Körper in großem Abstand voneinander ruhen, den Wert $\varepsilon_{10} + \varepsilon_{20}$. Nähert man nun die beiden Körper einander unter Konstanthalten ihrer kinetischen Energie, d. h. so, daß man nur Zustände vergleicht, in denen sie z. B. ruhen, so nimmt $E = E_0$ ab, woraus folgt, daß $U < 0$ sein muß. Die Differenz

$$\varepsilon_{10} + \varepsilon_{20} - E_0 = -U$$

heißt die *Bindungsenergie* (oder der Massendefekt) des betreffenden Zustands des Gesamtsystems; sie ist die Energie, die man erhält, wenn man die Körper 1 und 2 bei konstanter kinetischer Energie aus hinreichend (unendlich) großem Abstand bis auf den betrachteten endlichen Abstand nähert.

Gemessen an der Ruhenergie ist die Bindungsenergie in den meisten Fällen der Praxis außerordentlich klein. Für den Grundzustand des H-Atoms findet man z. B.

Proton $\quad \varepsilon_{10} = 0{,}9386 \cdot 10^9\,\text{eV}$,
Elektron $\quad \varepsilon_{20} = 0{,}51 \cdot 10^6\,\text{eV}$,
Bindungsenergie $-U = 13{,}6\,\text{eV}$.

Die relative Bindungsenergie U/E_0 ist verschwindend klein. Die Bindungsenergien der Kerne führen dagegen in Größenordnungen, die durch Ruhenergie-Messung, d. h. aus Bewegungsvorgängen, bestimmt werden können. So ist für den (einzigen) gebundenen Zustand des Deuterons [1 ME (= Massen-Einheit) = $0{,}931 \cdot 10^9\,\text{eV}$]

Proton $\quad \varepsilon_{10} = 1{,}00813\,\text{ME}$
Neutron $\quad \varepsilon_{20} = 1{,}00895\,\text{ME}$ $\quad \Big\} \; -U = 0{,}00235\,\text{ME} = 2{,}20\,\text{MeV}.$
Deuteron $\quad E_0 = 2{,}01473\,\text{ME}$

Die Ruhenergien (Ruhmassen) sind dabei durch genaue massenspektroskopische Messungen gewonnen, die Bindungsenergie aus diesen Daten berechnet. Andererseits läßt sich die Bindungsenergie aber auch auf anderem Wege messen, nämlich durch Bestimmung der Schwellenergie, bei welcher der Photoeffekt am Deuteron, d. h. die Zerspaltung des Deuterons in Proton und Neutron bei γ-Bestrahlung, einsetzt. In der Tat ergibt sich eine gute Übereinstimmung zwischen dem so gemessenen und dem aus den massenspektroskopischen Daten erhaltenen Wert. Als letztes Beispiel führen wir noch die Vereinigung zweier Deuteronen zu einem He-Kern an:

$$\left.\begin{array}{ll}\text{2 Deuteronen} & \varepsilon_{10} + \varepsilon_{20} = 4{,}02946 \text{ ME} \\ \text{He}^4\text{-Kern} & E_0 = 4{,}00386 \text{ ME}\end{array}\right\} \begin{array}{l} -U = 0{,}0256 \text{ ME} \\ = 24{,}9 \text{ MeV}.\end{array}$$

Es ist schließlich klar, daß die Betrachtungen, die wir hier für Systeme angestellt haben, die aus zwei Teilsystemen zusammengesetzt sind, sinngemäß auch auf komplizierter zusammengesetzte Systeme übertragen werden können.

§ 19 Der Drehimpuls

Neben Energie und Impuls tritt als dritte fundamentale Austausch-Größe der *Drehimpuls*. Er ist vom Charakter eines antisymmetrischen Tensors zweiter Stufe oder, was (im dreidimensionalen Raum) dasselbe ist, eines axialen Vektors

$$\boldsymbol{L} = \{L_x, L_y, L_z\} = \begin{pmatrix} 0 & L_z & -L_y \\ -L_z & 0 & L_x \\ L_y & -L_x & 0 \end{pmatrix},$$

und er genügt einem universellen

Erhaltungssatz: Wenn sich der Drehimpuls eines dynamischen Systems ändert, so kann dies nur dadurch geschehen, daß die Drehimpuls-Differenz zwischen Anfangs- und Endzustand von einem anderen System geliefert oder an dieses abgegeben wird.

Ebenso wie Energie und Impuls kann auch der Drehimpuls zwischen Systemen nur ausgetauscht, nicht erzeugt oder vernichtet werden.

Die Newtonsche Mechanik dient uns auch jetzt wieder zur Orientierung sowohl als zur Gewinnung der wichtigsten Formeln. Das N-Körper-Problem der Newtonschen Gravitationstheorie liefert in den axialen Vektoren (9.4a), (9.13) und (9.14) Integrale der Bewegung, die nach Satz 14.1 als Ausdruck eines Erhaltungssatzes angesehen werden können. Mit $1/\varGamma$ multipliziert, haben sie die folgende

Gestalt

$$L = L_s + L_{in} = \sum_{k=1}^{N} m_k (r_k \times v_k) = \sum_{k=1}^{N} (r_k \times p_k), \tag{19.1}$$

$$L_s = \left(\sum_{k=1}^{N} m_k\right)(R \times V) = R \times P, \tag{19.2}$$

$$L_{in} = \sum_{k=1}^{N} m_k [(r_k - R) \times v_k] = \sum_{k=1}^{N} (r_k - R) \times p_k. \tag{19.3}$$

Dabei bedeuten R den Ortsvektor des Schwerpunktes und $P = \sum p_k$ den Gesamtimpuls des Systems. Wir nennen L_{in} den *inneren Drehimpuls* des Systems, entsprechend L_s den *äußeren oder Schwerpunkts-Drehimpuls*. L_{in} wie L_s sind Integrale der Bewegung, ihre Summe L bezeichnet man auch als den *Gesamtdrehimpuls*. Der Wert des äußeren Drehimpulses L_s hängt ab von der Wahl des Koordinaten-Nullpunktes: Bei Verschiebungen — und selbstverständlich auch bei Translationen — des Bezugssystems ändert er seinen Betrag sowohl als seine Richtung. Im Gegensatz dazu ist der innere Drehimpuls L_{in} gegen Verschiebungen wie auch gegen translative Bewegungen des Bezugssystems invariant. Diese Behauptung, insbesondere die Invarianz von L_{in}, sind aus (19.2) und (19.3) unmittelbar abzulesen; denn bei einer Verschiebung a transformieren sich die Ortsvektoren gemäß

$$r'_k = r_k + a, \quad R' = R + a,$$

so daß $r_k - R$ sowohl als p_k, und damit auch $P = \sum p_k$, invariant sind, während bei Translationen

$$r'_k = r_k + t\, v_0, \quad R' = R + t\, v_0, \quad p'_k = p_k + m_k v_0$$

der innere Drehimpuls L_{in} in sich übergeht, weil

$$v_0 \sum_k m_k (r_k - R) = v_0 \left\{\sum_k m_k r_k - \sum_k m_k r_k\right\} = 0.$$

Es gibt also Drehimpuls-Übertragungen auf ein System, die Verschiebungen des Bezugssystems äquivalent sind und daher auch durch solche rückgängig gemacht werden können. Diesen stellen wir die „echten" Drehimpuls-Übertragungen gegenüber, die nicht auf so einfache Weise rückgängig zu machen sind.

Solange man als Variablen eines N-Körper-Problems neben den n Ortsvektoren r_k der punktartigen Körper auch alle N Impulsvektoren p_k verwendet, sind, wie die Formeln (19.2,3) zeigen, innerer wie äußerer Drehimpuls keine davon unabhängigen Größen. Dies wird noch klarer bei einer detaillierteren Betrachtung des Ein- und Zweikörper-Problems.

Ein einzelner punktartiger Körper hat nur einen äußeren Drehimpuls

$$L = r \times p.\qquad(19.4)$$

Bewegt sich der Körper in einem Feld, dessen Energie durch $U(r)$ repräsentiert wird, so ist die Impulsänderung, die der Körper am Ort r erfährt, nach (16.6) gegeben durch

$$\frac{dp}{dt} = -\operatorname{grad} U(r).$$

Nach (19.4) ist damit aber wegen

$$\frac{dL}{dt} = \left(\frac{dr}{dt} \times p\right) + \left(r \times \frac{dp}{dt}\right) = r \times \frac{dp}{dt} = -r \times \operatorname{grad} U \qquad(19.5)$$

auch die Änderung des Drehimpulses bestimmt. Impuls- und (äußerer) Drehimpuls-Austausch des Körpers sind also nicht unabhängig voneinander. Da nach (19.2) alles, was wir über den Drehimpuls des Einkörper-Problems gesagt haben, sinngemäß auf den Schwerpunkts-Drehimpuls L_s eines Mehrkörper-Problems übertragen werden kann, gilt die letzte Feststellung allgemein: Der L_s- und der P-Austausch eines Mehrkörper-Problems sind nicht unabhängig voneinander.

Gl. (19.5) zeigt übrigens, daß L ein Integral der Bewegung ist, wenn $\operatorname{grad} U$ und r parallel sind. Dies ist z. B. dann der Fall, wenn $U(r)$ zentralsymmetrisch um $r = 0$ ist: $U(r) = U(r)$. Die Gleichung „$dL/dt = 0$ für jedes um $r = 0$ zentralsymmetrische Feld $U(r)$" kann also auch so gelesen werden: Ein zentralsymmetrisches Feld $U(r)$ — und damit auch ein zentralsymmetrisches Kraftfeld — kann keinen Drehimpuls austauschen, deshalb muß der Drehimpuls L des Körpers bei der Bewegung konstant bleiben. Man wird vermuten, daß ein zentralsymmetrisches Feld niemals Drehimpuls besitzt und daß eine Aufnahme von Drehimpuls nur möglich ist, wenn die Zentralsymmetrie aufgegeben wird. Dies ist in der Tat eine gute Merkregel, die sich in der ganzen Physik bestätigt.

Beim Zweikörper-Problem gibt es neben dem äußeren ($L_s = R \times P$) auch einen inneren Drehimpuls:

$$L_{in} = r \times p = (r_1 - r_2) \times \frac{m_2 p_1 - m_1 p_2}{m_1 + m_2}.$$

Der Austausch des äußeren Drehimpulses ist, wie wir gesehen haben, nicht unabhängig vom Impuls-Austausch des Gesamtsystems. Für den inneren Drehimpuls L_{in} liegen die Dinge etwas anders. Zwar ist auch er abhängig von $r = r_1 - r_2$ und $p = (m_2 p_1 - m_1 p_2)/(m_1 + m_2)$, wenn man letztere als unabhängige Variablen wählt, aber diese Wahl ist weder notwendig, noch in jedem Falle zweckmäßig. Man wird daher daran denken, statt p den inneren Drehimpuls L_{in} als unabhängige Variable zu benutzen. Dies ist allerdings keine vollwertige Substitution, da nicht alle Größen, die sich aus r

und p bilden lassen, auch aus r und $L_{in} = r \times p$ aufgebaut werden können; so ist z. B. der Vektor p selbst keineswegs durch r und L_{in} bestimmt, sondern nur seine Komponente senkrecht zu r. Die drei Komponenten von L_{in}, so können wir cum grano salis sagen, verhalten sich so, als repräsentierten sie nur zwei unabhängige Variablen. Tatsächlich zeigt sich diese „Unvollständigkeit" der Komponenten von L_{in} als unabhängige Variablen auch, wenn wir die Energie des Zweikörper-Problems (15.10) so schreiben, daß L_{in} als Variable in ihr auftritt. Aus (15.10) ergibt sich, wenn wir r, φ als ebene Polarkoordinaten verwenden,

$$E_{in} = \frac{\mu}{2}\dot{r}^2 + U(r) + \frac{\mu}{2}r^2\dot{\varphi}^2 = \frac{1}{2\mu}p_r^2 + U(r) + \frac{L_{in}^2}{2\mu r^2} \; ; \quad (19.6)$$

dabei ist $p_r = \mu\dot{r}$. Neben L_{in} tritt also noch die Variable p_r auf. Das Ergebnis ist übrigens unmittelbar evident, denn es ist unmöglich, durch L_{in} einen Energieanteil auszudrücken, der von einer Schwingung der beiden Körper des Zweikörper-Systems gegeneinander herrührt.

Wir betrachten schließlich noch den Gesamtdrehimpuls des Zweikörper-Systems. Da sowohl L_s als auch L_{in} Integrale der Bewegung sind, gilt dasselbe trivialerweise für $L = L_s + L_{in}$. Andererseits läßt sich L auch in der Form

$$L = L_1 + L_2 = (r_1 \times p_1) + (r_2 \times p_2),$$

d. h. als Summe der Drehimpulse des Körpers 1 und des Körpers 2 schreiben. Da L aber ein Integral der Bewegung ist, besagt die letzte Gleichung: Die beiden Körper tauschen ihren Drehimpuls so untereinander aus, daß der eine *momentan* das aufnimmt, was der andere abgibt und umgekehrt.

Diese Feststellung leitet bereits zu der Frage über, welche Aussagen der Newtonschen Mechanik über den Drehimpuls einen allgemeinen Anspruch auf Gültigkeit erheben können und welche nicht. Zunächst ist klar, daß die letzte Aussage über den momentanen Austausch des Drehimpulses zwischen den beiden Körpern des Zweikörper-Problems nur approximativ gültig und lediglich eine Folge der retardierungsfreien Wechselwirkung (18.1) ist. Ein Feld, dessen Energieaustausch sich durch eine Funktion $U(|r_1 - r_2|)$ beschreiben läßt, kann eben nur Energie, dagegen weder Impuls noch Drehimpuls aufnehmen. Daß diese Beschreibung nur bei kleinen Geschwindigkeiten der beteiligten Körper brauchbar ist, können wir als sicher unterstellen.

Schwieriger ist die Frage zu beantworten, ob die Zerlegung des Gesamtdrehimpulses eines Systems in einen äußeren und einen inneren Anteil stets gelingt oder ob sie ebenfalls nur approximativ vorgenommen werden kann. Diese Frage ist zugunsten der ersten Alternative zu beantworten in allen jenen Fällen, in denen sich ein „Ruhsystem" finden läßt, d. h. ein Bezugssystem, in dem $P = 0$ ist und außerdem ein Energiemittelpunkt eindeutig erklärt werden kann. In allen diesen Fällen gibt die Formel (19.2), in der R nun den Ortsvektor des Energiemittelpunktes bezeichnet, den äußeren Drehimpuls des Systems an. Entsprechend ist dann der innere Drehimpuls durch eine zu (19.3) analoge Formel oder auch einfach durch $L - L_s$ zu erklären. Schwieriger wird die Sachlage, wenn kein Ruhsystem existiert, wie im Fall von Teilchen mit verschwindender Ruhenergie. Wir wollen an dieser Stelle nicht darauf eingehen.

Die Betrachtungen über den Drehimpuls zeigen, daß es im Grunde recht willkürlich ist, dem punktartigen Körper der Mechanik außer seiner Ruhenergie ε_0 keine weitere innere Eigenschaft zuzuschreiben. Setzt man nämlich nur zwei solche Körper zusammen zu einem neuen System und betrachtet man dieses wieder als einen punktartigen Körper — was z. B. ohne Schwierigkeit geht, wenn die beiden Körper genügend nahe beieinander bleiben — so besitzt dieser Körper neben seiner Ruhenergie auch noch einen Drehimpuls als innere Eigenschaft. Es ist daher eine naheliegende Verallgemeinerung, den Körpern der Mechanik neben ihrer Ruhenergie allgemein auch einen möglichen inneren Drehimpuls, ja unter Umständen noch weitere innere Größen, zuzuschreiben.

Mit dieser Begriffserweiterung lassen sich auch die Elementarteilchen beschreiben. Denn ein Elementarteilchen besitzt nicht nur eine charakteristische innere Energie (Ruhmasse), sondern auch einen wohlbestimmten inneren Drehimpuls, seinen *Spin*. Elektron (e^-), Proton (p) und Neutron (n) haben alle drei den Spin $\hbar/2$, was ein Maß ist für den Betrag des inneren Drehimpulses. Nun beobachtet man den Zerfall des Neutrons in Proton und Elektron (der mit einer Halbwertszeit von ca. 12 min vonstatten geht). Nach § 18,b hat dieser Prozeß die Zerfallsenergie

$$W = \varepsilon_{0n} - \varepsilon_{0p} - \varepsilon_{0e} = 2{,}9 \cdot 10^5 \text{ eV}.$$

Nimmt man das zerfallende Neutron als in Ruhe befindlich an, so müßte das Zerfalls-Elektron stets mit einer wohldefinierten Bewegungs-Energie auftreten, nämlich nach (18.10) praktisch mit der gesamten frei werdenden Energie von $2{,}9 \cdot 10^5$ eV. Dieses Resultat steht nun im Widerspruch zur Beobachtung: Das Zerfalls-Elektron tritt mit allen Energien auf, die kleiner oder gleich dem eben genannten Betrag sind. Daraus schließt man, daß noch ein drittes System am Energieaustausch dieses Zerfallsprozesses beteiligt sein muß.

Derselbe Schluß wird auch durch Betrachtung der Drehimpuls-Bilanz des Prozesses nahegelegt. Das zerfallende Neutron hat den inneren Drehimpuls $\frac{1}{2}\hbar$, und dasselbe gilt für jedes der beiden

Folgeprodukte p und e^-. Da dem System kein Drehimpuls zugeführt worden ist — denn wir nehmen an, daß ein isoliertes Neutron zerfällt — bleibt nur eine einfache Alternative: Entweder sind die Bahnen von Proton und Elektron stets so gegeneinander orientiert, daß die Bahnbewegung dieser beiden Teilchen einen Drehimpuls besitzt, dessen Betrag ein halbzahliges Vielfaches von $\hbar$ ist, oder es ist ein weiteres System an dem betrachteten Zerfallsprozeß beteiligt, mit dem Drehimpuls ausgetauscht werden kann. Tatsächlich wird die erste Alternative von der Quantenmechanik als unmöglich erklärt. Nach ihr kann jedes System Drehimpuls nur in ganzzahligen Vielfachen von $\hbar$ *austauschen*[1]. Der Bewegungszustand des Proton-Elektron-Systems, in welchem die beiden Teilchen genau entgegengesetzt auseinanderfliegen, ist nun physikalisch sicher möglich, und daher kann dieser Zustand auch (durch Drehimpuls-Entzug) aus dem Endzustand jedes Zerfallsprozesses hergestellt werden. Der fragliche Zustand hat aber den „Bahndrehimpuls" Null; somit muß der Gesamtdrehimpuls des Systems ein ganzzahliges Vielfaches von $\hbar$ sein. Da der Drehimpuls des Anfangszustandes des Systems ein halbzahliges Vielfaches von $\hbar$ war, hätte also ein Prozeß stattgefunden, bei dem insgesamt ein halbzahliges Vielfaches von $\hbar$ als Drehimpuls ausgetauscht worden wäre. Dies ist aber, wie gesagt, nach der Quantenmechanik unmöglich. Somit bleibt in der Tat nur die zweite Alternative, die im übrigen sehr gut mit dem aus der Energiebetrachtung folgenden Resultat zusammenpaßt: Am Zerfall des Neutrons in Proton und Elektron muß ein drittes System beteiligt sein, das ebenfalls einen inneren Drehimpuls vom Betrag eines halbzahligen Vielfachen von $\hbar$ besitzt, und Energie sowie Impuls auszutauschen imstande ist. Tatsächlich ist auch die Impulsaufnahme des Systems experimentell bestätigt worden. Außerdem trägt das System keine elektrische Ladung, da auch für diese ein Erhaltungssatz besteht. Das auf diese Weise — nämlich durch seine Fähigkeit, Energie, Impuls und Drehimpuls auszutauschen — nachgewiesene System nennt man das *Elektron-Antineutrino* ($\bar{\nu}_e$). Seine Ruhenergie läßt sich aus dem Maximalbetrag der kinetischen Energie bestimmen, mit dem das Zerfalls-Elektron auftritt. Stimmt dieser Maximalbetrag exakt mit der anfangs bestimmten Bewegungsenergie des Elektrons überein, so ist die Ruhenergie des Antineutrinos Null. Die Experimente liefern dieses Resultat mit einer Genauigkeit von ca. 500 eV. Der „β-Zerfall" des Neutrons wird also durch die „Reaktionsgleichung"

$$n \to p + e^- + \bar{\nu}_e \qquad (19.7)$$

beschrieben.

---

[1] Der Drehimpuls kann zwar halbzahlige Vielfache von $\hbar$ als Werte haben, aber ein *Austausch* erfolgt nur in ganzzahligen Vielfachen von $\hbar$.

Spin, Ruhenergie und elektrische Ladung sind nicht die einzigen inneren Austausch-Größen der Elementarteilchen, zu ihnen treten vielmehr eine ganze Reihe weiterer, die heute als praktisch ebenso gesichert anzusehen sind wie die erstgenannten. Als vorläufigen Überblick fügen wir daher einige Bemerkungen über Elementarteilchen an.

Das Wort Elementarteilchen ruft vielfach die Vorstellung hervor, daß es sich bei diesen kleinsten Bausteinen der Welt um Gebilde handelt, die unzerlegbar und damit, wie man zu schließen gewohnt ist, zeitlich unveränderlich und unwandelbar sind. Die Erfahrung hat jedoch gelehrt, daß jener Schluß voreilig und unzutreffend ist: Eine grundlegende Eigenschaft der Elementarteilchen ist vielmehr ihr Zerfall und ihre Umwandelbarkeit ineinander. Diese Umwandelbarkeit ist dabei nicht so zu verstehen, daß ein Teilchen, das in andere zerfallen kann, aus diesen anderen zusammengesetzt ist, so daß die Bruchstücke die eigentlich elementaren Gebilde wären, vielmehr entstehen die Bruchstücke erst im Augenblick des Zerfalls. Die Gleichung (19.7), die den Zerfall eines Neutrons beschreibt, bedeutet daher keineswegs, daß das Neutron zusammengesetzt ist aus dem Proton, dem Elektron und dem Antineutrino. Das ist schon deswegen nicht möglich, weil das Antineutrino (ebenso wie das Neutrino) als Teilchen der Ruhenergie Null überhaupt nur in Zuständen existieren kann, in denen es sich mit Lichtgeschwindigkeit fortbewegt. Die Gleichung (19.7) bedeutet auch nicht, daß die β-Zerfallsreaktion des Neutrons nur in der angegebenen Richtung erfolgen kann; auch die Umkehrung, der inverse β-Zerfall, ist möglich und findet sogar mit derselben Wahrscheinlichkeit statt, wenn man Proton, Elektron und Antineutrino so oft in einem Gebiet von 10^{-13} cm Durchmesser zusammenbringt, daß die mittlere Aufenthaltsdauer aller drei Teilchen in diesem Gebiet von der Größenordnung der mittleren Lebensdauer eines Neutrons wird.

Zur Verifikation dieser Behauptung benutzt man statt (19.7) die Reaktion

$$p + \bar{\nu}_e \to n + e^+, \qquad (19.8)$$

die aus (19.7) hervorgeht, wenn man e^- auf die andere Gleichungsseite bringt. Gl. (19.8) beschreibt den Einfang eines Antineutrinos durch ein Proton, das sich dabei in ein Neutron umwandelt und ein Positron emittiert (das dann nachgewiesen werden kann). Auch diese Reaktion geht nur vonstatten, wenn Proton und Antineutrino so lange bzw. so oft zusammengebracht werden, daß eine Gesamtdauer des Zusammenseins von der Größenordnung der mittleren Lebensdauer eines Neutrons resultiert. Ein Antineutrino muß also eine außerordentlich große Anzahl von Protonen passieren (bei normaler Dichte etwa eine Materieschicht von einigen tausend Lichtjahren Dicke) bevor es absorbiert wird und die Reaktion (19.8) auslöst. Trotz dieser

Schwierigkeit konnte die Reaktion (19.8) experimentell nachgewiesen und die obige Behauptung verifiziert werden.

Die Umwandlungs- und Zerfalls-Reaktionen der Elementarteilchen hängen nun aufs engste mit ihren Wechselwirkungen zusammen. Um dies zu erläutern, betrachten wir eine Reaktion vom Typ

$$A + B \rightleftarrows C. \qquad (19.9)$$

Von links nach rechts gelesen, beschreibt diese Gleichung die Bildung des Teilchens C aus den Teilchen A und B (z.B. dadurch, daß A auf B oder umgekehrt B auf A geschossen wird), von rechts nach links gelesen, beschreibt sie den Zerfall des Teilchens C in die Teilchen A und B. Wenn die Teilchen A und B in der Lage sein sollen, unter geeigneten Bedingungen ein Teilchen C zu bilden, so müssen sie miteinander wechselwirken, und eben diese Wechselwirkung macht man auch für den Umkehrungsprozeß, d. h. für den Zerfall von C in A und B verantwortlich. Dynamisch können wir diesen Tatbestand folgendermaßen beschreiben. Jedes Teilchen ist ein dynamisches System[1], das mit anderen Systemen (= anderen Teilchen) wechselwirken, d.h. irgendwelche Größen austauschen kann (zu denen mit Sicherheit Energie, Impuls und Drehimpuls gehören). Um Prozesse beschreiben zu können, in denen Teilchen entstehen oder vergehen, müssen wir dabei jedem Teilchen einen besonderen Zustand der „Nicht-Existenz" zuschreiben, in dem es sich befindet, wenn es alle seine austauschbaren Größen abgegeben hat, wenn es also dynamisch „leer" ist[2]. Prozesse wie (19.9) lassen sich dann wie folgt beschreiben. Von rechts nach links gelesen: das System C gibt alle seine dynamischen Größen ab an die beiden Systeme A und B, wodurch A und B in einen Zustand der Existenz kommen und C in den Zustand der Nicht-Existenz übergeht. Es ist klar, daß ein solcher Übergang, d.h. der Zerfall von C in A und B, stets dann nicht möglich ist, wenn alle auszutauschenden Größen Erhaltungssätzen genügen und A und B zusammen (etwa infolge ihrer Struktur) nicht alles aufnehmen können, was C abgeben muß, um zu „verschwinden".

Dieses einfache Verfahren der dynamischen Beschreibung physikalischer Vorgänge erlaubt nun, Übersicht und Ordnung in die

---

[1] Diese Annahme ist keineswegs zwingend, man kann auch mehrere (oder gar alle Teilchen zu *einem* System zusammenfassen, indem man die Teilchen als verschiedene Zustände desselben Systems ansieht. Diese Annahme scheint sogar entschiedene Vorteile gegenüber der obigen zu haben, aber das ist im Augenblick nicht von Belang.

[2] Die Tatsache, daß ein Teilchen zerfällt und damit „verschwindet", besagt, daß es nur aus austauschbaren Größen besteht. *Ein Elementarteilchen ist daher nichts als eine Kombination austauschbarer Größen, von denen jede in einem wohlbestimmten Betrag auftritt*, d, h. ein *Zustand*.

Der Drehimpuls 109

Vielfalt der Prozesse der Elementarteilchen zu bringen. Es hat sich nämlich gezeigt, daß alle bekannten Umwandlungsprozesse zwischen Elementarteilchen — auch „fundamentale Prozesse" genannt — sich sehr einfach charakterisieren lassen, wenn man den Elementarteilchen gewisse innere Größen zuschreibt, die Erhaltungssätzen genügen. Ein besonderes Kennzeichen dieser inneren austauschbaren Größen der Elementarteilchen ist, daß sie, wie der Spin, nicht stetig veränderlich sind, sondern nur diskrete Werte annehmen. Ein Austausch der fraglichen Größen erfolgt daher quantenhaft. Die möglichen Werte der Größen kennzeichnet man entsprechend durch „Quantenzahlen". Die Tabelle 1 gibt die gegenwärtige Lage auf dem Elementarteilchen-Markt wieder, wobei allerdings nur die „Grundzustände" der Teilchen angeführt sind; alle angeregten Zustände, die als Folge der „starken" Wechselwirkung nach einer mittleren Lebensdauer von der Größenordnung 10^{-23} sec zerfallen, wurden dagegen fortgelassen. Die in den ersten fünf Rubriken aufgeführten Größen (Spin, elektrische Ladung, Elektron-Zahl, Myon-Zahl, Baryon-Zahl) erfüllen bei allen Prozessen strenge Erhaltungssätze. Das bedeutet, daß ein Umwandlungsprozeß nur möglich ist, wenn die Zahlwerte dieser Größen im Anfangs- und Endzustand des Prozesses dieselben sind, wobei allerdings zu beachten ist, daß der Spin sich vektoriell addiert und überdies als innerer Anteil des Gesamtdrehimpulses erscheint, der ebenfalls einem Erhaltungssatz genügt. Neben diesen Größen genügen natürlich auch Energie und Impuls einem Erhaltungssatz. Indessen ist die Erhaltung der genannten Größen nur als notwendige Bedingung zu verstehen: Ein Prozeß, bei dem eine der Größen nicht erhalten bleibt, ist unmöglich, dagegen ist nicht gesagt, daß jeder mit der Erhaltung der Größen zu vereinbarende Prozeß auch möglich ist; andere Regeln, wie z. B. die Erhaltung weiterer Größen, könnten ihn verbieten. Wir kommen darauf zurück.

Die Möglichkeit des Austausches von Größen zwischen physikalischen Systemen nennen wir Wechselwirkung. Die Erfahrung hat nun gelehrt, daß man verschiedene Arten von Wechselwirkungen unterscheiden kann, von denen jede i. a. an das Vorhandensein gewisser physikalischer Größen geknüpft ist. So zeigen elektrisch geladene (makroskopische) Körper zwei verschiedene Typen von Wechselwirkungen, einmal die ihrer *Ladung proportionale* elektromagnetische Wechselwirkung und zum anderen die ihrer *Energie* — die im wesentlichen Ruhenergie (= Masse) ist — proportionale Gravitations-Wechselwirkung. Diese beiden Wechselwirkungen zeigen, trotz mancher Ähnlichkeiten, charakteristische Unterschiede. Bei den Elementarteilchen treten daneben zwei weitere Wechselwirkungen auf, die in der makroskopischen Physik nicht vorkommen — und daher vermutlich an das Vorhandensein von Größen geknüpft sind, die makroskopisch nicht beobachtet werden —, die „starke" und die „schwache" Wechselwirkung. So zeigen alle Mesonen[1] und Baryonen die starke Wechselwirkung (was keineswegs heißt, daß sie außerdem nicht noch anders wechselwirken). Die vieldiskutierten „Kernkräfte" zwischen den Nucleonen sind nichts anderes als diese starke Wechselwirkung, die sich, was Reichweite und Energieumsetzungen betrifft, wesentlich anders verhält als z. B. die elektromagnetische. Auf die Existenz der schwachen Wechselwirkung schließlich führte die Beobachtung des β-Zerfalls.

Da, wie wir eingangs sagten, Umwandlung und Zerfall (die im Prinzip dasselbe sind) Grundeigenschaften der Elementarteilchen sind, gibt jede Wechselwirkung Anlaß zum Zerfall. Daher läßt sich jede der vier Wechselwirkungen ungefähr durch die Größenordnung der mittleren Lebensdauer eines Teilchens kennzeichnen[2], das infolge dieser Wechselwirkung in andere Teilchen zerfällt.

Die *starke* Wechselwirkung z. B. ist dadurch gekennzeichnet, daß ein Teilchen, das unter ihrer Folge zerfällt, eine mittlere Lebensdauer von der Größenordnung 10^{-23} sec hat. Ein Teilchen mit einer mittleren Lebensdauer dieser Größenordnung fliegt, selbst wenn es sich mit Lichtgeschwindigkeit bewegt, nur etwa 10^{-13} cm weit, d. h. eine Strecke von der Größenordnung seines eigenen Durchmessers. Ein solches Teilchen, hinterläßt daher gar keine Spur, so daß seine Existenz lediglich durch das Streuverhalten seiner Zerfallsprodukte nachzuweisen ist[3]. Aus diesem Grund werden jene kurzlebigen Ge-

---

[1] Im Gegensatz zur älteren Bezeichnungsweise, nach der die Myonen auch „μ-Mesonen" genannt wurden, werden die Myonen heute *nicht* mehr zu den Mesonen gezählt. Alle Mesonen haben den Spin Null oder allgemeiner ganzzahligen Spin; dann läßt sich auch das Photon zu den Mesonen zählen. Teilchen mit ganzzahligem Spin heißen auch „Bosonen". Im Gegensatz zu den Teilchen mit halbzahligem Spin, den „Fermionen", die nur in Paaren derselben Familie (Elektron-, Myon-, Baryon-Familie) erzeugt oder vernichtet werden können, sind die Bosonen keiner solchen Beschränkung unterworfen. Dies ist auch aus Tabelle 1 abzulesen.

[2] Unter gewissen einschränkenden Bedingungen, wie z. B. der, daß die Summe der Ruhenergien der Zerfallsprodukte wesentlich kleiner ist als die Ruhenergie des zerfallenden Teilchens. Diese Voraussetzung ist z. B. beim Zerfall des Neutrons (19.7) nicht erfüllt. Daher weicht, obwohl der Zerfall (19.7) des Neutrons auf der schwachen Wechselwirkung beruht, die mittlere Lebensdauer des Neutrons (17 min) wesentlich ab von dem sonst für die schwache Wechselwirkung charakteristischen Wert von 10^{-9} sec (s. w. u.).

[3] Übrigens sind in Nebel- oder Blasenkammern die Spuren aller Teilchen nicht sichtbar, deren Lebensdauern kürzer sind als 10^{-16} sec. Die Teilchen mit kürzerer Lebensdauer müssen daher durch Resonanzen bei Streuexperimenten nachgewiesen werden. Andererseits werden aber diese Resonanzen erst bei Teilchen mit Lebensdauern $\lesssim 10^{-21}$ sec hinreichend breit, um mit den bisherigen Mitteln experimentell aufgelöst werden zu können. Man hat daher bis heute kein experimentelles Nachweismittel, mit dem mittlere Teilchen-Lebensdauern zwischen 10^{-21} sec und 10^{-16} sec direkt gemessen werden können.

bilde auch „Resonanzen" genannt. Tabelle 1 enthält keine Teilchen dieser Art, vielmehr sind alle aufgeführten Teilchen gegenüber der starken Wechselwirkung stabil, was bedeutet, daß ihre Lebensdauern groß sind gegen 10^{-23} sec. Da andererseits die Majorität dieser Teilchen, nämlich alle Mesonen und Baryonen, an der starken Wechselwirkung teil hat, erklärt man diese Stabilität dadurch, daß es Größen gibt, die bei allen durch die starke Wechselwirkung bedingten Prozessen Erhaltungssätzen genügen und daß eben diese Erhaltungssätze den Zerfall der Teilchen verbieten. Neben Energie und Impuls sind dies alle in Tabelle 1 aufgeführten Größen, das heißt außer den fünf bereits genannten inneren Größen noch zwei weitere, nämlich die „Hyperladung" Y und der „Isospin" I (der übrigens, was seine Addition angeht, als Betrag einer vektorartigen Größe anzusehen ist)[1].

Ein Teilchen, das auf Grund der *elektromagnetischen* Wechselwirkung zerfällt, hat eine mittlere Lebensdauer von der Größenordnung 10^{-21} sec. Beruht dagegen der Zerfall eines Teilchens allein auf der *schwachen* Wechselwirkung, so hat es eine mittlere Lebensdauer von 10^{-9} sec. Die Gravitations-Wechselwirkung schließlich führt auf mittlere Lebensdauern von 10^{+16} sec, das sind 10^9 Jahre. Man sagt daher auch, daß sich die starke, die elektromagnetische, die schwache und die Gravitations-Wechselwirkung in ihren relativen „Stärken" zueinander verhalten wie $1 : 10^{-2} : 10^{-14} : 10^{-39}$. Die Gravitations-Wechselwirkung ist wegen ihrer außerordentlich geringen „Stärke" für die Elementarteilchen-Physik bis heute unwichtig.

Die starke Wechselwirkung ist, wie wir schon sagten, allein an Mesonen und Baryonen gekoppelt. Die elektromagnetische ist neben dem Photon all jenen Teilchen gemeinsam, die eine elektrische Ladung oder ein magnetisches Moment tragen, überdies noch dem $\varkappa^0$ und η^0, also allen Teilchen überhaupt, außer den beiden Neutrinos und den Antineutrinos. Der schwachen Wechselwirkung schließlich scheinen alle in Tabelle 1 aufgeführten Teilchen unterworfen zu sein. Mit Ausnahme der Neutrinos zeigt somit jedes Teilchen der Tabelle 1 mindestens zwei Wechselwirkungen, die Mesonen und Baryonen, sogar alle drei, die starke, die elektromagnetische und die schwache Wechselwirkung. Im Normalfall koppelt ein Teilchen also mit mehreren Wechselwirkungen, die alle zum Zerfall des Teilchens führen — natürlich nach verschiedenen Zerfallsprozessen — falls nicht Erhaltungssätze dies verbieten.

---

[1] Die als Folge der starken Wechselwirkung ablaufenden Prozesse erfüllen noch weitere Bedingungen (wie die Erhaltung der Parität u. a.), auf die wir hier nicht eingehen. Ähnliches gilt auch für die anderen Wechselwirkungen; denn die in Tabelle 1 aufgeführten Größen sind keineswegs „vollständig", sie stellen, wie wir schon sagten, nur notwendige Bedingungen dar.

Tabelle 1. *Liste der Elementarteilchen (Grundzustände)*

			Spin (in $\hbar$)	Elektrische Ladung (in e)	Elektron Zahl E	Myon Zahl M	Baryon Zahl A	Hyper Ladung Y	Isospin I	Ruhenergie in MeV
Elektron-Familie		Elektron e^-	1/2	-1	$+1$	0	0			0,51
		e-Neutrino ν_e	1/2	0	$+1$	0	0			0
	Anti- $\{$	Elektron $\overline{e^-}=e^+$	1/2	$+1$	-1	0	0			0,51
		e-Neutrino $\overline{\nu}_e$	1/2	0	-1	0	0			0
Myon-Familie		Myon μ^-	1/2	-1	0	$+1$	0			105,65
		μ-Neutrino ν_μ	1/2	0	0	$+1$	0			0
	Anti- $\{$	Myon $\overline{\mu^-}=\mu^+$	1/2	$+1$	0	-1	0			105,65
		μ-Neutrino $\overline{\nu}_\mu$	1/2	0	0	-1	0			0
		Photon γ	1	0	0	0	0			0
Mesonen	Pi- (Pion)	π^0	0	0	0	0	0	0	1	135,0
		π^+	0	$+1$	0	0	0	0	1	139,6
		π^-	0	-1	0	0	0	0	1	139,6
	Kappa (Kaon)	$\varkappa^+(K^+)$	0	$+1$	0	0	0	$+1$	1/2	493,9
		$\varkappa^0(K^0)$	0	0	0	0	0	$+1$	1/2	497,8
	Antikappa	$\overline{\varkappa^+}(\overline{K^+})$	0	-1	0	0	0	-1	1/2	493,9
		$\overline{\varkappa^0}(\overline{K^0})$	0	0	0	0	0	-1	1/2	497,8
	Eta	η^0	0	0	0	0	0	0	0	548

Der Drehimpuls

Nucleon	p (Proton) n (Neutron)	1/2 1/2	+1 0	0 0	0 0	+1 +1	+1 +1	1/2 1/2	938,2 939,5
Antinucleon	$\bar{p}$ $\bar{n}$	1/2 1/2	−1 0	0 0	0 0	−1 −1	−1 −1	1/2 1/2	938,2 939,5
Lambda Antilambda	Λ $\bar{\Lambda}$	1/2 1/2	0 0	0 0	0 0	+1 −1	0 0	0 0	1115,4 1115,4
Sigma	Σ^+ Σ^0 Σ^-	1/2 1/2 1/2	+1 0 −1	0 0 0	0 0 0	+1 +1 +1	0 0 0	1 1 1	1189,4 1193,2 1197,6
Antisigma	$\bar{\Sigma}^+$ $\bar{\Sigma}^0$ $\bar{\Sigma}^-$	1/2 1/2 1/2	−1 0 +1	0 0 0	0 0 0	−1 −1 −1	0 0 0	1 1 1	1189,4 1193,2 1197,6
Delta	Δ^{2+} Δ^+ Δ^- Δ^0	3/2 3/2 3/2 3/2	+2 +1 −1 0	0 0 0 0	0 0 0 0	+1 +1 +1 +1	+1 +1 +1 +1	3/2 3/2 3/2 3/2	≈ 1238
Antidelta	$\bar{\Delta}^{2+}$ $\bar{\Delta}^+$ $\bar{\Delta}^-$ $\bar{\Delta}^0$	3/2 3/2 3/2 3/2	−2 −1 +1 0	0 0 0 0	0 0 0 0	−1 −1 −1 −1	−1 −1 −1 −1	3/2 3/2 3/2 3/2	≈ 1238
Xi	Ξ^- Ξ^0	1/2 1/2	−1 0	0 0	0 0	+1 +1	−1 −1	1/2 1/2	1316(±3) 1321
Antixi	$\bar{\Xi}^-$ $\bar{\Xi}^0$	1/2 1/2	+1 0	0 0	0 0	−1 −1	+1 +1	1/2 1/2	1316(±3) 1321
Omega Antiomega	Ω^- $\bar{\Omega}^-$	3/2 3/2	−1 +1	0 0	0 0	−2 +2	0 0	0 0	1685 1685

Baryonen

114 Elementare Dynamik

Wichtig ist nun folgende *Regel*: Bei Prozessen der starken Wechselwirkung genügen alle sieben in Tabelle 1 angeführten Größen Erhaltungssätzen, bei Prozessen der elektromagnetischen nur die ersten sechs (nicht jedoch der Isospin) und bei Prozessen der schwachen Wechselwirkung nur die ersten fünf (nicht dagegen die Hyperladung und der Isospin). Überdies gilt natürlich in allen Fällen die Erhaltung von Energie, Impuls und Drehimpuls. Dieser Regel genügen alle bekannten Zerfalls- und Umwandlungs-Prozesse.

Man überzeugt sich, daß nach der Erhaltungs-Regel keines der Teilchen in Tabelle 1 als Folge der starken Wechselwirkung zerfallen kann. Dabei ist allerdings auch die Energie-Erhaltung zu beachten. So widerspricht z.B. dem Zerfall des Λ-Teilchens

$$\Lambda \begin{cases} p + \overline{\varkappa^+}, \\ n + \overline{\varkappa^0}, \end{cases}$$

wie Tabelle 1 zeigt, nur die Energiebilanz (die Ruhenergie des Antikaons ist um 320 MeV zu groß). Dagegen können das Λ-Teilchen sowohl als die übrigen Baryonen und Mesonen bei Stoß-Reaktionen zwischen einem Nucleon und einem zweiten stark wechselwirkenden Teilchen erzeugt werden, wenn die Stoßenergie genügend hoch ist:

$$p + \pi^- \to \begin{cases} n + \pi^0 \\ \Lambda^0 + \varkappa^0 \\ \Sigma^0 + \varkappa^0; \end{cases} \qquad p + p \to \begin{cases} p + n + \pi^+, \\ p + \Lambda^0 + \varkappa^+, \\ p + \varkappa^0 + \varkappa^+ + \Xi_0. \end{cases}$$

Da diese Reaktionen in dem für die starke Wechselwirkung typischen Zeitintervall der Größenordnung 10^{-23} sec ablaufen, ist die Erzeugung eines Mesons oder eines Baryons durch Beschuß von Protonen mit Pionen oder Protonen ein Prozeß, der mit sehr viel größerer Wahrscheinlichkeit abläuft, als der Zerfall eines dieser Teilchen, der ja nur über die schwache oder die elektromagnetische Wechselwirkung möglich ist. Diese scheinbare Verschiedenheit des Verhaltens der schwereren Mesonen und Baryonen gegenüber Erzeugung und Zerfall, die bei ihrer Entdeckung sehr befremdend wirkte, hat dazu geführt, diesen Teilchen den Namen „strange particles" zu geben[1].

---

[1] Um die vertrauteren stark wechselwirkenden Teilchen (Nucleonen und Pionen) von den „strange particles" zu unterscheiden, ist es oftmals bequemer, statt der Hyperladung Y die Größe „Strangeness" $S = Y - A$ (= Hyperladung — Baryonen-Zahl) zu verwenden. Es ist klar, daß die Erhaltung von Y und A der Erhaltung von S und A äquivalent ist, so daß auch S bei der starken und elektromagnetischen Wechselwirkung erhalten bleibt. Nucleonen und Pionen haben die Strangeness $S = 0$. Jede Erzeugung von stark wechselwirkenden Teilchen in Proton—Proton- oder Proton—Pion-Reaktionen muß also auf der rechten Seite der Reaktionsgleichung $S = 0$ ergeben. Alle Teilchen mit $S \ne 0$, d. h. die strange particles, können daher nie allein, sondern nur zu mehreren erzeugt werden (deren Strangeness-Summe verschwinden muß). Daher treten die strange particles bei Erzeugungsprozessen stets zu mehreren auf.

Wie jede Wechselwirkung gibt auch die elektromagnetische Anlaß zu Zerfallsprozessen der Elementarteilchen. Als Beispiel nennen wir die Prozesse

$$\pi_0 \to \gamma + \gamma, \quad \Sigma^0 \to \Lambda + \gamma.$$

Mit Hilfe von Tabelle 1 bestätigt man, daß bei diesen Prozessen alle Größen außer dem Isospin erhalten bleiben.

Die schwache Wechselwirkung schließlich bringt die Majorität der Zerfallsprozesse der Elementarteilchen zustande. Neben dem schon diskutierten β-Zerfall des Neutrons (19.7) — und damit auch dem β-Zerfall beliebiger Kerne, da dieser stets mit der β-Umwandlung eines Neutrons in ein Proton verbunden ist — gehören dazu auch Prozesse wie die folgenden

$$\mu^- \to e^- + \bar{\nu}_e + \bar{\nu}_\mu \quad (\mu^+ \to e^+ + \nu_e + \bar{\nu}_\mu)$$
$$\pi^- \to \mu^- + \bar{\nu}_\mu \quad (\pi^+ \to \mu^+ + \nu_\mu)$$
$$\varkappa^+ \to \pi^+ + \pi^0, \quad \varkappa^0 \to \pi^+ + \pi^-,$$
$$\Lambda \to p + \pi^-, \quad \Xi^- \to \Lambda + \pi^-.$$

Auch hierbei bestätigt man die Erhaltung aller in Tabelle 1 angeführten Größen außer Hyperladung und Isospin. Die Erhaltung der „Elektron-Zahl" (auch „Elektron-Familien-Zahl" genannt) hat z. B. zur Folge, daß bei einem Prozeß, bei dem ein Elektron erzeugt wird, stets auch ein Antineutrino oder ein Antielektron (= Positron) miterzeugt werden muß (zwischen welchen beiden Möglichkeiten wieder die Ladungserhaltung diskriminiert). Analoges gilt, wie aus der Erhaltung der Myon-Zahl folgt, bei Prozessen, bei denen Myonen erzeugt werden. Elektronen und Myonen können also nie allein entstehen, sondern nur zusammen mit einem Antiteilchen derselben Familie.

Schließlich sind Proton, Elektron sowie Photon und e- und μ-Neutrino nach obiger Regel deshalb stabile Teilchen, weil sie keine Nachfolger haben, in die sie unter Erhaltung von Energie, Ladung etc. zerfallen können. Denn da sie an der elektromagnetischen oder an der schwachen Wechselwirkung teilhaben, müßten sie zerfallen — wenn Erhaltungssätze dies nicht verbieten.

§ 20 Relativ zueinander bewegte Bezugssysteme

Bislang haben wir, von ein paar Ausnahmefällen abgesehen, ausschließlich Bezugssysteme betrachtet, die relativ zueinander ruhen. Wir wenden uns nun der Frage zu, welche Änderungen in der *dynamischen* Beschreibung physikalischer Prozesse auftreten, wenn diese in Bezugssystemen beschrieben werden, die sich relativ zueinander bewegen. Dabei beschränken wir uns auf die Newtonsche Näherung und gehen auf die Einsteinsche Mechanik nur gelegentlich ein. Unsere Frage läuft darauf hinaus, die Transformationseigenschaften der dynamischen Größen Energie, Impuls und Drehimpuls beim Wechsel des Bezugssystems zu untersuchen.

Bevor wir dies tun, verschaffen wir uns zuerst eine Übersicht über die Transformationen, welche die in Betracht kommenden Bezugssystem-Wechsel beschreiben. Da ein Bezugssystem in unserem (elementaren) Sinn nichts anderes ist als ein cartesisches Achsen-Dreibein, d. h. ein „starrer Körper", ist unsere Frage identisch mit derjenigen nach der Lage- und Bewegungs-Mannigfaltigkeit eines starren Körpers in bezug auf einen vorgegebenen Beobachter. Wir unterscheiden dabei sorgfältig zwischen zwei Typen von Transformationen, die wir *Verschiebungen* und *Bewegungen* nennen. Die (allgemeinen) Verschiebungen entsprechen dabei Übergängen eines starren Körpers aus einer festen Lage A in eine feste Lage A'. Diese Transformationen werden manchmal auch als (euklidische) „Bewegungen" bezeichnet; denn man ist gewohnt zu sagen, daß bei der Transformation $A \to A'$ der starre Körper aus der Anfangslage A in die dagegen ruhende Endlage A' „bewegt" wird — wir sagen statt dessen *verschoben* wird, da es für diesen Transport des Körpers zwischen zwei Ruhelagen irrelevant ist, nach der Geschwindigkeit oder anderen kinematischen Größen zu fragen, die wir sonst mit dem Begriff der Bewegung verbinden. In der historischen physikalischen Literatur heißen jene „Bewegungen" von einer Ruhlage in eine andere *virtuell*; wir nennen sie, wie gesagt, überhaupt nicht Bewegungen, sondern *Verschiebungen*. Von einer Bewegung sprechen wir nur dann, wenn dem bewegten Körper in jedem Punkt seiner Bahn eindeutig eine Geschwindigkeit, Beschleunigung etc. zugeordnet ist. Wie wir in § 1 auseinandergesetzt haben, ist dies identisch mit der Forderung, daß jedem Punkt seiner Bahnkurve eindeutig ein Wert des Zeitparameters t zugeordnet ist. Wir können somit auch sagen: *Eine Bewegung ist eine einparametrige (stetige, stückweise differenzierbare) Schar von Verschiebungen.*

Es seien B und B^* zwei Bezugssysteme, die durch eine Verschiebung miteinander verbunden sind. Man unterscheidet dann zwei Typen von Verschiebungen, erstens die *translativen Verschiebungen*, das sind Transformationen der Form

$$\boldsymbol{r}^* = \boldsymbol{r} + \boldsymbol{a}, \qquad (20.1)$$

wobei $\boldsymbol{a}$ ein ortsunabhängiger Vektor ist, und zweitens die *rotativen oder Dreh-Verschiebungen*, auch kurz *Drehungen* genannt, um einen Punkt $\boldsymbol{r}_0$ als Drehzentrum; das sind Transformationen der Form

$$\boldsymbol{r}^* - \boldsymbol{r}_0 = D(\boldsymbol{r} - \boldsymbol{r}_0), \quad D^T = D^{-1}, \quad \det D = +1, \quad (20.2$$

worin die die Drehung repräsentierende Matrix D reell-orthogonal ist und die Determinante $+1$ besitzt[1] (D^T bezeichnet die Transponierte der Matrix D, d.h. die Matrix, die aus D durch Spiegelung an der Hauptdiagonalen hervorgeht). Nun gilt zwar der Satz, daß jede Verschiebung als Drehung um eine geeignete Achse (und damit auch um einen Punkt r_0) dargestellt werden kann — eine translative Verschiebung ist dabei als Drehung um eine unendlich ferne Achse aufzufassen — aber dieser Satz ist für uns nicht von Belang, da bei den uns interessierenden Verschiebungen das Drehzentrum stets als Ursprung eines Bezugssystems vorgegeben ist. Wir merken noch an, daß die Drehungen eine nicht-kommutative Gruppe bilden, denn die sukzessive Ausführung zweier Drehungen ist im allgemeinen keine kommutative Operationsfolge. Dies sieht man am einfachsten am Beispiel zweier 90^0-Drehungen eines starren Körpers um zueinander senkrechte Achsen (Fig. C4). Der Unterschied in den Endlagen des in Fig. C4 betrachteten Körpers ist nun um so geringer, je kleiner

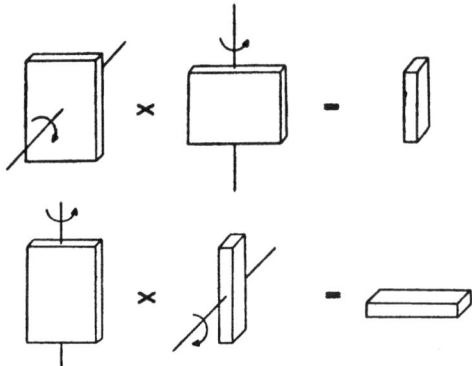

Fig. C4. Das Resultat zweier sukzessiver 90°-Drehungen um zueinander senkrechte Achsen, ausgeführt in verschiedener Reihenfolge

der Drehwinkel der einzelnen Drehung ist (Fig. C5). Beim Übergang zu infinitesimalen Drehungen wird das Resultat des Hintereinanderausführens zweier Drehungen von der Reihenfolge unabhängig, so daß die *Zusammensetzung infinitesimaler Drehungen kommutativ* ist. Ein Beweis dieses wichtigen Satzes findet sich im Anhang VI, Bd. Ia. Im Gegensatz zu den 3-dimensionalen Drehungen um einen Punkt bilden die translativen Verschiebungen eine *kommutative* Gruppe von Transformationen.

---

[1] Die orthogonalen Transformationen sind dadurch gekennzeichnet, daß sie die quadratische Form $(r - r_0)^2 = (x - x_0)^2 + (y - y_0)^2 + (z - z_0)^2$ invariant lassen. Vergleiche Anhänge III und VI sowie Aufgabe A12, Bd. Ia.

Die *infinitesimalen Verschiebungen* sind nun aufs engste mit den *Bewegungen* verknüpft. Eine Bewegung, so hatten wir gesehen, ist eine einparametrige Schar von Verschiebungen. Wir können statt dessen auch sagen, sie ist eine Folge infinitesimaler Verschiebungen

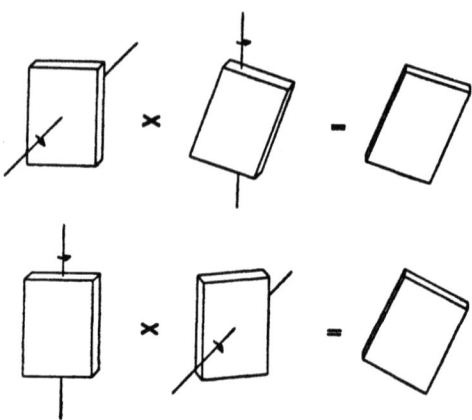

Fig. C5. Zur Kommutativität der Zusammensetzung infinitesimaler Drehungen (hier um zueinander senkrechte Achsen)

$d\boldsymbol{a} = (d\boldsymbol{a}/dt)\, dt = \boldsymbol{v}_0\, dt$; dabei ist $\boldsymbol{v}_0(\boldsymbol{r})$ der dem Bahnpunkt $\boldsymbol{r}$ zugeordnete Geschwindigkeitsvektor. Die beiden Typen von Verschiebungen, nämlich translative und rotative, liefern also durch Übergang zu infinitesimalen Transformationen eine entsprechende Einteilung der Bewegungen in translative und rotative. So liefert Gl. (20.1), die man unmittelbar in Differentialen schreiben kann, für die *translativen Bewegungen* die Transformationsformel

$$\frac{d\boldsymbol{r}^*}{dt} = \frac{d\boldsymbol{r}}{dt} + \frac{d\boldsymbol{a}}{dt} \quad \text{oder} \quad \boldsymbol{v}^* = \boldsymbol{v} + \boldsymbol{v}_0, \tag{20.3}$$

wobei $\boldsymbol{v}_0$ ein *ortsunabhängiger* Vektor ist, der jedoch von t abhängen kann. Gl. (20.3) verknüpft die Geschwindigkeit $\boldsymbol{v}$ eines bewegten Punktes in bezug auf B mit der Geschwindigkeit $\boldsymbol{v}^*$ desselben Punktes in bezug auf B^*, wenn B sich in bezug auf B^* mit der Geschwindigkeit $\boldsymbol{v}_0$ (die im allgemeinen von t abhängen kann) bewegt. Ist $\boldsymbol{v}_0$ *zeitlich konstant*, so sprechen wir von *Translationen*; das sind geradlinig-gleichförmige Bewegungen der Bezugssysteme B und B^* gegeneinander. Aus (20.3) erhält man für den Zusammenhang der Beschleunigung $\boldsymbol{b}$ und $\boldsymbol{b}^*$ eines bewegten Punktes in bezug auf B und B^* die Beziehung

$$\boldsymbol{b}^* = \boldsymbol{b} + \frac{d\boldsymbol{v}_0}{dt}. \tag{20.4}$$

Die Beschleunigung ist also invariant gegenüber einfachen Translationen $v_0 = $ const.

Zur Darstellung der infinitesimalen Drehungen geht man zweckmäßigerweise nicht von Gl. (20.2) aus, sondern von einer einfacheren Vektordarstellung. Die endlichen Drehungen lassen sich, da sie eine nichtkommutative Gruppe bilden, nämlich nicht durch Vektoren repräsentieren — wie sich z. B. die kommutierenden translativen Verschiebungen durch die Vektoren a in (20.1) repräsentieren lassen —, sondern nur durch mathematische Objekte, die ebenfalls eine nichtkommutative Zusammensetzung haben, wie Matrizen; entsprechend tritt in (20.2) die Matrix D auf. Im Gegensatz dazu sind die *infinitesimalen* Drehungen um einen Punkt, wie wir gesehen haben, kommutativ, und daher kann eine infinitesimale Drehung durch einen Vektor $d\varphi = (d\varphi/dt)dt = \mathbf{\Omega}\, dt$ oder auch durch $\mathbf{\Omega}$ repräsentiert werden. Entsprechend werden auch die Rotationsbewegungen durch $\mathbf{\Omega}$ dargestellt. Der *ortsunabhängige* (aber evtl. zeitabhängige) Vektor $\mathbf{\Omega}$ hat die Richtung der momentanen Drehachse und mißt mit seiner Länge die Winkelgeschwindigkeit der Rotationsbewegung[1]. So wie eine Translationsbewegung durch einen ortsunabhängigen Vektor $v_0(t)$, so kann eine Rotationsbewegung durch einen ortsunabhängigen Vektor $\mathbf{\Omega}(t)$ repräsentiert werden. Rotiert das Bezugssystem B^* in bezug auf B mit der Winkelgeschwindigkeit $\mathbf{\Omega}$, so hat ein in B^* ruhender Punkt r^* in bezug auf B die Geschwindigkeit $(\mathbf{\Omega} \times r^*)$. Bewegt sich nun der Punkt in bezug auf B^* mit der Geschwindigkeit v^*, so hat er in bezug auf B die Geschwindigkeit

$$v = v^* + (\mathbf{\Omega} \times r^*) \tag{20.5}$$

Diese Gleichung ist für Rotationsbewegungen um eine zu $\mathbf{\Omega}$ parallele Achse, die durch den Punkt $r^* = 0$ hindurchgeht, das Analogon zu Gl. (20.3).

---

[1] Man kann zwar auch einer endlichen Drehung einen „Pfeil" φ zuordnen, dessen Richtung durch die Drehachse und dessen Länge durch den Drehwinkel $\varphi = |\varphi|$ um die Achse gegeben ist, aber diese Pfeile φ bilden keine Vektor-Darstellung der Drehungen in dem Sinn, daß die Addition solcher Pfeile mit der Zusammensetzung der durch sie repräsentierten Drehungen in eine eindeutige Beziehung gebracht werden könnte. Genau dies gilt aber für die Differentiale $d\varphi = \mathbf{\Omega}\, dt$. Denkt man sich nämlich die die Rotationen repräsentierenden Vektoren $\mathbf{\Omega}$ alle von einem Punkt ausgehend, so ist die Zusammensetzung zweier *Rotationen* (nicht Drehungen!) wieder eine Rotation, die durch die Summe der sie repräsentierenden Vektoren dargestellt wird (Anhang VI, Bd. Ia). Die endlichen Drehungen bilden ein anschauliches Beispiel dafür, daß nicht jede gerichtete Größe ein Vektor ist — denn die den Drehungen zugeordneten Pfeile φ sind natürlich gerichtet — und daß daher ein Vektor nicht einfach als eine „Größe mit Richtung und Richtungssinn" definiert werden kann. Das entscheidende Kriterium dafür, ob Vektoren vorliegen oder nicht, sind die Rechenregeln, denen ihre Zusammensetzung genügt (Anhang II, Bd. Ia).

Im Gegensatz zu Gl. (20.3), die nur Zeitableitungen von Vektoren enthält, ist (20.5) eine Kombination aus einer Zeitableitung und der „äußeren" Vektoroperation $\Omega\times$. So kann man (20.5) auch in der Form schreiben

$$\frac{d}{dt}\boldsymbol{r} = \left[\frac{d}{dt} + \boldsymbol{\Omega}\times\right]\boldsymbol{r}^*. \tag{20.5'}$$

Iteriert man diese Operation, so ergibt sich

$$\frac{d^2\boldsymbol{r}}{dt^2} = \left[\frac{d}{dt} + \boldsymbol{\Omega}\times\right]\left[\frac{d}{dt} + \boldsymbol{\Omega}\times\right]\boldsymbol{r}^*$$
$$= \frac{d^2\boldsymbol{r}^*}{dt^2} + \frac{d\boldsymbol{\Omega}}{dt}\times\boldsymbol{r}^* + 2\left(\boldsymbol{\Omega}\times\frac{d\boldsymbol{r}^*}{dt}\right) + \boldsymbol{\Omega}\times(\boldsymbol{\Omega}\times\boldsymbol{r}^*). \tag{20.6}$$

Für den Zusammenhang zwischen der Beschleunigung eines bewegten Punktes in bezug auf B und in bezug auf B^* erhält man somit die Formel

$$\boldsymbol{b}^* = \boldsymbol{b} + \left(\boldsymbol{r}^*\times\frac{d\boldsymbol{\Omega}}{dt}\right) + 2(\boldsymbol{v}^*\times\boldsymbol{\Omega}) + (\boldsymbol{\Omega}\times\boldsymbol{r}^*)\times\boldsymbol{\Omega}. \tag{20.6'}$$

Der dritte Term der rechten Seite heißt die *Coriolis-Beschleunigung*, der vierte die *Zentrifugal-Beschleunigung*. Während die Coriolis-Beschleunigung von der Geschwindigkeit $\boldsymbol{v}^*$ des bewegten Punktes in bezug auf B^* abhängt, ist die Zentrifugal-Beschleunigung ein im Bezugssystem B^* wohlbestimmtes Vektorfeld

$$\boldsymbol{b}^*_{\text{zentrifug.}} = (\boldsymbol{\Omega}\times\boldsymbol{r}^*)\times\boldsymbol{\Omega} = \Omega^2\left(\frac{\boldsymbol{\Omega}}{\Omega}\times\boldsymbol{r}^*\right)\times\frac{\boldsymbol{\Omega}}{\Omega}$$
$$= \Omega^2\left[\boldsymbol{r}^* - \left(\frac{\boldsymbol{\Omega}}{\Omega}\boldsymbol{r}^*\right)\frac{\boldsymbol{\Omega}}{\Omega}\right], \tag{20.6''}$$

das an jeder Stelle radial-senkrecht von der momentanen Drehachse weggerichtet ist.

Aus translativen und rotativen Bewegungen lassen sich alle interessierenden Bewegungen zweier Bezugssysteme gegeneinander zusammensetzen. Führt z. B. das Koordinatensystem B^* in bezug auf B eine Bewegung aus, die aus einer Translation des Nullpunktes mit der Geschwindigkeit $-\boldsymbol{v}_0$ und einer Rotation um den Nullpunkt von B mit der Winkelgeschwindigkeit $\boldsymbol{\Omega}$ besteht, so erhalten wir aus (20.3,5) und (20.4,6) die Formeln

$$\boldsymbol{v} = -\boldsymbol{v}_0 + \boldsymbol{v}^* + (\boldsymbol{\Omega}\times\boldsymbol{r}^*) \tag{20.7a}$$

$$\boldsymbol{b} = -\boldsymbol{b}_0 + \boldsymbol{b}^* + \left(\frac{d\boldsymbol{\Omega}}{dt}\times\boldsymbol{r}^*\right) + 2(\boldsymbol{\Omega}\times\boldsymbol{v}^*) + \boldsymbol{\Omega}\times(\boldsymbol{r}^*\times\boldsymbol{\Omega}). \tag{20.7b}$$

$-\boldsymbol{b}_0$ ist die Beschleunigung des Nullpunktes von B^* in bezug auf B, und $\boldsymbol{r}^*, \boldsymbol{v}^*, \boldsymbol{b}^*$ sind Lage, Geschwindigkeit und Beschleunigung eines bewegten Punktes in bezug auf B^*.

Wir wenden uns nun der Frage zu, wie die dynamischen Größen beim Übergang von einem Bezugssystem B zu einem anderen B^* transformiert werden. Diese Frage ist, was ihre prinzipielle Seite angeht, verwickelter als sie auf den ersten Blick erscheint, und zwar deshalb, weil nicht von selbst erklärt ist, wann eine in bezug auf B definierte Größe und eine in bezug auf B^* definierte als *dieselbe* Größe zu bezeichnen sind; dazu ist vielmehr ein *definitorischer* Akt notwendig. Andererseits wird die völlige Willkür in dieser Definition durch Gesichtspunkte der allgemeinen Dynamik sowie auch durch solche der Zweckmäßigkeit stark eingeschränkt. Wir werden auf das hier angedeutete Problem nicht allgemein eingehen, sondern es lediglich an den Größen Impuls und Energie eines Körpers erläutern. Beide Größen sollen, so hatten wir im Hauptsatz gefordert, einem universellen Erhaltungssatz genügen. Natürlich halten wir daran fest, daß diese Aussage in *jedem* Bezugssystem gelten soll, gleichgültig wie es sich bewegt. Andererseits war der Impuls p mit der kinematischen Größe Geschwindigkeit v verknüpft durch die Beziehung $p = mv$. Nun ist es keineswegs selbstverständlich, daß diese Beziehung in jedem Bezugssystem aufrecht zu erhalten ist; denn da m in der Newtonschen Mechanik als konstant vorausgesetzt und v kinematisch erklärt ist, muß man mit der Möglichkeit rechnen, daß mv in manchen Bezugssystemen vielleicht gar keine Größe mit genereller Erhaltungseigenschaft ist, oder wenigstens, daß der Austausch der Größe mv von verschiedenen Bezugssystemen aus beobachtet, keineswegs zwischen denselben dynamischen Systemen erfolgt. In den Überlegungen des § 16 haben wir gezeigt: In bezug auf Koordinatensysteme B und B^*, die sich relativ zueinander translativ bewegen, haben die Größen mv und mv^* dieselbe Austausch-Eigenschaft. Wird also in bezug auf B die Größe mv nur zwischen den Mitgliedern eines wohlbestimmten Mehrkörper-Systems ausgetauscht, so wird auch in bezug auf B^* die Größe mv^* nur zwischen den Mitgliedern *desselben* Mehrkörper-Systems ausgetauscht. Dies ist jedoch nicht mehr der Fall, wenn B und B^* gegeneinander rotieren; die Größen mv in bezug auf B und mv^* in bezug auf B^* unterscheiden sich dann in ihren Austausch-Eigenschaften in folgendem Sinn: Wird in B die Größe mv nur zwischen den Mitgliedern eines betrachteten Mehrkörper-Systems ausgetauscht, so erfolgt der Austausch der Größe mv^* in bezug auf B^* nicht nur zwischen Mitgliedern desselben Mehrkörper-Systems. Daher ist es keineswegs zwingend, einen invarianten Zusammenhang $p = mv$ anzunehmen, ja man muß ihn sogar aufgeben, wenn man von p nicht nur schlechthin Erhaltung in jedem Bezugssystem verlangt, sondern Erhaltung beim Austausch zwischen *denselben* physikalischen Systemen. Wenden wir uns nach dieser einleitenden Übersicht dem Transformations-Problem im einzelnen zu.

Wir betrachten zunächst translative Bewegungen der Koordinatensysteme B und B^* gegeneinander, die kinematisch durch (20.3) beschrieben werden. Multipliziert man diese für jeden bewegten punktartigen Körper i gültige Gleichung mit der Masse m_i, so erhält man

$$m_i \boldsymbol{v}_i^* = m_i \boldsymbol{v}_i + m_i \boldsymbol{v}_0 . \qquad (20.8)$$

Betrachtet man nun nach dem Vorgang des § 16 ein Mehrkörper-System, dessen Mitglieder ihren Impuls nur untereinander austauschen, so hat, wenn $m_i \boldsymbol{v}_i^*$ der Impuls des i-ten Körpers sein soll, die Impulsbilanz in bezug auf B^* die Form

$$\sum_i m_i \boldsymbol{v}_i^* = \sum_j m_j' \boldsymbol{v}_j^{*\prime} \qquad (20.9)$$

oder nach (20.8)

$$\sum_i m_i \boldsymbol{v}_i + \boldsymbol{v}_0 \sum_i m_i = \sum_j m_j' \boldsymbol{v}_j' + \boldsymbol{v}_0 \sum_j m_j' .$$

Soll auch in B die (20.9) entsprechende Relation

$$\sum_i m_i \boldsymbol{v}_i = \sum_j m_j' \boldsymbol{v}_j' \qquad (20.9')$$

gelten, so muß notwendig $\sum_i m_i = \sum_j m_j'$ sein, daß heißt die Masse einem Erhaltungssatz genügen. Die Größe $m\boldsymbol{v}$ kann also nur dann in allen geradlinig (nicht notwendig gleichförmig) gegeneinander bewegten Bezugssystemen mit dem Impuls $\boldsymbol{p}$ identifiziert werden, wenn die Masse einem Erhaltungssatz genügt. Die letzte Bedingung wiederum ist experimentell zu verifizieren, und sie kann im Prinzip ebenso gut zutreffen wie nicht zutreffen. Nehmen wir einmal an, sie träfe nicht zu; was folgte daraus für den Impuls? Nichts weiter, als daß die Formel $\boldsymbol{p} = m \boldsymbol{v}$ nicht für alle der betrachteten Bezugssysteme richtig sein kann, sondern höchstens für eines oder einige von ihnen. Wenn sie für ein Bezugssystem zutrifft, würden wir $\boldsymbol{p}$ in diesem Bezugssystem durch $\boldsymbol{p} = m \boldsymbol{v}$ definieren und in allen anderen Bezugssystemen eben dieses $\boldsymbol{p}$ als Impuls erklären, so daß $\boldsymbol{p}$ gegenüber Translationen invariant wäre. Dies ist in der Tat eine logische Möglichkeit, die auch dann besteht, wenn m einen Erhaltungssatz befriedigt; denn bei der eben vorgenommenen Festsetzung haben wir von der Erhaltung oder Nicht-Erhaltung von m ja gar keinen Gebrauch gemacht. Diskutieren wir daher diesen Fall noch etwas weiter, da er zur Orientierung über das vorliegende Problem sehr lehrreich ist. Wir setzen also, da $\boldsymbol{v} = \boldsymbol{v}^* - \boldsymbol{v}_0$ ist, definitorisch

$$\boldsymbol{p}^* = m(\boldsymbol{v}^* - \boldsymbol{v}_0) = \boldsymbol{p} ; \qquad (20.\mathrm{a})$$

da $\boldsymbol{v}_0$ die Geschwindigkeit von B gegen B^* ist, haben wir $\boldsymbol{p}^* = \boldsymbol{p}$. Die nächste Frage betrifft dann die Transformation der Energie ε.

Diese kann nun nicht mehr willkürlich vorgenommen werden, ohne die Dynamik, genauer die Fundamentalgleichung der Dynamik, zu opfern. Da wir der Dynamik eine Prioritätsstellung einräumen, halten wir daran fest, daß die Fundamentalgleichung in jedem Bezugssystem B^* gelten soll. Somit ist — unter Verwendung von (20.a) —

$$d\varepsilon^* = \boldsymbol{v}^* \, d\boldsymbol{p}^* = \left(\frac{\boldsymbol{p}^*}{m} + \boldsymbol{v}_0\right) d\boldsymbol{p}^* = d\left(\frac{p^{*2}}{2m} + \boldsymbol{p}^* \boldsymbol{v}_0\right),$$

wenn $\boldsymbol{v}_0 = $ const., oder integriert

$$\varepsilon^* = \frac{1}{2m} p^{*2} + \boldsymbol{p}^* \boldsymbol{v}_0 + \frac{m}{2} v_0^2 + \varepsilon_0 = \frac{m}{2} v^{*2} + \varepsilon_0 \qquad (20.\text{b})$$

$$= \frac{1}{2m} p^2 + \boldsymbol{p} \boldsymbol{v}_0 + \frac{m}{2} v_0^2 + \varepsilon_0$$

$$= \varepsilon + \boldsymbol{p} \boldsymbol{v}_0 + \frac{m}{2} v_0^2, \qquad (\boldsymbol{v}_0 = \text{const.}).$$

Die Integrationskonstante ist dabei aus der Bedingung gewonnen, daß $\varepsilon^*(\boldsymbol{v}^* = 0) = \varepsilon_0$ sein soll. Die erste Zeile von (20.b) ist die charakteristische Funktion des Körpers im Bezugssystem B^* — die nun, da $\boldsymbol{p}^* = m\boldsymbol{v}^*$ nicht gilt, auch nicht mehr die Form $\varepsilon^* = \frac{1}{2m} p^{*2}$ hat — die letzte Zeile gibt das Transformationsgesetz der Energie eines Körpers beim Übergang von B nach B^* wieder, wenn B^* sich gegenüber B mit der konstanten Geschwindigkeit $-\boldsymbol{v}_0$ bewegt.

Nach diesem Exkurs in die logischen Möglichkeiten kehren wir zurück zur Konvention. Da (in Newtonscher Näherung) die Masse einem Erhaltungssatz genügt, können wir, wenn in einem Bezugssystem B die Relation $\boldsymbol{p} = m\boldsymbol{v}$ gilt, in jedem gegen B translativ bewegten Bezugssystem B^* setzen

$$\boldsymbol{p}^* = m\boldsymbol{v}^* = \boldsymbol{p} + m\boldsymbol{v}_0. \qquad (20.10)$$

Aus der Fundamentalgleichung der Dynamik, die wir auch in B^* als gültig annehmen, folgt dann die gewohnte Beziehung

$$d\varepsilon^* = \boldsymbol{v}^* \, d\boldsymbol{p}^* = \frac{\boldsymbol{p}^*}{m} d\boldsymbol{p}^*,$$

oder integriert

$$\varepsilon^* = \frac{1}{2m} p^{*2} + \varepsilon_0 = \varepsilon + \boldsymbol{p} \boldsymbol{v}_0 + \frac{m}{2} v_0^2; \qquad (20.11)$$

dabei haben wir die Integrationskonstante wieder so festgesetzt, daß $\varepsilon^*(\boldsymbol{v}^* = 0) = \varepsilon_0$ ist. Die Formeln (20.10) und (20.11) sind, wie die Ableitung zeigt, auch gültig, wenn $\boldsymbol{v}_0$ von t abhängt, wenn B und B^* sich also nicht-gleichförmig translativ gegeneinander bewegen.

Es ist übrigens nicht uninteressant zu bemerken, daß die Formeln (20.10) und (20.11) für $\boldsymbol{v}_0 = $ const. inhaltlich mit (20.a) und (20.b) übereinstimmen. Wenn nämlich v_0 konstant ist, unterscheidet sich der nach (20.10) definierte Impuls p^* eines bewegten Körpers in bezug auf B^* von seinem Impuls p in bezug auf B nur um den festen Wert mv_0. Da aber der *feste* Impulsanteil mv_0 am Impulsaustausch des Körpers nicht beteiligt ist, macht es hinsichtlich des Impuls*austausches* also keinen Unterschied, ob man den Term mv_0 im Impuls mitnimmt oder nicht. Entsprechendes gilt für den Term $\frac{m}{2}v_0^2$ in der Energie; auch dieser ist am Energieaustausch nicht beteiligt, so daß man ihn, solange der betrachtete Vorgang im selben B^* beschrieben wird, auch weglassen kann. Für Impuls- und Energie-*Differenzen* oder *-Differentiale* folgen somit aus (20.10,11) sowohl als aus (20.a, b) dieselben Transformationsgleichungen

$$\begin{cases} \text{a) } d\boldsymbol{p}^* = d\boldsymbol{p}, \\ \text{b) } d\varepsilon^* = d\varepsilon + \boldsymbol{v}_0\, d\boldsymbol{p}, \end{cases} \quad \text{wenn } \boldsymbol{v}_0 = \text{const.} \quad (20.12)$$

Die erste dieser beiden Gleichungen (aus der ja $d\boldsymbol{p}^*/dt = d\boldsymbol{p}/dt$ folgt) zeigt, daß die Zeitableitung des Impulses, das heißt die Kraft, beim Übergang von einem Bezugssystem zu einem dagegen in gleichförmiger Translation befindlichen keine Änderung erfährt.

Würde man schließlich (20.10) und (20.11) auf einen „Körper" der Masse Null anwenden, so würden sich (20.10) und (20.11) vollends auf (20.a) und (20.b) reduzieren. Nun scheint es zwar auf den ersten Blick absurd, diese formale Möglichkeit zu diskutieren, wir werden aber später zeigen, daß man ihr durchaus einen konkreten Sinn geben kann, ja daß sie sogar mit der nützlichen Begriffsbildung des „Quasiteilchens" zusammenhängt.

Zur Ergänzung merken wir noch an, wie die Analoga der Formeln (20.10, 11) in der Einsteinschen Mechanik lauten. Aus den Überlegungen und Formeln des § 17 entnimmt man für gegeneinander mit der Geschwindigkeit v_0 translativ bewegte Bezugssysteme B und B^* die Transformationsformeln[1]

$$\left.\begin{aligned} \varepsilon^* &= \frac{1}{\sqrt{1-\left(\dfrac{v_0}{c}\right)^2}}\,(\varepsilon + \boldsymbol{p}\,\boldsymbol{v}_0) \\ \boldsymbol{p}^*\boldsymbol{v}_0 &= \frac{1}{\sqrt{1-\left(\dfrac{v_0}{c}\right)^2}}\left[\boldsymbol{p}\,\boldsymbol{v}_0 + \varepsilon\left(\dfrac{v_0}{c}\right)^2\right] \\ \boldsymbol{v}_0 \times (\boldsymbol{p}^* \times \boldsymbol{v}_0) &= \boldsymbol{v}_0 \times (\boldsymbol{p} \times \boldsymbol{v}_0)\,. \end{aligned}\right\} \quad (20.13)$$

---

[1] Hat v_0 die Richtung der x-Achse, so haben die Formeln (20.13), als lineare Transformation der vier Variablen $a_0 = \varepsilon$, $a_1 = cp_x$, $a_2 = cp_y$, $a_3 = cp_z$ betrachtet, die Form

Die beiden ersten dieser Formeln, die die Transformation von ε und der zu v_0 parallelen Komponente von p beschreiben, erhält man aus (17.1, 2, 5) sowie den zur Herleitung von (17.5) benutzten Gleichungen. Die letzte Gleichung in (20.13) besagt einfach, daß die zu v_0 senkrechten Komponenten des Impulses p beim Übergang von B nach B^* ungeändert bleiben — wie es sein muß, wenn, wie vorausgesetzt, der Impulserhaltungssatz unabhängig für jede Komponente gilt. Man bestätigt, daß bei Approximation bis zur zweiten Ordnung in v_0/c die Gln. (20.10, 11) resultieren. Im Gegensatz zur Transformation des Impulses in der Newtonschen Mechanik, ändert sich der Impuls in der Einsteinschen Mechanik beim Übergang von B zu B^* also nicht nur um einen additiven Term, sondern in viel komplizierterer Weise, in der auch eine Maßstabstransformation enthalten ist. Ähnliches gilt für die Energie. Für ultrarelativistische Bewegungen ($\varepsilon = cp$) reduziert sich (20.13) auf

$$\varepsilon^* = \varepsilon \sqrt{\frac{1 + \frac{v_0}{c}}{1 - \frac{v_0}{c}}}. \qquad (20.13')$$

Mit $\varepsilon = \hbar \omega$ liefert dies die Formel des *Doppler-Effektes* des Lichtes im Vakuum.

Beim Übergang von einem Bezugssystem B auf ein dagegen gleichförmig translativ bewegtes B^* erfährt nach (20.12) dp/dt und damit die auf den Körper wirkende Kraft keine Änderung. Eine Bewegungsgleichung der Form

$$\frac{d\boldsymbol{p}}{dt} = - \operatorname{grad} U(\boldsymbol{r}) \qquad (20.14)$$

$$a_0^* = \frac{a_0 + a_1 \frac{v_0}{c}}{\sqrt{1 - \left(\frac{v_0}{c}\right)^2}}, \qquad a_2^* = a_2,$$

$$a_1^* = \frac{a_1 + a_0 \frac{v_0}{c}}{\sqrt{1 - \left(\frac{v_0}{c}\right)^2}}, \qquad a_3^* = a_3. \qquad (20.13\text{a})$$

Die Transformationen (20.13) bzw. (20.13a) heißen *Lorentz-Transformationen*. Da die Ruhenergie $\varepsilon_0^2 = \varepsilon^2 - (cp)^2$ invariant ist gegen den Übergang von B nach B^*, ist die quadratische Form $\varepsilon^2 - (cp)^2 = a_0^2 - a_1^2 - a_2^2 - a_3^2$ eine Invariante gegenüber Lorentz-Transformationen. Sie ist sogar eine *kennzeichnende* Invariante in dem Sinn, daß die Lorentz-Transformationen allgemein definiert werden als diejenigen linearen Transformationen von vier Variablen $a_0, \ldots, a_3$, welche die Form $a_0^2 - a_1^2 - a_2^2 - a_3^2$ invariant lassen. Alle Lorentz-Transformationen, die stetig aus der identischen Transformation hervorgehen, lassen sich dann in der Gestalt (20.13a) schreiben.

bleibt also ungeändert: p und r sind lediglich durch p^* und r^* zu ersetzen. Greift man nun in B eine spezielle Lösung der Gleichung heraus, so ist diese, von B^* aus betrachtet, eine Lösung derselben Gleichung mit anderen Anfangsbedingungen. Betrachtet man neben B alle Bezugssysteme B^*, die aus B durch translative Verschiebungen und Translationen hervorgehen, so erhält man zu jeder in B vorgegebenen Bahn durch Transformation auf alle B^* den ganzen Bewegungstyp, zu dem die vorgegebene Bahn gehört. Die in der Kinematik (§ 2) angegebene Zusammenfassung der Bahnen in Bewegungstypen, das heißt in zwei-parametrige Scharen zusammengehöriger Bahnen, die durch Differentialgleichungen zweiter Ordnung definiert waren, ist der eben geschilderten Erklärung eines Bewegungstypes äquivalent.

Die Invarianz der Gleichung (20.14) gegen Translationen wirft die Frage nach der Transformation der die Energie des Feldes repräsentierenden Funktion $U(r)$ beim Übergang $B \to B^*$ auf. In der Newtonschen Mechanik setzt man einfach $U^*(r^*) = U(r^*)$, d. h. man betrachtet $U(r)$ als Bewegungsinvariante. Streng genommen ist das sicher nicht richtig, denn da das Feld ein dynamisches System ist, werden seine Energie $U(r)$ und sein Impuls p_F beim Übergang von B nach B^* ebenfalls in charakteristischer Weise transformiert, und zwar nach Aussage der Einsteinschen Mechanik in derselben Weise wie die Energie und der Impuls eines Körpers (20.13), für $v_0 \ll c$ also wie (20.11) und (20.10). Da aber $U(r)$ die Energie eines retardierungsfreien Feldes repräsentiert, das am Impulsaustausch nicht teilnimmt, können wir in (20.11) $p_F = 0$ setzen, woraus sich $U^* = U + (\varepsilon_{F0}/2)(v_0/c)^2$ ergibt. U^* unterscheidet sich von U also nur um eine Konstante, die am Energieaustausch nicht teilnimmt und die man daher in (20.14) einfach beiseite lassen kann.

Wir wenden uns nunmehr den nicht-gleichförmigen translativen Bewegungen von B^* gegen B zu: $v_0 = v_0(t)$. Die Transformationsformeln (20.10, 11) gelten, wie wir sagten, auch in diesem Fall, nicht dagegen die Gleichungen (20.12), die nach (20.10,11) nun ersetzt werden durch

$$\begin{aligned}
&\text{a)} \quad \frac{d\boldsymbol{p}^*}{dt} = \frac{d\boldsymbol{p}}{dt} + m\,\boldsymbol{b}_0, \\
&\text{b)} \quad \frac{d\varepsilon^*}{dt} = \frac{d\varepsilon}{dt} + \boldsymbol{v}_0\frac{d\boldsymbol{p}}{dt} + (\boldsymbol{p} + m\,\boldsymbol{v}_0)\,\boldsymbol{b}_0, \quad \boldsymbol{b}_0 = \frac{d\boldsymbol{v}_0}{dt};
\end{aligned} \quad (20.12')$$

denn der Term $mv_0(t)$ nimmt nun ebenfalls am Impuls-Austausch teil und ebenso $(m/2)\,v_0^2$ am Energie-Austausch. Die Bewegungsgleichung (20.14) in B nimmt in B^* also die Form an

$$\frac{d\boldsymbol{p}^*}{dt} = -\operatorname{grad} U(r^*) + m\,\boldsymbol{b}_0. \qquad (20.15)$$

Da $\boldsymbol{b}_0$ von r^* unabhängig ist, erscheint in B^* neben dem auch in B

vorhandenen, durch $U(r)$ repräsentierten Feld ein homogenes Beschleunigungsfeld $\boldsymbol{b}_0$, das im allgemeinen noch von t abhängt. Multipliziert man (20.15) skalar mit $\boldsymbol{v}^*$ und verwendet man die Fundamentalgleichung $d\varepsilon^* = \boldsymbol{v}^* d\boldsymbol{p}^*$, die auch in B^* gilt, so erhält man aus (20.15)

$$\frac{d\varepsilon^*}{dt} = -\operatorname{grad} U(\boldsymbol{r}^*) \frac{d\boldsymbol{r}^*}{dt} + m\,\boldsymbol{b}_0\,\boldsymbol{v}^*.$$

Ist $\boldsymbol{b}_0$ zeitunabhängig, so läßt sich die Gleichung einfach integrieren. Sie liefert

$$\varepsilon^* + U(\boldsymbol{r}^*) - m\,\boldsymbol{b}_0\,\boldsymbol{r}^* = \text{const.} \quad (\boldsymbol{b}_0 = \text{const.}) \quad (20.16)$$

längs der Bahn des sich bewegenden Körpers. Die Gln. (20.15, 16) regeln den Impuls- und Energie-Austausch des Körpers im Bezugssystem B^*. Betrachten wir als einfachstes Beispiel den Fall, daß in B gar kein Feld $U(r)$ vorhanden ist, mit dem der Körper Energie austauscht. Dann sind ε und $\boldsymbol{p}$ Integrale der Bewegung. In B^* gilt das jedoch nicht mehr, vielmehr tritt dort ein Feld $-m\,\boldsymbol{b}_0\,\boldsymbol{r}^*$ auf, mit dem der Körper Energie und Impuls austauscht gemäß [1]

$$d\varepsilon^* = \boldsymbol{v}^* m\,\boldsymbol{b}_0\,dt, \quad d\boldsymbol{p}^* = m\,\boldsymbol{b}_0\,dt. \quad (20.17)$$

Das Feld nimmt diese Beträge an Energie und Impuls auf. Nach (20.17) hat das in B^* erscheinende Feld die Besonderheit, daß seine Energie- und Impuls-Aufnahme stets der Masse m des bewegten Körpers proportional ist. Dies ist das *dynamische* Kennzeichen eines Beschleunigungsfeldes. In der Dynamik wollen wir ein solches System ein *Trägheitsfeld* nennen. In der Einsteinschen Mechanik, in der die Gln. (20.17) durch [2]

$$\left.\begin{array}{l} d\varepsilon^* = \varepsilon^* \dfrac{\boldsymbol{v}^* \boldsymbol{b}_0}{c^2 \sqrt{1 - \left(\dfrac{v_0}{c}\right)^2}} dt \\[2ex] v_0\,d\boldsymbol{p}^* = \dfrac{\varepsilon^* \boldsymbol{b}_0 v_0 dt}{c^2 \sqrt{1 - \left(\dfrac{v_0}{c}\right)^2}} = \dfrac{(\boldsymbol{p}^* \boldsymbol{v}^*)}{v^{*2} \sqrt{1 - \left(\dfrac{v_0}{c}\right)^2}} \boldsymbol{b}_0 v_0 dt \end{array}\right\} \quad (20.17')$$

ersetzt werden, genügen diese Systeme folgendem Kriterium: *Ein Trägheitsfeld ist dadurch gekennzeichnet, daß der Energie- und Impuls-Austausch eines jeden Körpers (allgemeiner: Systems) mit ihm so erfolgt, daß $d\varepsilon^*/\varepsilon^*$ sowie $d\boldsymbol{p}^*/\varepsilon^*$ von keiner individuellen (= inneren) Eigenschaft des Körpers (Systems) abhängen.* In der Newtonschen Nähe-

---

[1] Im Gegensatz zu (20.16) gilt (20.17) auch, wenn $\boldsymbol{b}_0 = \boldsymbol{b}_0(t)$.
[2] Die erste dieser Gleichungen folgt aus (20.13), wenn man $\boldsymbol{p} = \text{const.}$ setzt. Die zweite ergibt sich dann aus der ersten mit Hilfe der Fundamentalgleichung $d\varepsilon = \boldsymbol{v}\,d\boldsymbol{p}$, wenn man überdies noch $\boldsymbol{p} = (\varepsilon/c^2)\boldsymbol{v}$ verwendet.

rung treten an Stelle von $d\varepsilon^*/\varepsilon^*$ und $d\boldsymbol{p}^*/\varepsilon^*$ die Ausdrücke $d\varepsilon^*/m$ und $d\boldsymbol{p}^*/m$.

Da in unserem Beispiel das homogene Trägheitsfeld $-m\,\boldsymbol{b}_0\,\boldsymbol{r}^*$ bei der Rücktransformation $B^* \to B$ wieder verschwindet, haben wir den

Satz 20.1: Ein homogenes Trägheitsfeld kann durch Übergang auf ein geeignet translativ bewegtes Bezugssystem zum Verschwinden gebracht werden.

Der Satz ist deshalb interessant, weil er aussagt, daß es physikalische Systeme gibt, nämlich die homogenen Trägheitsfelder, die bei Wahl eines geeigneten Bezugssystems B verschwinden. Dabei bedeutet „verschwinden", daß das betreffende System in B mit *keinem* anderen physikalischen System Energie oder Impuls austauscht, während es das in allen dagegen ungleichförmig bewegten Bezugssystemen B^* tut. Daher ist auch die Anzahl der an einem Energie- und Impuls-Austausch beteiligten Systeme nicht invariant gegen die Wahl des Bezugssystems, wenn unter den austauschenden Systemen Trägheitsfelder vorkommen.

Es ist nun besonders aufschlußreich, die eben dargestellten konventionellen Überlegungen zur Transformation auf ungleichförmigtranslativ bewegte Bezugssysteme mit der vorher diskutierten, auf Formel (20.a) basierenden Möglichkeit zu vergleichen. Wir gehen also wiederum von (20.a) aus und nehmen diese Formel auch dann als gültig an, wenn $\boldsymbol{v}_0$ zeitlich nicht konstant ist. Dann erhalten wir mit (20.a)

$$\frac{d\varepsilon^*}{dt} = \boldsymbol{v}^* \frac{d\boldsymbol{p}^*}{dt} = m\,\boldsymbol{v}^*\left(\frac{d\boldsymbol{v}^*}{dt} - \frac{d\boldsymbol{v}_0}{dt}\right) = \frac{d}{dt}\left(\frac{m}{2}\,\boldsymbol{v}^{*2}\right) - m\,\boldsymbol{b}_0\frac{d\boldsymbol{r}^*}{dt},$$

bei zeitlich konstanter Beschleunigung $\boldsymbol{b}_0$ also die Gleichung

$$\varepsilon^* = \frac{m}{2}\,\boldsymbol{v}^{*2} - m\,\boldsymbol{b}_0\,\boldsymbol{r}^* + \text{const.} \quad (\boldsymbol{b}_0 = \text{const.}) \quad (20.\text{b}')$$

Diese Gleichung ist nun inhaltlich identisch mit der linken Seite von (20.16), wenn man darin $U = 0$ setzt und (20.11) substituiert. Der Unterschied zwischen (20.b') und (20.16) ist jedoch der, daß die Größe ε^* in (20.b') die Energie des Systems „Körper + Trägheitsfeld" repräsentiert, in (20.16) aber die Energie des Körpers allein. Entsprechend repräsentiert auch $\boldsymbol{p}^*$ den Impuls des Systems Körper + Trägheitsfeld. Eine Bewegung, die in B der Gleichung $d\boldsymbol{p}/dt = 0$ und damit $d\varepsilon/dt = 0$ genügt, wird also in B^* durch dieselben Gleichungen beschrieben, wobei lediglich zu beachten ist, daß das in B^* auftretende Trägheitsfeld nicht als separates System erscheint, sondern mit zum Körper zählt; deshalb sieht auch der Zusammenhang (20.a) zwischen Impuls $\boldsymbol{p}^*$ und Geschwindigkeit v^* des Körpers in B^* anders aus als in B, wo kein Trägheitsfeld existiert. Die Möglichkeit, Impuls und Energie des Trägheitsfeldes dem bewegten Körper zuzuordnen, beruht natürlich darauf, daß die fraglichen Größen bei einem Trägheitsfeld der Masse m des Körpers proportional sind. Es bedarf wohl kaum eines besonderen Hinweises darauf, daß die beiden Beschreibungsweisen äquivalent sind.

Analoge Verhältnisse treffen wir an, wenn B und B^* gegeneinander rotieren. Dreht sich B^* mit der Winkelgeschwindigkeit Ω gegen B, so folgt aus (20.5), wenn man diese Gleichung mit der Masse m eines betrachteten Körpers multipliziert, die Beziehung

$$m\,v = m\,v^* + m\,(\Omega \times r^*).$$

Um den Impulssatz zu untersuchen, betrachten wir wieder unseren Standard-Vorgang des Impuls-Austausches zwischen den Mitgliedern eines Mehrkörpersystems. Gilt dann in bezug auf B wieder (20.9'), so folgt durch Einsetzen obiger Gleichung

$$\sum_i m_i\,v_i^* + \Omega \times \left(\sum_i m_i\,r_i^*\right) = \sum_j m_j'\,v_j^{*\prime} + \Omega \times \left(\sum_j m_j'\,r_j^{*\prime}\right).$$

Das Bestehen einer Gleichung der Form (20.9) wäre, wenn man die Massenerhaltung $\sum m_i = \sum m_j' = M$ berücksichtigt, also gleichbedeutend damit, daß

$$\Omega \times \left[\sum_i m_i\,r_i^* - \sum_j m_j'\,r_j^{*\prime}\right] = M\,\Omega \times (R^* - R^{*\prime})$$

verschwinden, der Schwerpunkt R^* des Mehrkörper-Systems in bezug auf B^* sich also derart bewegen müßte, daß die zu Ω senkrechte Komponente von R^* konstant bleibt, der Endpunkt von R^* also eine zu Ω parallele Gerade beschreibt. Dies aber widerspricht der Voraussetzung, daß in bezug auf B die Mitglieder des betrachteten Mehrkörper-Systems ihren Impuls nur untereinander austauschen, der Schwerpunkt R sich also in B geradlinig-gleichförmig bewegt (oder ruht). Die Größe mv^* genügt also keinem Erhaltungssatz der Form (20.9); vielmehr muß am Austausch von mv^* neben den Mitgliedern des Mehrkörper-Systems mindestens noch ein weiteres System beteiligt sein — wenn wir annehmen, daß mv^* ebenfalls einem universellen Erhaltungssatz genügt. Wir werden zeigen, daß dieses weitere System wieder ein Trägheitsfeld ist. Auch im vorliegenden Fall können wir wieder auf zwei verschiedene Weisen vorgehen: Erstens so, daß der Körper und das mit ihm wechselwirkende Trägheitsfeld zu einem System zusammengefaßt werden und zweitens in einer Weise, in der Körper und Trägheitsfeld als zwei verschiedene, miteinander wechselwirkende Systeme erscheinen. Wir diskutieren zunächst die erste dieser beiden Möglichkeiten.

Ist B ein Bezugssystem, in dem $\boldsymbol{p} = m\,\boldsymbol{v}$ gilt, so definieren wir in Analogie zu (20.a) den Impuls $\boldsymbol{p}^*$ in B^* einfach durch

$$\boldsymbol{p}^* = m\,\boldsymbol{v}^* + m(\boldsymbol{\Omega}\times\boldsymbol{r}^*) = \boldsymbol{p}. \tag{20.18}$$

Die gewünschte Erhaltungseigenschaft von $\boldsymbol{p}^*$ ist damit gesichert. Die Energie ε^* ergibt sich wieder aus der Beziehung [für $d\boldsymbol{v}/dt$ verwenden wir dabei (20.6)]

$$\frac{d\varepsilon^*}{dt} = \boldsymbol{v}^*\frac{d\boldsymbol{p}^*}{dt} = m\,\boldsymbol{v}^*\frac{d\boldsymbol{v}}{dt}$$
$$= m\,\boldsymbol{v}^*\left[\frac{d\boldsymbol{v}^*}{dt} + \left(\frac{d\boldsymbol{\Omega}}{dt}\times\boldsymbol{r}^*\right) + 2(\boldsymbol{\Omega}\times\boldsymbol{v}^*) + \boldsymbol{\Omega}\times(\boldsymbol{\Omega}\times\boldsymbol{r}^*)\right].$$

Setzen wir hierin

$$\left(\frac{d\boldsymbol{\Omega}}{dt}\times\boldsymbol{r}^*\right)\boldsymbol{v}^* = (\boldsymbol{r}^*\times\boldsymbol{v}^*)\frac{d\boldsymbol{\Omega}}{dt}$$

und

$$[\boldsymbol{\Omega}\times(\boldsymbol{\Omega}\times\boldsymbol{r}^*)]\frac{d\boldsymbol{r}^*}{dt} = (\boldsymbol{\Omega}\,\boldsymbol{r}^*)\left(\boldsymbol{\Omega}\,\frac{d\boldsymbol{r}^*}{dt}\right) - \Omega^2\left(\boldsymbol{r}^*\frac{d\boldsymbol{r}^*}{dt}\right)$$
$$= -\frac{d}{dt}\left[\frac{1}{2}(\boldsymbol{\Omega}\times\boldsymbol{r}^*)^2\right] + [\boldsymbol{r}^*\times(\boldsymbol{\Omega}\times\boldsymbol{r}^*)]\frac{d\boldsymbol{\Omega}}{dt}$$

ein, so erhalten wir

$$\frac{d}{dt}\left\{\varepsilon^* - \frac{m}{2}\boldsymbol{v}^{*2} + \frac{m}{2}(\boldsymbol{\Omega}\times\boldsymbol{r}^*)^2\right\} \tag{20.19}$$
$$= m\,\boldsymbol{r}^*\times[\boldsymbol{v}^* + (\boldsymbol{\Omega}\times\boldsymbol{r}^*)]\frac{d\boldsymbol{\Omega}}{dt} = (\boldsymbol{r}^*\times\boldsymbol{p}^*)\frac{d\boldsymbol{\Omega}}{dt} = \boldsymbol{L}^*\frac{d\boldsymbol{\Omega}}{dt}.$$

Für den Fall $d\boldsymbol{\Omega}/dt = 0$ liefert dies als Energie[1]

$$\varepsilon^* = \frac{m}{2}\boldsymbol{v}^{*2} - \frac{m}{2}(\boldsymbol{\Omega}\times\boldsymbol{r}^*)^2 + \varepsilon_0. \tag{20.19'}$$

Drücken wir mittels (20.18) die Geschwindigkeit $\boldsymbol{v}^*$ durch den Impuls $\boldsymbol{p}^*$ aus, so erhalten wir

$$\varepsilon^*(\boldsymbol{p}^*, \boldsymbol{r}^*) = \frac{1}{2m}\boldsymbol{p}^{*2} - \boldsymbol{p}^*(\boldsymbol{\Omega}\times\boldsymbol{r}^*) + \varepsilon_0 \tag{20.20}$$
$$= \frac{1}{2m}\boldsymbol{p}^{*2} - \boldsymbol{\Omega}\boldsymbol{L}^* + \varepsilon_0, \qquad \left(\frac{d\boldsymbol{\Omega}}{dt} = 0\right).$$

Schließlich ist wegen $\boldsymbol{p}^* = \boldsymbol{p}$ auch der Drehimpuls in bezug auf B^*, d. h. die Größe $\boldsymbol{L}^* = \boldsymbol{r}^*\times\boldsymbol{p}^* = \boldsymbol{r}^*\times\boldsymbol{p}$, mit $\boldsymbol{L}$ identisch, wenn $\boldsymbol{r} = \boldsymbol{r}^*$, wenn also die Nullpunkte von B und B^* koinzidieren. Für den Zusammenhang zwischen der Energie ε^* eines Körpers in bezug auf B^* und der Energie ε desselben Körpers in bezug auf B liefert Gl. (20.20) in diesem Fall somit die einfache Formel

$$\varepsilon^* = \varepsilon - \boldsymbol{\Omega}\boldsymbol{L}. \tag{20.21}$$

---

[1] Dabei ist ε_0 aus der Bedingung bestimmt, daß $\varepsilon^* = \varepsilon$ für $\boldsymbol{\Omega} = 0$.

Die zweite der erwähnten Möglichkeiten basiert auf der Festsetzung
$$p^* = m\,v^*, \quad \text{d. h.} \quad p = p^* + m(\Omega \times r^*). \tag{20.22}$$
Dies hat natürlich zur Folge, daß die charakteristische Funktion $\varepsilon^* = \varepsilon^*(p^*)$ des Körpers auch in B^* die gewohnte Gestalt (16.4) hat, denn es ist
$$d\varepsilon^* = v^* dp^* = \frac{p^*}{m} dp^* = d\left(\frac{p^{*2}}{2m}\right)$$
oder
$$\varepsilon^* = \frac{1}{2m} p^{*2} + \varepsilon_0 = \frac{m}{2} v^{*2} + \varepsilon_0. \tag{20.23}$$

Wir betrachten wieder einen Körper, der in B der Bewegungsgleichung
$$\frac{dp}{dt} = 0 \;\rightarrow\; \frac{d\varepsilon}{dt} = 0$$
genügt. Nach Gl. (20.6′) erfüllt dann die Bahn des Körpers in bezug auf B^*, das mit konstanter Winkelgeschwindigkeit ($d\Omega/dt = 0$) gegenüber B rotieren möge, die Gleichung
$$\frac{dp^*}{dt} = m\frac{dv^*}{dt} = 2m(v^* \times \Omega) + m(\Omega \times r^*) \times \Omega. \tag{20.24}$$

Hieraus wiederum erhält man
$$v^* \frac{dp^*}{dt} = m\,[(\Omega \times r^*) \times \Omega]\frac{dr^*}{dt} = \frac{d}{dt}\left[\frac{m}{2}(\Omega \times r^*)^2\right],$$
und somit als Integral der Bewegung der Gleichung (20.24)
$$\varepsilon^* - \frac{m}{2}(\Omega \times r^*)^2 = \text{const.}, \tag{20.25}$$
worin ε^* aus (20.23) einzusetzen ist. Die Gl. (20.25) besagt wieder, daß in bezug auf B^* der Körper in Energie-Austausch steht mit einem Trägheitsfeld, dessen Energie-Aufnahme und -Abgabe durch die Funktion
$$m\,\Phi^*(r^*) = -\frac{m}{2}(\Omega \times r^*)^2 \tag{20.26}$$
geregelt wird. Daß es sich um ein Trägheitsfeld handelt, zeigt das Auftreten des Faktors m auf der rechten Seite von (20.26).

Gl. (20.25) ist inhaltlich offensichtlich identisch mit (20.19′) oder (20.20), wobei lediglich wieder die unterschiedliche Rolle der Größe ε^* zu beachten ist: In (20.20) ist sie die Energie des Systems „Körper + Trägheitsfeld", in (20.25) hingegen die Energie des Körpers allein. In Analogie zu Satz 20.1 gilt, wie der Rückschluß von (20.24) auf (20.23) zeigt, der

Satz 20.2: Ein Trägheitsfeld der Form (20.26) kann durch Übergang auf ein geeignet rotierendes Bezugssystem zum Verschwinden gebracht werden.

Trägheitsfelder, die sich aus homogenen und solchen der Form (20.26) zusammensetzen, lassen sich also durch geeignete Bewegungen des Beobachters wegtransformieren. Es erhebt sich damit das Problem, ob alle *beobachteten* Trägheitsfelder von dieser Form sind oder nicht. Auf diese Frage gehen wir im folgenden Paragraphen ein.

Fassen wir die wichtigsten Resultate der vorstehenden Überlegungen zusammen. Der Übergang zwischen Bezugssystemen, die sich relativ zueinander bewegen, richtet die Aufmerksamkeit auf eine besondere Art physikalischer Systeme, die *Trägheitsfelder*. Charakteristisch für diese ist, daß die zwischen ihnen und jedem bewegten Körper ausgetauschten Größen Energie und Impuls stets der Energie, in Newtonscher Näherung also der Masse des Körpers, proportional sind. Ein Trägheitsfeld gibt also an einen bewegten Körper um so mehr Energie ab, je mehr Energie dieser schon hat, so daß es, was seinen Energie-Inhalt betrifft, ein Faß ohne Boden ist. Das gilt natürlich nur für die beiden durch Bewegung erzeugbaren Typen von Trägheitsfeldern, die homogenen und die der Form (20.26). Andererseits kann man ihnen die Ruhenergie Null zuordnen, denn man kann ein Bezugssystem angeben, in dem sie gar nicht vorhanden sind. Derartige Systeme haben physikalisch also einen anderen Charakter als diejenigen, die man sonst gewöhnt ist. Daher ist es von besonderem Interesse, daß diese Systeme, wie wir gezeigt haben, dynamisch in die Körper einbezogen, daß heißt so beschrieben werden können, daß sie nicht als gesonderte, von den betrachteten Körpern getrennte und mit ihnen wechselwirkende Systeme, sondern als zum Körper gehörig erscheinen. Natürlich ändert damit der Körper seinen dynamischen Charakter, was sich wiederum darin äußert, daß seine charakteristische dynamische Funktion nun von der Form $\varepsilon = \varepsilon(\boldsymbol{p}, \boldsymbol{r})$ ist und nicht mehr allein von $\boldsymbol{p}$ abhängt, in der Newtonschen Mechanik also nicht mehr einfach die Gestalt $\varepsilon = p^2/(2\,m) + \varepsilon_0$ hat. Nach dieser Auffassung äußert sich die Existenz eines Trägheitsfeldes also darin, daß Impuls und Geschwindigkeit eines Körpers nicht mehr den gewohnten, elementaren Zusammenhang $\boldsymbol{p} = m\,\boldsymbol{v}$ haben, sondern komplizierter verknüpft sind.

Daneben gibt es die andere Auffassung, die einem Körper in allen Bezugssystemen dieselbe charakteristische Funktion — nämlich diejenige ($\varepsilon = p^2/(2m) + \varepsilon_0$), die er in einem Bezugssystem hat, in dem keine Trägheitsfelder vorhanden sind — zuordnet (oder $\boldsymbol{p} = m\boldsymbol{v}$ setzt) und das Trägheitsfeld als gesondertes physikalisches System betrachtet. Jede der beiden Beschreibungsweisen hat Vorzüge und Nachteile. Wir entnehmen der Diskussion vor allem die Erkenntnis, daß die Trennung von Körper und Trägheitsfeld nicht schlechthin gegeben ist, sondern in gewissen Grenzen der Willkür unterliegt. Die Auszeichnung des gewohnten Körper-Begriffes beruht im Grunde auf der Annahme, daß es stets Bezugssysteme B gibt, in denen keine Trägheitsfelder vorkommen, der Körper also „allein" in der Welt vorhanden ist. Solche *Inertialsysteme* existieren aber, wie wir sehen werden, gar nicht, jedenfalls nicht im ganzen Raum. Man kann zwar an jeder Stelle des Raumes ein Bezugssystem finden, das dort (lokal) inertial, d. h. so beschaffen ist, daß in ihm an der betreffenden Raumstelle kein Trägheitsfeld erscheint, aber an anderen Stellen des Raumes sind dann mit Sicherheit Trägheitsfelder vorhanden. In jedem beliebigen Bezugssystem ist der Raum also von Trägheitsfeldern erfüllt, und verschiedene Bezugssysteme unterscheiden sich nur darin, daß die Verteilung der Trägheitsfelder im Raum verschieden ist. In jedem Fall kann der ganze Raum aufgefaßt werden als zusammengesetzt aus lauter (mehr oder weniger großen) Stücken, in denen verschiedene Trägheitsfelder herrschen. Aus diesem Grund sind auch gerade diejenigen Transformationen von Interesse, die p nicht ändern, denn es ist unter Umständen zweckmäßig, in den verschiedenen Raumstücken stets dieselbe Größe p als Impuls des Körpers zu verwenden und nicht von Ort zu Ort eine andere, was man tut, wenn man generell $p = mv$ oder $\varepsilon = p^2/(2m) + \varepsilon_0$ setzt.

§ 21 Bemerkungen zum Problem der Gravitation

Die fundamentale Behauptung, auf die wir am Ende des vorigen Paragraphen anspielten, ist die, daß alle *Gravitationsfelder Trägheitsfelder* sind. Die Gründe für diese Behauptung sowie einige ihrer Konsequenzen wollen wir im folgenden auseinandersetzen.

Die im Abschnitt B dargestellte Gravitationstheorie NEWTON's beruht im wesentlichen auf den Keplerschen Gesetzen. Diese besagen, erstens daß ein Gravitationsfeld ein Beschleunigungsfeld ist und zweitens, daß dieses Beschleunigungsfeld eine bestimmte mathematische Form hat. Diese beiden Aussagen sind nun, was ihre Allgemeingültigkeit betrifft, mit recht verschiedenem Gewicht zu belegen. Während die zweite sicher nur approximativ zutrifft — schon deshalb, weil sie eine retardierungsfreie Wechselwirkung impliziert — ist die erste in einem viel allgemeineren Sinn richtig. Für das Gravitationsfeld der Erde in Nähe ihrer Oberfläche ist sie experimentell mit großer Genauigkeit bestätigt worden (EÖTVÖS, DICKE[1]). Mit

---

[1] Zusammenfassender Artikel von R. H. DICKE „Experimental Relativity" in: *Relativity, Groups and Topology*, Lectures delivered at Les Houches 1963,

EINSTEIN wollen wir daher annehmen, daß ein Gravitationsfeld stets ein Beschleunigungsfeld ist oder, wie wir es dynamisch nennen, ein Trägheitsfeld. Diese Annahme ist unter dem Namen „Äquivalenzprinzip" bekannt.

Sei $\Phi(r)$ ein vorgegebenes Gravitationsfeld, d. h. ein Beschleunigungsfeld, dann genügt der Energie-Austausch eines in dem Feld frei bewegten Körpers der Energie ε in Newtonscher Näherung der Gleichung $\varepsilon + m\Phi =$ const. und damit in der Einsteinschen Mechanik ($m \to \varepsilon/c^2$) dem Gesetz[1]

$$\varepsilon \left(1 + \frac{\Phi(r)}{c^2}\right) = E = \text{const.} \qquad (21.1)$$

Differenziert man diese Formel, so erhält man

$$\frac{d\varepsilon}{\varepsilon} = -\frac{d\Phi}{\Phi + c^2}. \qquad (21.1')$$

Diese Gleichung (die streng genommen besagt, daß die relative Energieänderung eines Körpers auf seiner Bahn nicht nur von der Potentialdifferenz $d\Phi$, sondern auch vom Absolutwert des Potentials abhängt) ist nach EINSTEIN allerdings nur gültig, wenn $\Phi \ll c^2$, so daß man auch schreiben kann

$$\frac{d\varepsilon}{\varepsilon} = -\frac{1}{c^2} d\Phi. \qquad (21.2)$$

Alle Formeln (21.1, 1', 2) sind nur für $\Phi \ll c^2$ gültig, und daher ist die eine so gut wie die andere. Allerdings erhebt sich damit das Problem wie man entscheiden kann, wann und wo $\Phi \ll c^2$ ist. Die Newtonsche Gravitationstheorie gibt darauf keine Antwort, da in ihr das Potential Φ eine „Hilfsgröße" ist, die aus der Beschleunigung ($b = -\text{grad}\,\Phi$) durch Integration gewonnen wird und somit nur bis auf eine willkürliche Konstante definiert ist. Daher kann Φ in der Newtonschen Theorie jeden Wert haben. Anders ist die Situation in der Einsteinschen Mechanik, in ihr ist Φ als Repräsentant der Energie eines physikalischen Systems, nämlich des Trägheitsfeldes, auch in seinem Absolutbetrag festgelegt — aber wir haben vorläufig kein Mittel, den Wert von Φ zu bestimmen. Als Kriterium dafür, ob in einem Raumgebiet $\Phi \ll c^2$ ist, bleibt also nur übrig nachzuprüfen, ob die Formeln (21.1,2) die freien Bewegungen der Körper in dem

---

edited by C. de Witt and B. de Witt. Gordon and Breach, New York, London 1964. Dort findet sich auch ein umfangreicheres Literaturverzeichnis.

[1] Man mag geneigt sein, m durch ε_0/c^2 zu ersetzen. Das widerspricht jedoch der Voraussetzung, daß das Gravitationsfeld ein Trägheitsfeld ist; denn in der Gl. (21.1) entsprechenden Gleichung träte dann ε_0 auf, d. h. eine innere Eigenschaft des bewegten Körpers, was nach § 20 bei der den Energie-Austausch mit einem Trägheitsfeld beschreibenden Gleichung nicht sein darf.

betreffenden Raumgebiet hinreichend gut beschreiben. Das ist nun, wie wir aus den großen Erfolgen der Newtonschen Gravitationstheorie schließen, im Bereich der Erde und des Sonnensystems offensichtlich der Fall, und daher ist in diesem Bereich auch sicher $\Phi \ll c^2$.

Nun ist die Gültigkeit der Gl. (21.1,2) zwar an den Wert von Φ gebunden, nicht aber an die Ruhenergie der Körper, die sich im Feld $\Phi(r)$ bewegen. Somit gilt (21.2) auch für die Bewegung von Körpern beliebig kleiner Ruhenergie, und damit auch für Teilchen der Ruhenergie Null, wie Photonen. In einem Gravitationsfeld $\Phi(r)$ verliert oder gewinnt das Photon auf seinem Weg von einer Raumstelle r zu einer anderen r' also Energie, je nachdem ob $\Phi(r)$ kleiner oder größer ist als $\Phi(r')$. Wegen $\varepsilon = \hbar\,\omega$ macht sich das als Frequenz-Erniedrigung oder -Erhöhung, d.h. als Rot- oder Violettverschiebung bemerkbar. Dieser von EINSTEIN vorausgesagte Effekt hat nach (21.2) an der Erdoberfläche die Größe

$$\frac{\Delta\varepsilon}{\varepsilon} = \frac{\Delta\omega}{\omega} = -\frac{\gamma_E}{c^2 R_E^2}\Delta z = -\frac{g}{c^2}\Delta z = -10^{-18}\,\text{cm}^{-1}\Delta z, \quad (21.3)$$

wenn Δz die durchlaufene Höhendifferenz ist. Die Frequenzverschiebung ist also um so größer, je größer der Abstand zwischen Emissions- und Absorptionsort ist. Ein Photon, das an der Erdoberfläche emittiert und in 10 m Höhe absorbiert wird, zeigt also eine relative Frequenzverschiebung von der Größenordnung 10^{-15}. Diese Rotverschiebung ist mit Hilfe des Mössbauer-Effektes der Größenordnung nach zweifelsfrei nachgewiesen worden (POUND und REBKA[1]).

Wir können dem Effekt der Frequenzverschiebung aber auch eine ganz andere Interpretation geben, wenn wir nicht ein einzelnes Photon betrachten, sondern eine große Zahl von Photonen ein und derselben Energie ε, d.h. eine elektromagnetische Welle der Frequenz $\omega = \varepsilon/\hbar$, die von einem Sender emittiert wird. Wir betrachten zwei gleiche Sender S und S', die mit der gleichen Frequenz $\omega = \omega'$ strahlen. Diese Aussage hat einen evidenten Sinn zunächst nur dann, wenn sich beide Sender am gleichen Ort befinden. Verschiebt man S' gegen S an eine andere Stelle im Gravitationsfeld Φ, so erhebt sich die Frage, ob dabei nicht die Emissionsfrequenz verändert wird, und zwar vielleicht gerade so, daß die von S' emittierten Photonen, wenn sie am Ort von S ankommen, infolge der Frequenzverschiebung (21.2) wieder die Frequenz ω haben. Würden wir dann den Sender S als Empfänger benutzen, so wäre keine Rotverschiebung nachzuweisen. Gegen diese Möglichkeit spricht nun nicht nur die Tatsache, daß die Emission eines Senders auf Kosten seiner *inneren Energie* geht und daher, wie diese selbst, bei freier Bewegung

---

[1] R.V. POUND and G.A. REBKA: Phys. Rev. Letters 4, 337 (1960).

im Gravitationsfeld nicht affiziert wird, sondern vor allem auch das Experiment, das in der Tat eine Rotverschiebung zeigt. Wir setzen demgemäß fest, daß die von einem Sender emittierte Frequenz ω nur von der inneren Energie, d. h. von der inneren Struktur des Senders abhängt und unabhängig ist davon, an welcher Stelle im Gravitationsfeld der Sender sich befindet[1]. Wird dann S' von dem Ort, an dem sich S befindet, nach Stellen tieferen Potentials $\Phi(S') < \Phi(S)$ verschoben, so zeigt die von S' emittierte Strahlung, bei S beobachtet, eine Rotverschiebung, die um so größer ist, je kleiner $\Phi(S')$ im Vergleich zu $\Phi(S)$ ist. Von S aus gesehen, erfolgen die Schwingungen von S' im Vergleich zu denen von S also um so langsamer, je kleiner $\Phi(S')$ ist. Umgekehrt zeigt die von S emittierte Strahlung, bei S' beobachtet, eine Violettverschiebung, so daß S im Vergleich zu S' um so schneller schwingt, je größer $\Phi(S)$ im Vergleich zu $\Phi(S')$ ist. Diese Aussagen sind keineswegs Aussagen vom Typ „S' *scheint* von S aus betrachtet, langsamer zu schwingen" in dem Sinn, daß es eine andere „objektive" Möglichkeit des Vergleichs mit anderem Resultat gäbe. Sie sind vielmehr in folgendem operativem Sinn real. S und S' mögen sich zu Anfang am selben Ort befinden; dann schwingen sie synchron, so daß, wenn S eine bestimmte Anzahl von Schwingungen gemacht hat, für S' dieselbe Anzahl registriert wird. Wir bringen dann S' an eine Stelle kleineren Potentials $\Phi(S') < \Phi(S)$, lassen S' dort eine Zeitlang schwingen und bringen es dann an den Ort von S zurück. Beschreiben wir diesen Prozeß von S aus, d. h. so wie S ihn beobachtet, so hat S' während der ganzen Zeit langsamer geschwungen als S selbst, so daß nach Rückkehr von S' an den Ort von S der Sender S' weniger Schwingungen gemacht hat, als S an sich selbst registriert hat[2]. Nehmen wir die Anzahl der Schwingungen, die S und S' gemacht haben, als Maß für das „Alter" von S und S', so ist nach Ablauf des beschriebenen Prozesses S' also jünger als S. Diese Aussage ist objektiv in dem Sinn, daß S' genau dasselbe feststellt wie S, nämlich daß S älter ist; denn von S' aus betrachtet, befand sich S während der ganzen Zeit an einer Stelle größeren Potentials, so daß S schneller geschwungen hat als S' selbst. Man kann also einen periodisch, allein unter Ausnutzung seiner inneren Energie arbeitenden Mechanismus[3] S' gegenüber seinem Zwillingsbruder S

---

[1] Dies ist im Grunde eine Definition des Begriffes „gleiche Frequenz an verschiedenen Orten".

[2] Den Einfluß des Doppler-Effektes, der bei der Bewegung von S' gegen S auftritt, denken wir uns eliminiert oder dadurch beliebig klein gehalten, daß wir die Länge des Aufenthaltes von S' an seiner zweiten Ruhestelle groß machen gegen die Zeit der Bewegung.

[3] Da man den elektromagnetischen Sender mit jedem periodischen Mechanismus steuern kann, gelten die Betrachtungen für jeden inneren periodischen Vorgang. Ein solcher beruht auf folgendem Prinzip. Die innere Energie eines Systems Σ sei (mindestens) zweier verschiedener Formen E_1 und E_2 fähig,

dadurch jung erhalten, daß man ihn in Gebiete kleinerer Gravitations*potentials* (nicht Feldstärke!) als S bringt. In einem homogenen Feld der konstanten Beschleunigung b ist der Effekt des Jüngerbleibens also um so größer, je weiter man S' von S entfernt.

Schließlich kann man das für die ganze Überlegung wesentliche Trägheitsfeld auch durch Bewegung erzeugen. Man erhält dann das vieldiskutierte „Zwillingsparadoxon". S ruhe in einem Inertialsystem B, S' bewege sich relativ zu S, zuerst von S fort, dann, nach Umkehr, wieder auf S zu. Die Bewegung von S' sei geradlinig-gleichförmig und während des Umkehrprozesses z. B. derart geführt, daß im Bezugssystem B', in dem S' ruht, ein konstantes Trägheitsfeld herrsche. Zur Beschreibung des Prozesses begeben wir uns ins Bezugssystem B' (in dem S sich bewegt)[1]. In diesem herrscht während

---

die frei miteinander austauschen, derart, daß $E_1 + E_2$ = const.; die Gesamtenergie sei jedoch von ihrem Minimalwert unter den gegebenen Austauschbedingungen verschieden. Das System Σ fungiert dann als „Unruhe", denn die Unruhe einer Uhr ist ein typisches Beispiel eines solchen Systems: Ihre Energie tauscht frei aus zwischen den beiden Formen „Bewegungsenergie des Unruherädchens (E_1)" und „elastische Spannungsenergie der Unruhespirale (E_2)" derart, daß $E_1 + E_2$ = const. Solange die Unruhe schwingt, hat dabei $E_1 + E_2$ einen vom Minimum verschiedenen Wert, denn $E_1 + E_2$ nimmt seinen Minimalwert gerade dann an, wenn die Unruhe still steht. Eine solche ideale Unruhe kann praktisch nur angenähert realisiert werden, da die Bedingung $E_1 + E_2$ = const. wegen auftretender Dissipationseffekte (Entropieerzeugung, Abstrahlung) nur approximativ aufrecht zu halten ist. Es bedarf daher einer weiteren Form der inneren Energie, die als Energielieferant für die Unruhe fungieren kann, und schließlich noch einer, in der die aus der Unruhe herausströmende Energie (Wärme, Abstrahlung etc.) erscheint. Ein System Σ' mit einem inneren periodischen Vorgang sieht also stets so aus, daß die innere Energie von Σ' von einer Form in die andere strömt, wobei dieser Energiestrom durch ein Teilsystem Σ, die Unruhe, hindurchfließt und dabei reguliert (d. h. in gleiche Schübe eingeteilt) wird. So transformiert eine Uhr die Spannungsenergie einer Feder oder die chemische Energie einer Batterie etc. in Wärme, und diese Transformation wird durch die Unruhe geregelt. Jedes System des geschilderten Typs ist eine Uhr, also auch ein Lebewesen, wenn man alles, was es zum Leben braucht, als zu ihm gehörig rechnet. Das Wesen lebt dann so lange, wie es Energie in Form von chemischer Energie der Nahrung in Wärme transformiert. Da die einzelne Schwingung der Unruhe einer allgemeinen „Uhr" eine wohlbestimmte Menge an Energie definiert, die von der einen in die andere Form überführt wird, ist die Anzahl der Schwingungen, die die Unruhe der Uhr überhaupt machen kann, ein dynamisches Maß für die Länge des „Lebens" der Uhr. Diese Anzahl von Schwingungen ist, da sie allein unter Benutzung der inneren Energie des Systems erklärt ist, *invariant gegen beliebige Bezugssystemwechsel* (vgl. Aufgabe C 23, Bd. Ia). *Nicht invariant* ist hingegen die *Anzahl der Schwingungen pro Zeiteinheit*, wenn die Zeiteinheit für jeden Beobachter in derselben Weise erklärt wird, nämlich durch die Schwingung der Unruhe derjenigen Uhr, die sich an seinem Ort und relativ zu ihm in Ruhe befindet; natürlich werden dabei nur gleiche Uhren benutzt, d. h. Systeme mit derselben inneren Struktur. Dies ist das Resultat der obigen Betrachtungen.

[1] Im Bezugssystem B, in dem S ruht, herrscht nach Voraussetzung (Inertialsystem) kein Trägheitsfeld. S' bewegt sich daher während seiner Um-

der Dauer der Umkehr ein Beschleunigungsfeld $\boldsymbol{b} = -\,\mathrm{grad}\,\boldsymbol{\Phi}$, das stets so gerichtet ist, daß $\Phi(S) > \Phi(S')$. Somit bleibt S' jünger als S; dabei ist, wenn die Umkehrbeschleunigung b dieselbe ist, der Effekt des Jüngerbleibens von S' um so größer, je größer $\Phi(S) - \Phi(S') = b\,|z_S - z_{S'}|$ ist, das heißt in je größerer Entfernung $|z_S - z_{S'}|$ von S die Umkehr von S' stattfindet.

Die Betrachtungen liefern also das folgende überraschende Resultat. Einsteinsche Dynamik, allgemeine Äquivalenz von Gravitations- und Trägheitsfeldern und die Energie-Frequenz-Proportionalität ($\varepsilon = \hbar\,\omega$) des Photons — drei Voraussetzungen, von denen sich jede aufs glänzendste bewährt hat — besagen zusammen daß die „Eigen*zeit*" eines Systems, die durch einen von der inneren Energie gespeisten Vorgang definiert wird, keine „Zustandsgröße" sein kann, sondern von der Bahn (= Weltlinie) abhängt, die das System beschreibt. Zwei identische Systeme, die verschiedene Bahnen durchlaufen, zeigen demnach beim Wiedertreffen i. a. verschiedene innere Alter. Dies ist eine experimentelle prüfbare Aussage, die vor allem deshalb zu einer Prüfung herausfordert, weil sie dem „gesunden Menschenverstand" oder vielmehr unserem gewohnten Zeitempfinden ins Gesicht schlägt. Natürlich ist es Geschmackssache, was man als experimentelle Bestätigung dieser Behauptung anerkennt und was nicht — ist z. B. der Nachweis der Rotverschiebung Beweis genug? — aber nach allen experimentellen Erfahrungen, die wir heute haben, ist es als sicher anzusehen, daß die Schlußfolgerung der Theorie zutrifft. Als theoretische Aufgabe bleibt dann das Problem, eine Theorie mit einem Zeitbegriff aufzubauen, der die „Nicht-Integrabilität" der Eigenzeit als natürliche Konsequenz enthält. In einer solchen Theorie hätten dann Einsteinsche Dynamik, Äquivalenz von Gravitations- und Trägheitsfeldern und Energie-Frequenz-Relation der Quantentheorie gleichzeitig Platz. EINSTEIN hat dieses Problem mit seiner „Allgemeinen Relativitätstheorie" konstruktiv gemeistert, und zwar in einer Weise, die in der Geschichte der Naturwissenschaften ihresgleichen sucht.

Im vorigen Paragraphen haben wir gesehen, daß man gewisse Trägheitsfelder vollständig, das heißt im ganzen Raum, wegtransformieren kann dadurch, daß man in ein geeignetes Bezugssystem geht. Nun sind die Gravitationsfelder zwar Trägheitsfelder, aber niemals solche, die man durch Wahl eines geeigneten Bezugssystems *im ganzen Raum* wegtransformieren kann. Betrachten wir als Beispiel das Gravitationsfeld an einer Stelle der Erdoberfläche. Da sich der

---

kehr nicht frei, sondern muß mit einem dritten System wechselwirken. Im Bezugssystem B' wechselwirkt S mit einem System, nämlich dem Trägheitsfeld, dessen Effekt auf die Bewegung von S wir durch Gl. (21.1) beherrschen. Deshalb wählen wir das Bezugssystem B'.

Trägheitsfeld-Charakter des Gravitationsfeldes darin äußert, daß sich alle (punktartigen) Körper in ihm ohne Rücksicht auf ihre individuellen Besonderheiten gleich bewegen, in unserem Fall also gleich schnell fallen, kann man das an der betrachteten Stelle herrschende Trägheitsfeld lokal dadurch wegtransformieren, daß man ein Bezugssystem wählt, das mit den Körpern fällt. Denn für einen fallenden Beobachter ruhen die ebenfalls fallenden Körper — vorausgesetzt, daß diese räumlich nicht zu weit von ihm entfernt sind. Denn weiter entfernte Körper, die sich ebenfalls im Gravitationsfeld der Erde frei bewegen, ruhen keineswegs in bezug auf unseren Beobachter; so erfährt in seinem Bezugssystem ein Körper, der an der diametral gelegenen Stelle der Erdoberfläche ebenfalls frei fällt, sogar die doppelte Beschleunigung, die er in einem Bezugssystem erfährt, das relativ zur Erdoberfläche ruht.

Die Tatsache, daß ein „echtes" Gravitationsfeld sich nur an einer Stelle und nicht im ganzen Raum wegtransformieren läßt, findet ihr Äquivalent darin, daß ein solches Feld nicht nur die Bewegungsenergie eines Körpers ändern kann, sondern, wenn der Körper *räumlich ausgedehnt* ist, (durch Deformation) auch seine *innere* Energie. Ein durch Bewegung des Beobachters erzeugtes Beschleunigungs- oder Gravitationsfeld kann dagegen, auch wenn ein System räumlich ausgedehnt ist, nur dessen Bewegungsenergie ändern, niemals aber die innere Energie; denn die Energieübertragungen durch diese Gravitationsfelder sind durch Umkehrung der Bewegung des Beobachters vollständig rückgängig zu machen. Man überzeuge sich (unter Benutzung der Überlegungen der § § 12 und 20), daß die durch Bewegung erzeugten Beschleunigungsfelder — das homogene und das Rotationsfeld — auch in der Newtonschen Gravitationstheorie die Eigenschaft haben, an ausgedehnten Körpern, die sich in ihnen bewegen, keine Deformationen zu bewirken In einem echten Gravitationsfeld hingegen sind die Bewegungen ausgedehnter Körper oder Systeme, wenn die dabei auftretenden Änderungen der inneren Energie („Gezeiten") mit Entropieerzeugung verbunden sind, streng genommen irreversibel, können also durch Bewegungen eines Beobachters nicht rückgängig gemacht werden. Die von EINSTEIN postulierte Äquivalenz von Gravitations- und Beschleunigungsfeldern gilt daher nur so lange, wie die Änderungen der inneren Energie des bewegten Körpers gegenüber den Umsetzungen an Bewegungsenergie zu vernachlässigen sind, d.h. solange die Gravitation sich praktisch nur in Änderungen der „äußeren" Energie bemerkbar macht. Das ist stets der Fall, wenn die Lineardimensionen des bewegten Körpers klein sind gegen die örtliche Inhomogenität des Gravitationsfeldes. Bei den uns zugänglichen Gravitationsfeldern und den in ihnen beobachteten Körpern ist das sicher so; lediglich in Feldern, die von Massenverteilungen extrem großer Dichte erzeugt werden, könnte der „Irreversibilitätseffekt der Bewegung" spürbar und von Bedeutung werden.

Unsere Diskussion führt also zu folgendem Schluß. Da im Raum überall Gravitations- und damit Trägheitsfelder vorhanden sind, die in der Nähe großer Massen, genauer, in einer (nicht zu engen) Umgebung von Körpern mit großer innerer Energie, approximativ die Form des Kepler-Feldes haben — das sich niemals als Ganzes wegtransformieren läßt — läuft jeder Wechsel des Bezugssystems auf nichts weiter hinaus, als auf eine Änderung der räumlichen Verteilung der Trägheitsfelder, das heißt der Gravitationsfelder. Für zwei beliebig gegeneinander bewegte Beobachter unterscheidet sich die Welt in nichts anderem als in der mathematischen Form der den Raum erfüllenden Gravitationsfelder (die im allgemeinen auch noch zeitlich veränderlich sind). Keiner aber kann sich, wie er sich auch bewegen möge, von den Gravitationsfeldern befreien. Allerdings kann er dies, wie wir gesehen haben, *lokal*; denn an jeder Raumstelle kann man ein Bezugssystem so wählen, daß an dieser Stelle (und in einer mehr oder weniger großen Umgebung) kein Trägheitsfeld herrscht. Der Begriff des Inertialsystems als eines Bezugssystems, in dem es keine Trägheitsfelder gibt, ist also nur auf hinreichend kleine Raumstücke anwendbar, wir sprechen daher auch nur von *lokalen Inertialsystemen*.

Die letzte Bemerkung ist für uns besonders wichtig, denn sie besagt, daß wir die Mechanik, einschließlich der Dynamik, wie wir sie bisher entwickelt haben, bedenkenlos nur in hinreichend kleinen Raumgebieten anwenden können, nämlich in Gebieten, in denen ein Bezugssystem mit hinreichender Genauigkeit als inertial angesehen werden kann. Als Problem erhebt sich dann natürlich die Frage nach einer Verallgemeinerung der bisher lokalen Begriffe auf den „ganzen" Raum.

§ 22 Bemerkungen zur Dynamik räumlich ausgedehnter Systeme

Bisher haben wir praktisch nur punktartige Körper betrachtet. Sie können Impuls nur dadurch transportieren, daß sie sich bewegen. Mit dieser für die naive Vorstellung reichlich selbstverständlich klingenden Bemerkung wollen wir die Aufmerksamkeit auf die Frage lenken, ob ein System auch Impuls transportieren kann, ohne sich zu bewegen. Daß dies in der Tat möglich, ja der Fall sein muß, zeigen bereits ganz einfache Beispiele. Betrachten wir z.B. ein ausgedehntes Stück Metall oder einen anderen Festkörper unserer täglichen Erfahrung, und übertragen wir auf eine wohlbestimmte Stelle seiner Oberfläche einen definierten Impuls,

z. B. durch einen plötzlichen Schlag mit einem Hammer. Dann erhebt sich sofort die Frage, wie der auf die betreffende Stelle des Festkörpers übertragene Impuls von dieser Stelle wegtransportiert wird. Die Tatsache, daß wir von einer lokalen Impulsübertragung sprechen, die an einer wohlbestimmten Stelle des Körpers erfolgt, zeigt bereits, daß wir den Impuls — und ebenso die Energie — intuitiv lokalisieren und den Volumelementen des Festkörpers zuordnen. Ein Transport des Impulses besteht dann darin, daß dieser von Volumelement zu Volumelement weitergegeben, ausgetauscht wird. Natürlich ordnen wir auch dem Körper als ganzem Impuls zu, nämlich die Summe der Impulse seiner Volumenelemente, aber dieser Impuls ist physikalisch solange nicht relevant, wie im Innern des Festkörpers noch Impuls von Volumelement zu Volumelement übertragen wird.

Betrachten wir als trivialstes Beispiel eines ausgedehnten Systems eine eindimensionale Folge ruhender gleicher Massenpunkte, das heißt punktartiger Körper gleicher Masse m (Fig. C6). Als Gesamtsystem betrachten wir die ganze Massenpunktreihe. Diese kann übrigens in keiner Hinsicht als Modell eines Festkörpers dienen, da ihre Teile (bei den folgenden Betrachtungen) keine andere Wechselwirkung zeigen als die Möglichkeit des Zentralstoßes; außerdem ist die in Fig. C6 gezeichnete *regelmäßige* Anordnung für die folgenden Überlegungen ebenfalls irrelevant, sie gelten für jede beliebige unregelmäßige Anordnung. Wir denken uns nun auf den ersten Massenpunkt der Reihe durch einen plötzlichen Schlag einen definierten Impuls p übertragen. Dieser Impuls wird dann durch die sukzessiven Stöße der Massenpunkte forttransportiert, und zwar so, daß, wenn der n-te Massenpunkt angestoßen worden ist, er sich bis zur Stelle des $(n+1)$-ten bewegt, diesen seinerseits anstößt und selbst liegen bleibt (Fig. C6). Obwohl das Gesamtsystem den Impuls p aufgenommen hat, kann von einer Bewegung dieses Systems im naiven Sinn nicht die Rede sein, wohl aber von einem wohldefinierten Impuls- und Energietransport. Dieser erfolgt offensichtlich mit der Geschwindigkeit $v = p/m$, wobei m die Masse des einzelnen Massenpunktes ist. Impuls und Energie des Gesamtsystems sind gegeben durch

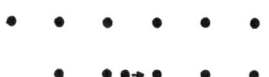

Fig. C6. Zum Impuls- und Energie-Transport durch ein ausgedehntes System

$$P = \sum_{i=1}^{N} p_i = p,$$

$$E = \sum_{i=1}^{N} \varepsilon_i = \frac{p^2}{2m} + \sum_{i=1}^{N} \varepsilon_{i0} = \frac{p^2}{2m} + N\varepsilon_0.$$

Für das *ruhende* Gesamtsystem folgt somit als charakteristische

Funktion
$$E(p) = \frac{p^2}{2m} + N\varepsilon_0 = \frac{p^2}{2m} + Nc^2 m. \qquad (22.1)$$

Diese Formel ist zwar, was die p-Abhängigkeit angeht, vom Newtonschen Typ, aber sie unterscheidet sich in einem Punkt ganz wesentlich: Der von p unabhängige Energieanteil $N\varepsilon_0 = Nc^2 m$ und der Verbindungsfaktor m zwischen Impuls p und Transportgeschwindigkeit der Energie sind nicht mehr über den universellen Faktor c^2 miteinander verknüpft. Durch geeignete Wahl von N, der Anzahl der das Gesamtsystem bildenden Massenpunkte, kann man bei konstanten m den von p unabhängigen Anteil der Energie beliebig vergrößern. Gl. (22.1) ist andererseits aufs engste mit der inneren Energie des Gesamtsystems verbunden, wenn wir N über alle Grenzen wachsen lassen. Bewegt sich nämlich der Beobachter gegenüber dem System mit der Geschwindigkeit $-V$, so sind in bezug auf diesen Beobachter

$$P = \sum_{i=1}^{k-1} m_i V + \sum_{i=k+1}^{N} m_i V + m_k \left(V + \frac{p}{m_k} \right) = N(mV) + p$$

$$E = \frac{V^2}{2} \left\{ \sum_{i=1}^{k-1} m_i + \sum_{i=k+1}^{N} m_i \right\} + \frac{m_k}{2} \left(V + \frac{p}{m_k} \right)^2 + \sum_{i=1}^{N} \varepsilon_{i0} \qquad (22.2)$$

$$= N \left[\frac{m}{2} V^2 + \varepsilon_0 \right] + pV + \frac{p^2}{2m}.$$

Hieraus folgt
$$E(P, p) = \left[\frac{P^2}{2Nm} + N\varepsilon_0 \right] + \frac{p^2}{2m} \left(1 - \frac{1}{N} \right). \qquad (22.3)$$

Da (bei fest vorgegebenen p) durch Bewegung des Beobachters P verändert wird, hat das durch Bewegung des Beobachters erreichbare Minimum von (22.3) (für $P = 0$) den Wert

$$E = \frac{p^2}{2m} \left(1 - \frac{1}{N} \right) + N\varepsilon_0;$$

dies ist also die innere Energie des Gesamtsystems. Bezeichnend ist, daß sie neben der Ruhenergie der einzelnen Massenpunkte des Systems noch einen Term enthält, der von dem auf das System übertragenen Impuls p herrührt, und der, abgesehen von dem Ruhenergie-Anteil $N\varepsilon_0$, um so mehr ins Gewicht fällt, je größer N ist; Gl. (22.1) approximiert also die innere Energie des Systems um so besser, je größer N ist.

Nun interessieren aber nicht diejenigen Transport-Eigenschaften eines ausgedehnten Systems, die durch Bewegung des Systems als Ganzem zustande kommen, sondern der Energie- und Impulstransport durch sein „Inneres", oder anders gesagt, diejenigen

Transport-Eigenschaften, die ein Beobachter registriert, der gegenüber dem System im Sinn der gewohnten Anschauung „ruht". Wie wir gerade gesehen haben, repräsentiert dieser Beobachter (bei endlichem N) keineswegs ein Ruhsystem im Sinn der Dynamik. Wir fragen daher, wie der Beobachter oder vielmehr sein Bezugssystem zu charakterisieren ist. In den obigen Formeln geschah dies dadurch, daß wir $V = 0$ setzten, aber das geht natürlich nur dann, wenn wir das Bezugssystem bereits kennen. Überdies soll die Kennzeichnung ja auch *dynamisch* erfolgen und nicht unter Benutzung kinematischer Größen wie der Geschwindigkeit. Tatsächlich läßt sich nun für endliches N ein solches Bezugssystem dynamisch gar nicht erklären, sondern nur asymptotisch für $N \to \infty$: Dann gehen nämlich, wie aus (22.2) abzulesen ist, der Impuls P sowohl als auch die Energie E (von der wir uns im Augenblick den Ruhanteil $N\varepsilon_0$ abgezogen denken, da dieser mit $N \to \infty$ stets gegen Unendlich geht) nur in *einem* Bezugssystem gegen endliche Werte, während sie in allen dagegen bewegten mit N über alle Grenzen wachsen. In diesem Fall gibt es also ein ausgezeichnetes Bezugssystem; in ihm ist definitionsgemäß $V = 0$. Wichtig für unsere Frage nach den Transporten durch das Innere des Systems sind also diejenigen Werte, die Energie und Impuls (des gesamten Systems) in diesem ausgezeichneten Bezugssystem haben. Nach (22.2) ist dies der Energie-Anteil

$$\varepsilon(p) = E - N\mu = \frac{p^2}{2m} + pV, \quad \mu = m\left(\frac{V^2}{2} + c^2\right); \quad (22.4)$$

er ist von N unabhängig und hat damit auch für $N \to \infty$ einen definierten Sinn. Die Größe μ, die Energie, die notwendig ist, um ein Teilchen der Masse m dem System zuzufügen[1], heißt auch das *chemische Potential* der Teilchen. Die Größe ε ist die Energie des Systems in einer Skala, deren Nullpunkt bei dem Wert $E = N\mu$ auf der Skala der „absoluten" Energie E liegt. Der relevante Anteil des Impulses des Gesamtsystems ist entsprechend durch

$$p = P - N(mV) \quad (22.5)$$

gegeben. Er ist identisch mit dem Impuls des Gesamtsystems in demjenigen Bezugssystem, in dem $V = 0$ ist, wenn P, wie gewohnt, bei Wechsel des Bezugssystems nach Gl. (20.10) transformiert wird. Nach (22.5) wird dann p selbst nach (20.a) transformiert, d. h. es bleibt bei

---

[1] Genauer: die Energie, die im Bezugssystem, in dem das Gesamtsystem die Geschwindigkeit V hat, notwendig ist, um N um 1 zu erhöhen, d. h. um ein Teilchen der Masse m zu „erzeugen" (mc^2) und auf die Geschwindigkeit V zu bringen $\left(\frac{m}{2}V^2\right)$; das Zufügen selbst kostet im Spezialfall des vorliegenden Systems keine Energie, da die Teilchen des betrachteten Systems nur durch elastischen Zentralstoß miteinander wechselwirken, sonst aber keine Wechselwirkung zeigen.

Bezugssystemwechsel ungeändert. Gl. (22.4) kann nun als charakteristische Funktion des Systems angesehen werden, soweit man sich für jene Eigenschaften interessiert, die durch Bewegung des Beobachters nicht wegtransformiert werden können, d. h. für die *inneren* Eigenschaften des Gesamtsystems. So ist die Transportgeschwindigkeit der Energie gegeben durch

$$\frac{\partial \varepsilon(p)}{\partial p} = \frac{p}{m} + V,$$

was genau der Erwartung entspricht.

Das durch (22.4) definierte dynamische System heißt auch ein *Quasiteilchen* des Gesamtsystems. Es verhält sich wie ein Newtonsches Teilchen ohne innere Energie; denn für ein solches nimmt das Transformationsverhalten des Impulses und der Energie die Form an, welche die Größen (22.5) und (22.4) zeigen.

Wechselwirken nun die Massenpunkte miteinander, so werden die Formeln natürlich wesentlich komplizierter, aber es bleiben auch dann die Gln. (22.5) sowie (22.4) bestehen insofern als

$$\varepsilon = E - N\mu = \varepsilon(p, V) = \varepsilon(p, V = 0) + p V \qquad (22.4')$$

die charakteristische Funktion derjenigen dynamischen Eigenschaften des Systems ist, die bei $N \to \infty$ relevant bleiben. Die Funktion $\varepsilon(p, V = 0)$ wird natürlich im allgemeinen komplizierter von p abhängen, und auch μ hat nun nicht mehr die einfache Form wie in Gl. (22.4).

Fassen wir noch einmal die Aussagen der Formeln (22.4) oder allgemeiner (22.4') und (22.5) zusammen. Sind ε und p Energie und Impuls eines Quasiteilchens in einem Bezugssystem B und ε' und p' die entsprechenden Größen in einem Bezugssystem B', das sich gegenüber B mit der Geschwindigkeit $-V$ bewegt, so gilt

$$\varepsilon' = \varepsilon + p V, \quad p' = p. \qquad (22.6)$$

Die Größen

$$\varepsilon' - p'V \quad \text{und} \quad p \qquad (22.7)$$

sind also Invarianten gegen Wechsel des Bezugssystems. Gl. (22.6) kann man also auch so lesen, daß bei Wechsel des Bezugssystems $B \to B'$ der Impuls eines Quasiteilchens ungeändert bleibt, während seine Energie eine zur Geschwindigkeit von B gegen B' proportionale Änderung

$$\Delta \varepsilon = \varepsilon' - \varepsilon = V p \qquad (22.8)$$

erfährt. Man kann also auf ein Quasiteilchen keinen Impuls dadurch übertragen, daß man sich selbst als Beobachter bewegt; dagegen erfährt die Energie des Quasiteilchens dabei eine Änderung, die stets linear mit der Geschwindigkeit des Beobachters wächst bzw. abnimmt. Hinsichtlich der Transformation auf bewegte Bezugssysteme verhält sich ein Quasiteilchen also wesentlich anders, als man es von den „richtigen" Teilchen der Newtonschen Mechanik gewohnt ist. Man merke noch an, daß die Transformationsformeln nichts aussagen über den ε-p-Zusammenhang des Quasiteilchens, sondern nur über die Änderung seiner Energie bei *Bezugssystemwechsel* (die ja gerade nicht mit Impulsänderungen verbunden sind)[1].

Die Formeln (22.6) bis (22.8) stehen nun in engstem formalem Zusammenhang mit den Formeln, die das Transformationsverhalten von Wellenvorgängen in Trägermedien, z. B. von elastischen Wellen (Schallwellen) in einem Festkörper, beschreiben, wenn man von einem Bezugssystem auf ein dagegen bewegtes übergeht. Bezeichnen nämlich ω und k Frequenz und Wellenzahlvektor ($|k| = k = 2\pi/\lambda = 2\pi/$Wellenlänge = „Wellenzahl") einer Welle in einem Bezugssystem B, so sind diese Größen in einem Bezugssystem B', das sich gegenüber B mit der Geschwindigkeit $-V$ bewegt, gegeben durch

$$\omega' = \omega + kV, \quad k' = k. \qquad (22.9)$$

Die zweite dieser Gleichungen besagt, daß die Wellenlänge beim Übergang von B nach B' (von relativistischen Effekten sehen wir hier konsequenterweise ab) keine Änderung erfährt, während die erste die Frequenzänderung des Doppler-Effektes beschreibt: $\omega' = \omega(1 \pm V/c)$. Das „Dispersionsgesetz" $\omega = \omega(k)$ d. h. der ω-k-Zusammenhang des betrachteten Wellenvorganges, ist dabei beliebig. Die Analogie zwischen den Formeln (22.6) und (22.9) legt den Gedanken nahe, daß der quantentheoretische Zusammenhang zwischen Energie-Frequenz und Impuls-Wellenzahlvektor

$$\varepsilon = \hbar\omega, \quad p = \hbar k$$

auch zwischen Quasiteilchen und Schallwellen eines elastischen Mediums bestehen könnte. Das ist in der Tat der Fall: Die „Schallquanten" oder *Phononen* eines Festkörpers sind Quasiteilchen, die einen vorgegebenen Impuls p zusammen mit einer wohlbestimmten Energie $\varepsilon = \varepsilon(p)$ durch den Festkörper transportieren. Die Transportgeschwindigkeit der Energie ist dabei wieder durch $\partial\varepsilon(p)/\partial p$ gegeben. Es sei noch angemerkt, daß die Phononen im allgemeinen nicht die einzigen Quasiteilchen eines Festkörpers sind.

---

[1] Es ist wichtig, sich klar zu machen, daß der ε-p-Zusammenhang eines Quasiteilchens nicht invariant ist gegen Bezugssystemwechsel. Gerade darin unterscheiden sich Quasiteilchen und „richtige" Teilchen; denn letztere sind dadurch ausgezeichnet, daß ihr ε-p-Zusammenhang, d. h. die funktionale Abhängigkeit $\varepsilon = \varepsilon(p)$, unabhängig ist vom Bezugssystem. Deshalb hängen auch die Dynamik der richtigen Teilchen und das Problem der Äquivalenz translativ gegeneinander bewegter Bezugssysteme so eng zusammen.

Sachverzeichnis der Bände I und Ia

Abbremsen einer Bewegung Ia 3, 4
Absorptionsanteil (erzw. Schwingung) Ia 7, 38
Addition (Austauschgrößen) I 64
Additionstheorem für relativistische Geschwindigkeiten I 84
Ähnlichkeit mechanischer Systeme Ia 18
Alternativsatz (Operatorinvertierung) Ia 117
Amplitude
—, erzwungene Schwingung Ia 7
—, gedämpfte Schwingung Ia 6
—, harmonische Schwingung I 12
Anfangsbedingung I 10
Anregungen, innere I 95, 140
Anstoß einer Schwingung Ia 10
Antineutrino I 106
Aperiodischer Grenzfall Ia 5
Äquivalenzprinzip I 134, 139
Atommodell, *Bohr*sches Ia 68
Aufenthaltswahrscheinlichkeit (lin. harm. Oszillator) Ia 14
Austauschgrößen I 63, 64 s. Drehimpuls, s. Energie, s. Impuls
Avancierung I 92
Azimutalkomponente (Vektor) I 17
Azimutalwinkel I 16

β-Zerfall I 99, 105, 106
Bahn I 2
— des ebenen harm. Oszillators Ia 14, 18
— der Erde I 34; Ia 23
— des Mondes I 34; Ia 23
—, Parametrisierung durch die Zeit I 2, 116
—, eines Planeten I 24
—, Schmiegebene I 6, 16
Bahndrehimpuls I 106
Bahnklassifikation nach Bewegungstypen I 8
Bahnkrümmung I 7
Balmer-Formel Ia 69
Baryon I 109, 110
Baryon-Zahl I 109

Beschleunigung I 5
—, b_t und b_n, I 6
—, Bewegungstypen I 9
— des Bezugssystems I 126
—, *Coriolis*- I 120
— einer Rakete Ia 33
—, Zentral- I 15
—, Zentrifugal- I 120
Beschleunigungsfeld I 20, 127, 134
— eines homog. Rotationsellipsoids Ia 28
Beschleunigungszentrum I 15
Bewegung
— ausgedehnter Körper im Gravitationsfeld I 55
—, freie im Gravitationsfeld I 35, 56
—, geradlinig gleichförmige I 10
—, gleichmäßig beschleunigte I 11
—, gebremste Ia 3, 4
—, ultrarelativistische I 97, 125
— des Bezugssystems, gleichförmige I 41, beschleunigte I 126
— —, Zerlegung in s. Rotation und s. Translation I 120
Bewegungsgleichungen
— der Gravitationstheorie I 38, 70
—, dynamische I 78
Bewegungstyp I 7
—, Beispiele I 10, 11, 56; Ia 3, 4 s. Schwingung
—, zugehörige Integrale der Bewegung I 18
Bezugssysteme I 4, 115 ff.
—, gleichförmig bewegte I 115
—, beschleunigte I 126
—, rotierende I 129
Bezugssystemwechsel und innere Eigenschaften I 41, 79, 93
—, Transformationsverhalten von Quasiteilchen bei I 144
Bindungsenergie I 100; Ia 54
*Bohr*sches Atommodell Ia 68
*Bohr*sches Korrespondenzprinzip Ia 69
Boson I 110
Brechungsindex I 90

10*

Cauchy-Hauptwert Ia 109
Cavendish-Drehwaage I 61
Charakteristische Funktion I 77; Ia 72
Chemisches Potential I 143
Compton-Effekt Ia 73, 74
— -Wellenlänge Ia 74
Coriolis-Beschleunigung I 120
Coulomb-Streuung Ia 61, 65

δ-Funktion Ia 100, 102, 110
*D'Alembert*scher Kraftbegriff I 70
Dämpfung einer Schwingung Ia 5, 6
*Darwin*sche Streuformel Ia 66
Deformationsenergie beim inelastischen Stoß I 96
Deuteron I 100
Diagonalisierung symmetrischer Matrizen Ia 17
Dicke-Experiment I 133
Differentialgleichung, gewöhnliche Ia 114ff.
—, partielle Ia 125ff.
Differentialoperator Ia 116ff.
—, Invertierung Ia 116, 121, 125
Dimension (Vektorraum) Ia 80
Dipol-Dipol-Wechselwirkung, induzierte Ia 34
Dipolmoment einer Massenverteilung I 51
*Dirac*sche δ-Funktion Ia 100, 102, 110
Dispersionsanteil (erzwungene Schwingung) Ia 7, 38
Dispersionsgesetz I 145
Dispersionsrelationen Ia 39
Distributionen Ia 98
—, Differentiation Ia 105
—, Faltung Ia 106
—, Multiplikation Ia 106
—, Zusammenhang mit Operatorinvertierung Ia 134
—, Vektorraum Ia 103
Doppler-Effekt I 89, 125, 145; Ia 72
Drehimpuls I 37, 40, 64, 101 ff.
—, Bahn- I 106
— (Bohrsches Atommodell) Ia 68
— von Elementarteilchen I 105
—, Erhaltungssatz I 101
—, innerer I 102ff.
—, Schwerpunkts- I 102ff.
Drehimpulsaustausch (gequantelt) I 106
Drehimpulsquantenzahl Ia 69
Drehspiegelung Ia 16
Drehung I 116
—, infinitesimale I 117, 119

Drehung, Quarternionendarstellung Ia 140ff.
—, Spinordarstellung Ia 146
Drehungsmatrizen I 116, 118; Ia 16, 143, 146
Drehwaage I 61
Dreiecksungleichung Ia 139
Druckspannung I 57
Dynamik I 63, 77
— ausgedehnter Systeme I 140
—, *Einstein*sche I 82, 91
—, Fundamentalgleichung I 77
—, *Newton*sche I 68
Dynamische Kennzeichnung I 77, 79
Dynamisches System I 66

Eigenwerte Ia 46
Eigenzeit I 138
*Einstein*effekte, Periheldrehung Ia 33
—, Rotverschiebung I 135, Ia 75
*Einstein*sche Mechanik I 82
—, Newtonscher Grenzfall I 86
Elektron-Positron-Zerstrahlung I 99; Ia 71
Elektron-Zahl I 109
Elektrostatik I 54
Elektromagnetisches Feld I 89
Elektromagnetische Wechselwirkung der Elementarteilchen I 109, 111
Elementarteilchen I 105, 107
—, Liste I 112
—, Umwandlungen I 109
Energie I 66
—, Bindungs- I 100
—, Erhaltungssatz I 66
— -Impuls-Zusammenhang I 77, 79, 140
—, innere I 71, 73, 78, 81, 88, 94, 140
—, innere eines Feldes I 76
— des Photons I 89
—, Schwell- I 97
—, Schwerpunkts- I 71
—, Transformation bei Bewegung des Bezugssystems I 72, 121, 123
Energieaustausch I 66
— zwischen gekoppelten Oszillatoren Ia 37
— bei erzwungener Schwingung Ia 37
Energiemittelwerte, zeitliche
— bei *Kepler*-Bewegung Ia 20
— beim harm. Oszillator Ia 13
Energietransport in ausgedehnten Systemen I 141
— im Feld I 75

Sachverzeichnis der Bände I und Ia

Eötvös-Experiment I 23, 133
Erdbeschleunigung I 36
Erde, Bahn um die Sonne I 34; Ia 23
—, Gravitationsladung I 34, 36
—, Fluchtgeschwindigkeit aus dem Gravitationsfeld der Ia 22
Erhaltungssätze I 64, 67
—, Drehimpuls I 101
—, Energie I 66; Ia 70
— bei fundamentalen Prozessen I 114
—, Impuls I 66; Ia 70
*Euler*sche Gleichung (homog. Polynome) Ia 83
Exzentrizität (Kegelschnitte) I 24

Faltung Ia 42, 106
Faltungssatz Ia 43
Feder, elastische Ia 35
Feld I 69, 75
—, Avancierung I 92
—, innere Energie I 76
—, Retardierung I 92
—, statisches I 93
Fermionen I 110
Flächensatz I 15, 24, 103
Fluchtgeschwindigkeit Ia 22
Form n-ten Grades Ia 83
—, quadratische Ia 15, 17
*Fourier*transformation I 98, 113, 135
Frequenz I 12, 89, 145
— einer Schwebung Ia 9
—, Verschiebung im Gravitationsfeld I 135; Ia 75
—, Verschiebung durch Rückstoß des Emitters I 99
Fundamentale Prozesse I 109
Fundamentalgleichung der Dynamik I 77; Ia 72

γ s. Gravitationsladung
Γ s. Gravitationskonstante
γ-Quant s. Photon
Galilei-Transformation I 72
Geschwindigkeit I 2, 5
Gezeiten I 55, 59, 139
Gibbs-Funktion I 77
Gleichzeitigkeit I 4
Gravitationsfeld I 31
—, Bewegung ausgedehnter Körper im I 55
— als Trägheitsfeld I 133
Gravitationsgesetz I 31
Gravitationskonstante, universelle I 62, 69

Gravitationsladung I 25, 31
—, Bestimmung der I 60
— der Erde I 34, 36
— des Mondes I 44
— der Planeten I 33
—, reduzierte I 43
— der Sonne I 26
Gravitationspotential ausgedehnter Körper I 35, 47; Ia 24, 25
— (zentralsymmetrische Ladungsverteilung) I 52; Ia 24
—, Multipolentwicklung I 51; Ia 25
— (homogenes Rotationsellipsoid) Ia 25
Gravitationstheorie, *Newton*sche I 23
Gravitationswechselwirkung der Elementarteilchen I 109, 111
*Green*sche Funktion Ia 114, 121
—, *Laplace*-Gleichung Ia 130
—, Wellengleichung Ia 132
Grenzgeschwindigkeit des Energie- und Impulstransports I 75, 83, 88
Grenzgeschwindigkeit zum Verlassen des Erd- und Sonnenfeldes Ia 22
Größe, austauschbare I 63, 65
—, verschiedene Formen einer I 66
Größenidentifizierung in relativ bewegten Bezugssystemen I 121

Hauptachsentransformation Ia 14, 15, 17
Hauptquantenzahl (Bohrsches Atommodell) Ia 69
Hauptsatz der Dynamik I 66
*Heaviside*sche Sprungfunktion Ia 105
Hilbert-Raum Ia 126, 140
Hilbert-Transformation Ia 41
Homogene Funktion Ia 19
— Polynome Ia 83
Hyperladung I 111

Impuls I 63
— in bewegten Bezugssystemen I 120, 122
—, Erhaltungssatz I 66, 68; Ia 70
—, Photon- I 89
—, Schwerpunkts- I 63
—, Transport im Feld I 75
Impulsaustausch beim Zweierstoß I 73; Ia 57
Impulstransport in ausgedehnten Systemen I 140
Inertialsystem I 133
—, lokales I 133, 138, 140
Integral der Bewegung I 18
—, additives I 67
—, Erhaltungssatz I 67

Integral im Gravitationsfeld I 36
— des lin. harm. Oszillators I 19
— im Zentralfeld I 21
— des Zweikörpersystems I 42
Invarianten gegen Bezugssystemwechsel I 41, 72
Invarianz gegen Translation I 126
Inversion eines Operators Ia 116ff., 128
Isospin I 111
*Jacobi*sche Darstellung der *Legendre*-Polynome I 50; Ia 94

Kausalität Ia 42
Kegelschnitte, Polarkoordinatendarstellung I 24
Kennzeichnung eines Systems, dynamische I 77
Kepler-Bewegung I 24, 26, 41
—, Ellipse I 28; Ia 20, 21
—, Hyperbel I 29, 44, 69
—, Parabel I 30
—, Störungen Ia 29, 31
—, Zeitmittelwerte Ia 20
*Kepler*sche Gesetze I 24
Kernkräfte I 110
Kette, lineare Ia 49
Kinematik I 1, 63
Koordinaten, Relativ- I 41
—, Schwerpunkts- I 41
Körper, ausgedehnter I 47, 140
—, punktartiger I 1
—, starrer I 47, 166
Kraft I 70
—, äußere I 70
—, Trägheits- I 70
Kreisfrequenz I 12, 89
Kugelfunktionen I 49; Ia 83
—, Orthogonalitätsrelationen Ia 97
—, Vollständigkeit Ia 97

Laborsystem I 46; Ia 57
Lagekoordinaten I 1
Laplace-Dgl. I 54; Ia 76, 88, 130
Lebensdauer, Elementarteilchen I 110, 111
—, bewegter Teilchen Ia 75
Legendre-Polynome I 49; Ia 94
—, erzeugende Funktion Ia 95
—, zugeordnete Ia 93
Lennard-Jones-Potential Ia 55
Lichtausbreitung in Materie I 90
Lichtgeschwindigkeit I 75
Lineare Kette Ia 49
—, Spektrum Ia 53

Linearer Raum Ia 79
Lissajous-Figuren Ia 18
Lorentz-Transformation I 125

Massendefekt I 100
Masse, träge I 62, 67, 68
—, in der *Einstein*schen Mechanik I 82, 134
—, Erhaltungssatz I 79; Ia 70
—, Proportionalität zur Gravitationsladung I 73
—, reduzierte I 71
Massenvergleich I 74
Mesonen I 110
Metrik I 3, 4
Molekül, zweiatomiges Ia 34
Mond, Bahn I 34; Ia 23
—, Gravitationsladung I 44
—, Rotation I 60
Multipolentwicklung I 51; Ia 25
Myon I 112

Neutrino I 90, 106
*Newton*sche Dynamik I 68
*Newton*sche Gravitationstheorie I 23
*Newton*sche Reibung Ia 4
Norm einer Quaternion Ia 141
— eines Vektors (Länge) Ia 139
Normalkoordinaten Ia 50
Normalschwingungen Ia 44
— der linearen Kette Ia 49

Operator, adjungierter Ia 126
—, Definitionsbereich Ia 117
—, drehungsinvarianter Ia 136
—, Invertierung Ia 116ff.
—, linearer Differential- Ia 115ff.
—, „physikalischer" Ia 120
—, selbstadjungierter Ia 127, 135
—, verschiebungsinvarianter Ia 123
—, Wertebereich Ia 117
Ort eines Körpers I 1
Oszillator, linearer harmonischer I 12; Ia 1, 13, 14, 35
—, Aufenthaltswahrscheinlichkeit Ia 14
—, Integrale der Bewegung I 19
—, Zeitmittelwerte Ia 13
—, erzwungene Schwingung Ia 7
— —, Absorption und Dispersion, Energieumsatz Ia 37
—, gedämpfte Schwingung, aperiodischer Grenzfall, „Kriechfall" Ia 5
— —, Anregung Ia, 10, 11

Oszillatoren, gekoppelte Ia 44
—, Energieaustausch Ia 47
—, lineare Kette Ia 49
Oszillator, dreidimensionaler I 19
—, zweidimensionaler I 14; Ia 14, 18

Paarerzeugung, Paarvernichtung Ia 71
Pauli-Matrizen Ia 144
Periheldrehung Ia 29, 31, 33
Phase der erzwungenen Schwingung Ia 7
— der linearen harmonischen Schwingung I 12; Ia 1
—, Differenz Ia 14
—, Verschiebung bei Resonanz Ia 9
Phonon I 145
Photoeffekt am Deuteron I 101
Photon I 89, 99, 135
*Planck*sche Konstante I 89
Planeten, Bahnen I 24
—, Störungen der Bahnen I 33
*Poisson*sche Dgl. I 52; Ia 76
Polynom, homogenes Ia 81, 83
Potential I 20
—, Beschleunigungsfeld I 20
—, chemisches I 143
—, Gravitationsfeld I 47
—, Normierung I 21
Präzession von *Kepler*-Bahnen durch Quadrupolstörung Ia 31

Quadrupolmoment I 51
— einer Massenverteilung I 51; Ia 26, 28
—, Wirkung auf Keplerbahnen Ia 31
Quantenzahlen der Elementarteilchen, innere I 109, 112
Quantisierung des Energie- und Impulsaustausches des elektromagnetischen Feldes I 89
Quasiteilchen I 144
Quaternionen Ia 140
—, Antikommutator Ia 142
—, Kommutator Ia 141
—, konjugierte Ia 141
—, Matrixdarstellung der Ia 144
—, Vektor- Ia 141

Raketenbewegung Ia 33
Randwertproblem, *Green*funktion Ia 114, 121
—, *Laplace* Dgl., *Poisson* Dgl. Ia 76 ff., 130
—, lineare partielle Dgl. Ia 125 ff.

Raum, irreduzibler Ia 85
—, linearer Ia 79 ff.
—, unitärer Ia 134
—, Vektor Ia 79
Raum-Zeit-Welt I 2
Reibung mit allgem. Geschwindigkeitsabhängigkeit Ia 4
—, *Newton*sche Ia 4
—, *Stockes*sche Ia 3
Relativkoordinaten I 32, 41
Resonanz (Oszillator) Ia 7, 38
Resonanzen (Elementarteilchen) I 110
Retardierung I 92
Rodrigues-Formel I 50; Ia 94
Rotation I 119
—, des Bezugssystems I 129
—, Quaternionendarstellung Ia 140
Rotationsenergie I 96
Rotverschiebung des Lichts durch Dopplereffekt I 89, 125, 145; Ia 72
— — durch Gravitationspotential I 135; Ia 75
— — durch Rückstoß des Emitters I 99
Ruhenergie, Elementarteilchen I 105
—, inelastischer Stoß I 95
— eines Systems WW-freier Teilchen Ia 72
*Rutherford*sche Streuformel Ia 65

Säkularpolynom Ia 47, 50
Schallquanten I 145
Schwache Wechselwirkung I 110, 111
*Schwarz*sche Ungleichung Ia 139
Schwebung Ia 9, 48
Schwellenenergie (Umwandlung) I 97, 101
Schwerpunkt I 1, 39
— eines Photonensystems I 89
Schwerpunktsbewegung I 39
Schwerpunktsdrehimpuls I 102, 103
Schwerpunktsenergie I 71
Schwerpunktssystem I 41, 44; Ia 56
Schwingung (s. Oszillator), Amplitude I 12
—, Anstoßen Ia 10, 11
—, erzwungene Ia 7, 37
—, gedämpfte Ia 5, 6
—, lineare harmonische I 12; Ia 1, 13, 14, 19, 35
—, lineare Kette Ia 49
—, Normal- Ia 44
—, Phase I 12
Schwingungen, gekoppelte Ia 44, 47, 49

*Sommerfeld*sche Ausstrahlungsbedingung, Einstrahlungsbedingung Ia 133
Sonne, Quadrupolmoment der Ia 31
Spannung (Druck-, Zug-) I 57
Spektrum der linearen Kette Ia 53
Spin I 105
Spinordarstellung der dreidimensionalen Drehungen Ia 146
Sprungfunktion Ia 105, 123
*Stokes*sche Reibung Ia 3
Störungsrechnung für *Kepler*-Bahnen I 33; Ia 29, 31
Stoß I 30, 91, 94
—, elastischer Ia 56
—, inelastischer I 95; Ia 60
—, innere Anregung I 124, 144
—, Laborsystem, Schwerpunktssystem I 44, 45
Stoßparameter I 30, 45; Ia 61
Strangeness I 114
strange particles I 114
Starke Wechselwirkung I 110
Streuformel, *Darwin*sche Ia 66
—, *Rutherford*sche Ia 65

Teilchenumwandlung durch Stoß I 97
Teilchenzerfall I 97
Trägheitsfeld I 127, 129, 132, 133, 139
Trägheitskraft I 70
Transformation des Bezugssystems I 115ff.
— — Hauptachsen- Ia 15
—, *Hilbert*- Ia 41
—, orthogonale Ia 15, 17, 84, 142
Translation I 41, 72, 118, 122

Uhr I 137
Umlaufszeit, Mond I 34
—, Planeten I 24
Umwandlungsprozesse I 77
— von Elementarteilchen I 105

Van der Waals-Anziehung Ia 54
Vektorraum Ia 79ff.
— der Distributionen Ia 103
—, Funktionenräume Ia 81, 114ff.
—, *Hilbert*scher — Ia 126, 140
—, invariante Teilräume Ia 120

Vektorraum mit Innenprodukt Ia 134
—, unitärer Ia 134
—, Zerlegung Ia 117
Verallgemeinerte Funktionen (Distributionen) Ia 98, 101
Verlängerung des Tages durch Gezeiten I 60
Verzerrung eines Körpers im Gravitationsfeld I 56

Wechselwirkung I 66
—, avancierte, retradierte I 92
—, der Elementarteilchen I 108
—, durch ein Feld I 69, 76
Wellenlänge I 89
Wellenzahlvektor I 89, 145; Ia 52
Weltlinie I 2, 8
Weltvektor I 3
Winkelgeschwindigkeit I 119; Ia 144
Wirkungsquerschnitt Ia 62
—, differentieller Ia 64
— für Stoß harter Kugeln Ia 67
—, totaler Ia 64

Zeit absolute I 4
— als Bahnparameter I 2, 116
Zeitmessung in Trägheitsfeldern I 135ff.
Zeitmittelwerte bei erzwungener Schwingung Ia 37
— beim harmonischen Oszillator Ia 13, 37
— bei Keplerbewegung Ia 20
Zentralbeschleunigung I 15
Zentralfeld I 15, 21, 24, 103; Ia 24
Zentralbewegung I 24
Zentrifugalbeschleunigung I 120
Zentrifugalpotential Ia 55
Zerfall von Teilchen I 97, 106, 114
—, β- I 99
Zerlegung eines Vektorraums Ia 117
—, invariante Ia 120
Zerstrahlung (Elektron-Positron-Paar) I 99; Ia 71
Zweikörpersystem I 41
—, innere Integrale I 42
—, relativistisches I 91
Zwillingsparadoxon I 137
Zyklotron Ia 9

MIX
Papier aus verantwortungsvollen Quellen
Paper from responsible sources
FSC® C105338

If you have any concerns about our products,
you can contact us on
ProductSafety@springernature.com

In case Publisher is established outside the EU,
the EU authorized representative is:
**Springer Nature Customer Service Center GmbH
Europaplatz 3, 69115 Heidelberg, Germany**

Printed by Libri Plureos GmbH
in Hamburg, Germany